全国高等院校新能源专业规划教材

全国普通高等教育新能源类"十三五"精品规划教材

太阳能转换原理与技术

Principles and Technology for Solar Energy Conversion

主　编　戴松元

副主编　古丽米娜　王景甫　卢　宇

U0238379

中国水利水电出版社

www.waterpub.com.cn

·北京·

内 容 提 要

本书是为新能源类专业本科生编写的教材。本书主要介绍了太阳能基本知识、太阳能光热转换原理与技术、太阳能光伏转换原理与技术、太阳能光热电转换原理与技术、太阳能的其他转换方式与技术、太阳能应用工程等方面的内容。

本书既可作为普通高等院校有关专业的教材，也适合于太阳能及其相关行业的从业人员阅读参考。

图书在版编目（CIP）数据

太阳能转换原理与技术 / 戴松元主编. -- 北京：中国水利水电出版社，2018.6（2022.7重印）
全国高等院校新能源专业规划教材　全国普通高等教育新能源类"十三五"精品规划教材
ISBN 978-7-5170-6596-8

Ⅰ．①太… Ⅱ．①戴… Ⅲ．①太阳能利用－高等学校－教材②太阳能光伏发电－高等学校－教材 Ⅳ.
①TK519②TM615

中国版本图书馆CIP数据核字(2018)第147572号

书　名	全国高等院校新能源专业规划教材 全国普通高等教育新能源类"十三五"精品规划教材 **太阳能转换原理与技术** TAIYANGNENG ZHUANHUAN YUANLI YU JISHU
作　者	主　编　戴松元 副主编　古丽米娜　王景甫　卢宇
出版发行	中国水利水电出版社 （北京市海淀区玉渊潭南路1号D座　100038） 网址：www.waterpub.com.cn E-mail：sales@mwr.gov.cn 电话：(010) 68545888（营销中心）
经　售	北京科水图书销售有限公司 电话：(010) 68545874、63202643 全国各地新华书店和相关出版物销售网点
排　版	中国水利水电出版社微机排版中心
印　刷	天津嘉恒印务有限公司
规　格	184mm×260mm　16开本　14.25印张　338千字
版　次	2018年6月第1版　2022年7月第2次印刷
印　数	3001—4500册
定　价	**49.00元**

丛 书 编 委 会

本 书 编 委 会

主　　编　戴松元（华北电力大学）

副 主 编　古丽米娜（华北电力大学）

　　　　　王景甫（北京工业大学）

　　　　　卢　宇（福建师范大学）

编写人员　陈水源（福建师范大学）

　　　　　陈建林（长沙理工大学）

　　　　　吴玉庭（北京工业大学）

　　　　　赵　雷（中国科学院电工研究所）

　　　　　朱红路（华北电力大学）

　　　　　宋记锋（华北电力大学）

序

可再生能源的发展及进步对于人类的生存和可持续发展是一个非常重要的保障。随着各国经济的快速发展、人民生活水平的持续提高，人们对传统能源的消耗也快速增长，从而带来了环境污染、能源短缺等一系列问题。因此，大力发展无碳、低碳可再生能源是实现能源和环境可持续发展的重要途径之一。人类直接应用太阳能的历史很长，从早期的利用太阳能晒干物品，到现在的利用聚光原理的太阳灶应用等。太阳能的利用主要有光热转换和光电转换两种方式，广义上的太阳能也包括地球上的风能、化学能、生物质能和水能等。目前，太阳能光伏发电作为太阳能利用的一种重要方式，越来越受到世界各国的重视。作为可再生能源，太阳能光伏发电在近年来得到了急速发展，目前全球太阳电池的年产量平均增长率超过 40%。据欧盟联合研究中心（joint research center，JRC）预测，到 2030 年可再生能源在总能源结构中占到 30% 以上，太阳能光伏发电在世界总电力供应中占到 10% 以上，到 21 世纪末可再生能源在能源结构中占到 80% 以上，太阳能发电占到 60% 以上，显示出重要的战略地位。在这种情况下，对太阳能转换原理及其技术、应用工程的把握无疑是非常重要的，尤其对年轻学子以及从事该行业的研究人员来说至关重要。

该教材突出的特点是集中地介绍了太阳能的转换原理及其技术方面的基本知识，并介绍太阳能光电、光热和其他利用的各种原理与技术，阐述了太阳能在发展过程中的各种利用方式，从工程案例出发，详细介绍太阳能的各种应用工程类型，并分析目前利用太阳能转换原理与技术工程的优势和"瓶颈"，同时对其关键技术问题及未来技术的突破前景做了简要介绍。该教材还就最近几年发展的新材料、新结构和新概念等进行了简要介绍，提出太阳能光伏产业的应用不受地域限制，相较于其他可再生能源会有更广阔的应用市场。

该教材的作者都是我国在各类太阳能及应用工程方面具有教学及研究经验的大学教师。书中很多内容和观点体现了作者们多年的实践体会和认识。

从该教材的组织到文字的撰写，以及后续的思考等方面，作者颇具匠心，力求深入浅出，图文并茂。太阳能应用的发展并非一帆风顺，这也预示着太阳能的转换利用技术也需要迎接更多的挑战，但凭着太阳能自身的优势和潜力，只要有努力，它的未来更美好。与此同时，相信该教材的出版，能对我国太阳能应用技术与工程的发展起到促进与推动作用。该教材主要适用于大学本科开设新能源科学与工程和新能源材料与器件等相关专业的教学使用，同时对太阳能的应用及太阳电池行业相关从业人员有所帮助，对从事太阳能光电和光热应用工程研究的研究生和专业人员提供帮助和指导。

2018 年 6 月

丛 书 前 言

总算不负大家几年来的辛苦付出，终于到了该为这套教材写篇短序的时候了。

这套全国高等院校新能源专业规划教材、全国普通高等教育新能源类"十三五"精品规划教材建设的缘起，要追溯到 2009 年我国启动的国家战略性新兴产业发展计划，当时国家提出了要大力发展包括新能源在内的七大战略性新兴产业。经过不到十年的发展，我国新能源产业实现了重大跨越，成为全球新能源产业的领跑者。2016 年国务院印发的《"十三五"国家战略性新兴产业发展规划》，提出要把战略性新兴产业摆在经济社会发展更加突出的位置，强调要大幅提升新能源的应用比例，推动新能源成为支柱产业。

产业的飞速发展导致人才需求量的急剧增加。根据联合国环境规划署 2008 年发布的《绿色工作：在低碳、可持续发展的世界实现体面劳动》，2006 年全球新能源产业提供的工作岗位超过 230 万个，而根据国际可再生能源署发布的报告，2017 年仅我国可再生能源产业提供的就业岗位就达到了 388 万个。

为配合国家战略，2010 年教育部首次在高校设置国家战略性新兴产业相关专业，并批准华北电力大学、华中科技大学和中南大学等 11 所高校开设"新能源科学与工程"专业，截至 2017 年，全国开设该专业的高校已超过 100 所。

上述背景决定了新能源专业的建设无法复制传统的专业建设模式，在专业建设初期，面临着既缺乏参照又缺少支撑的局面。面对这种挑战，2013 年华北电力大学力邀多所开设该专业的高校，召开了一次专业建设研讨会，共商如何推进专业建设。以此次会议为契机，40 余所高校联合成立了"全国新能源科学与工程专业联盟"（简称联盟），联盟成立后发展迅速，目前已有近百所高校加入。

联盟成立后将教材建设列为头等大事，2015 年联盟在华北电力大学召开了首次教材建设研讨会。会议确定了教材建设总的指导思想：全面贯彻党的教育方针和科教兴国战略，广泛吸收新能源科学研究和教学改革的最新成果，认真对标中国工程教育专业认证标准，使人才培养更好地适应国家战略性新兴产业的发展需要。同时，提出了"专业共性课＋方向特色课"的新能源专业课程体系建设思路，并由此确定了教材建设两步走的计划：第一步以建设新能源各个专业方向通用的共性课程教材为核心；第二步以建设专业方向特色课程教材为重点。此次会议还确定了第一批拟建设的教材及主编。同时，通过专家投票的方式，选定中国水利水电出版社作为教材建设的合作出版机构。在这次会议的基础上，联盟又于 2016 年在北京工业大学召开了教材建设推进会，讨论和审定了各部教材的编写大纲，确定了编写任务分工，由此教材正式进入编写阶段。

按照上述指导思想和建设思路，首批组织出版 9 部教材：面向大一学生编写了《新能源科学与工程专业导论》，以帮助学生建立对专业的整体认知，并激发他们的专业学习兴趣；围绕太阳能、风能和生物质能 3 大新能源产业，以能量转换为核心，分别编写了《太阳能转换原理与技术》《风能转换原理与技术》《生物质能转化原理与技术》；鉴于储能技术在新能源发展过程中的重要作用，编写了《储能原理与技术》；按照工程专业认证标准对本科毕业生提出的"理解并掌握工程管理原理与经济决策方法"以及"能够理解和评价针对复杂工程问题的工程实践对环境、社会可持续发展的影响"两项要求，分别编写了《新能源技术经济学》《能源与环境》；根据实践能力培养需要，编写了《光伏发电实验实训教程》《智能微电网技术与实验系统》。

上述 9 部教材虽然已完稿并将出版，但这只是这套系列教材建设迈出的第一步。在教育信息化和"新工科"建设背景下，教材建设必须突破单纯依赖纸媒教材的局面，所以，联盟将在这套纸媒教材建设的基础上，充分利用互联网，继续实施数字化教学资源建设，并为此搭建了两个数字教学资源平台：新能源教学资源网（http：//www.creeu.org）和新能源发电内容服务平台（http：//www.yn931.com）。

在我国高等教育进入新时代的大背景下，联盟将紧跟国家能源战略需求，坚持立德树人的根本使命，继续探索多学科交叉融合支撑教材建设的途径，力争打造出精品教材，为创造有利于新能源卓越人才成长的环境、更好地培养高素质的新能源专业人才奠定更加坚实的基础。有鉴于此，新能源专业教材建设永远在路上！

丛书编委会

2018 年 1 月

本 书 前 言

人类意识到并将太阳能作为一种能源和动力加以利用，仅有 300 多年的历史。近年来，随着各种功能材料制备技术，包括半导体技术的进步，以及晶硅类太阳电池的诞生，人类迎来了太阳能转换利用技术与应用的高速发展时代。目前，太阳能的转换及利用技术不仅在基础理论上有大的进步，在实际应用及工程方面也在日趋成熟，已出现了几十种太阳电池的种类，其中晶硅类太阳电池阵列实现了并网运行。但是，各种不同类型的电池，在其应用中也有着不同程度的技术缺陷，因此对其工程应用的开发也逐渐得到了研究人员的重视。

本教材主要从太阳能资源的基础知识展开，进而介绍太阳电池的应用类型。进一步介绍了各种类型太阳电池的基本原理、技术工艺手段。最后还介绍了太阳能利用工程方面的知识。与国内外已出版的同类书相比，本教材着重阐述太阳能转换原理及其技术应用方面的知识点及其技术问题，探讨了太阳能转换过程中的实用化技术。全书共分 6 章，其中第 1 章由戴松元、古丽米娜编写，主要介绍了太阳能的基本知识及太阳能资源状况、利用方式；第 2 章由王景甫、吴玉庭编写，详细介绍了太阳能光热转换原理与技术；第 3 章由戴松元、古丽米娜、赵雷、陈水源编写，该章系统介绍了太阳能的光电转换利用原理，并详细介绍了各种类型的太阳电池，讨论了不同太阳电池的优缺点及其相似与不同之处；第 4 章由王景甫、吴玉庭、卢宇编写，主要介绍了太阳能的光热电转换原理与技术利用；第 5 章由陈建林编写，主要介绍了太阳能转换的其他方式与技术；第 6 章由卢宇、陈水源编写，主要介绍了太阳能的工程应用及案例，如太阳能光热发电工程、光伏发电工程、热发电工程、综合利用工程等。

本教材来源于作者长期从事半导体材料、薄膜太阳电池、太阳能应用工程的基础研究、教学实践和技术研发的经验，图文并茂，物理图像表述清晰。在编写过程中，作者参考了一些国内外有关领域最新进展的成果，引用了参考文献中的部分内容、图表和数据，在此表示诚挚的谢意。本教材形成过程中，华北电力大学、北京工业大学、福建师范大学的教授们做出了不同程度的贡献。此外，本教材是在中国水利水电出版社的大力支持下出版的，作者对他们的辛勤劳动表示衷心的感谢。

本教材力求反映目前太阳能转换技术与应用中的发展现状及未来发展趋势，希望能有利于将来人们对太阳能的利用或研究，有益于相关高校本科生、硕士生、博士生和研究人员的培养以及研究水平的提高，使读者对太阳能转换利用及技术的未来发展有所启发，并希望能够成为有实用价值的太阳能领域教科书及参考书。

近年来，由于太阳能转换技术的迅速发展，新材料、新器件和新观点等不断涌现，限于作者知识水平，书中难免会出现不妥甚至错误之处，恳请各位专家学者和广大读者批评指正，以使本书再版中能得到改正。

作者

2018 年 6 月

目 录

第1章　太阳能基本知识

太阳能是一种清洁能源，它的应用已受到世界各国的重视，它的开发和利用正在融入人们的生产、生活中。本章主要介绍太阳能的概况、资源分布、转换与利用方式及相应的基础知识，无论对于太阳能利用的理论研究还是对太阳能利用的实践研究都具有重要的意义。

1.1　太　阳　能　概　况

1.1.1　太阳能概况

21世纪人类文明急速发展，人口的增加、经济的发展必然会导致能源需求的增加。而目前主要的能源供应形式为化石能源。这必然会带来诸多严重的问题。大量地使用化石能源，将致使其短缺，同时导致严重的环境污染、生态破坏。

根据BP石油公司《2017年世界能源统计报告》的数据（表1.1），我国化石能源在2016年年底的储量及产量在全球储量及产量中所占比例较少。同时，表1.1中通过储产比（储采比）数据给出了化石能源在我国及全球的可开采年数。我国煤炭的储采比为72年，远低于世界平均水平（153年）。对于石油和天然气的可开采年数，我国分别为17.5年和38.8年，均分别低于世界平均水平（50.6年和52.5年）。由此可见，我国化石能源短缺，控制化石能源的消耗不仅是保护环境和减少碳排放的需要，而且从资源禀赋的角度来看也是十分必要的。

表 1.1　　2016 年我国和全球化石能源储量、产量、储产比数据对比

	2016 年底储量	2016 年产量	储产比
石油	全球：2407 亿 t 中国：35 亿 t	全球：43.824 亿 t 中国：1.997 亿 t	全球：50.6 年 中国：17.5 年
天然气	全球：186.6 万亿 m³ 中国：5.4 万亿 m³	全球：35516 亿 m³ 中国：1384 亿 m³	全球：52.5 年 中国：38.8 年
煤炭	全球：11393.31 亿 t 中国：2440.1 亿 t	全球：36.564 亿 t 中国：16.857 亿 t	全球：153 年 中国：72 年

储采比是指上年的某种化石能源的剩余可采储量与上年的采出量之比，可以大致反映某种化石能源按照当前开采速度还能够再用多少年。由表1.1的结果可见，全球范围内，

在今后的几十年到一百年左右的时间内这些传统能源将会枯竭。因此，在人口增加、能源需求量大、环境污染、传统能源枯竭等问题的压力下，解决办法之一是减少使用传统能源，并寻找替代能源，如大力推广太阳能等清洁、可再生能源的应用。

可再生能源的种类很多，其中太阳能是主体。此外，可再生能源还包括风能、生物质能、水能、地热能、氢能和核能等。随着时间的推移，这些具有各种资源形式的新兴能源将逐渐成为主要能源，将会对人类生产、生活的文明发展带来重大影响。太阳能是一种取之不尽、用之不竭的能源。其完全不同于石油、煤炭等传统能源。首先，太阳能的利用不会导致"温室效应"，也不含有害物质，不会污染环境，因此为清洁能源。其次，处处都有太阳辐射，没有地域和资源的限制，就地可用，无需运输或输送，使用方便且安全。这对于山区、沙漠、海岛等偏僻边远地区更显示出它的优越性，因此太阳能具有广泛性。随着社会的发展和人类文明的进步，太阳能将会扮演更加重要的角色，其应用也已受到世界各国的重视，并逐渐成为一种非常理想的清洁能源。

太阳位于银河系的对称平面附近，距离银河系的中心约 33000 光年（银河系边缘距中心约 40000 光年），是银河系中 15000 亿颗恒星中的一员。太阳是一个处于高温、高压下的巨大火球，其直径约 1.39×10^6 km，比地球直径大 109 倍；其质量为 2.2×10^{17} t，比地球质量大 33 倍；体积比地球大 130 万倍；平均密度为地球的 1/4；表面温度约为 6000K，中心温度约达 1.4×10^7 K；压力约为 1.96×10^{13} kPa，太阳的物理数据见表 1.2。在这样的温度和压力下，太阳内部持续不断地进行着由氢聚变成氦的核聚变反应，同时其不断地以光线的形式向广阔宇宙空间辐射出巨大的能量，即太阳能。在该反应过程中，太阳内部产生数百万摄氏度的高温，表面温度达 5762K，这正是太阳向空间辐射出巨大能量的源泉。地球所接收到的太阳能相当于全球所需能量的 3 万～4 万倍，其总量是现今世界上可以开发利用的最大能源量，可见来自太阳的能量多么巨大。人们推测太阳的寿命至少还有几十亿年，因此对人类来说，太阳能是一种无限的能源。如果合理利用太阳能，将会为人类提供充足的能源。因此，太阳能的研究和应用是今后人类能源发展的主要方向之一。

表 1.2		太 阳 的 物 理 数 据		
名　称	数　值	名　称	数　值	
太阳直径/km	1.39×10^6	光球表面温度（相对于黑体辐射）/K	5762	
在日地平均距离上太阳的径向角	$32'2.4''$	阳光辐照度/(W·m^{-2})	615×10^7	
太阳表面积/km^2	6.036×10^{12}	太阳表面抛物线速度/(km·s^{-1})	617	
太阳质量/g	1.989×10^{33}	太阳自转周期/d	24.65	
太阳体积/cm^3	1.4122×10^{33}	太阳成分（按质量）元素	氢 75%，氦 24.25%，其他元素 0.75%	
表面加速度/(cm·s^{-2})	2.7398×10^4			
日冠温度/K	$\approx 10^6$	太阳常数值/(W·m^{-2})	1353	

1.1.2　太阳辐射

太阳光穿过大气照射到地球时，其辐射能量中只有不到二十二亿分之一到达地球。到达地球表面的太阳辐射能总量具有不确定性，主要有以下原因：

首先，由于太阳能具有分散性。虽然到达地球表面的太阳辐射能总量很大，但是能流密度却很低，每单位面积上的入射功率很小。

其次，太阳能具有间歇性。由于太阳高度角在一年内不断变化，因此即使在同一个地区，一天 24h 内的太阳辐照度变化也较大。再加上受到季节以及晴、阴、雨、云等气象变化因素的影响，到达同一地面的太阳辐照度既是间断的又是极不稳定的。

再次，太阳能具有地域性。辐射到地球表面的太阳能，随地点不同而有所变化。它不仅与各地的地理纬度、海拔有关，还与各地的大气透明度（污染、混浊等）和气象变化等诸多因素有关。因此，在地面上测得的太阳光频谱往往由于受大气层吸收和扰乱的影响，以及受大气质量、气候、大气状态等因素的影响会发生很大的变化。

太阳能的可用量是不稳定的，随机性较大。总的来说，利用太阳能既有前述的各种优点，也有严重的缺点。因此在考虑太阳能利用时，不仅应从技术方面考虑，还应从经济、环境、生态、居民福利，特别是国家建设的整体方针等方面来全面考虑研究。

太阳辐射到地面有两种形式：一种是从光球表面发射出的光辐射，由可见光和不可见光组成；另一种是微粒辐射，由带正电荷的质子和大致等量的带负电荷的电子以及其他粒子组成的粒子流。微粒辐射平时较弱，能量也不稳定。在太阳活动剧烈时，其对人类和地球高层大气有一定的影响，但从能量角度而言，对地球的影响微乎其微。因此，通常所说的太阳辐射指的是光辐射。这部分光照射到地球时，其中有一部分被反射或散射，一部分被吸收，只有剩下的部分才以直射光或散射光的形式到达地球表面。到达地球表面的太阳光又有一部分被物体表面所吸收，另一部分被发射回大气层。太阳光入射地面示意图如图 1.1 所示。

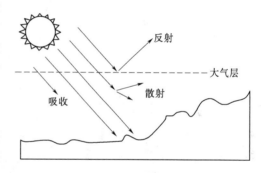

图 1.1 太阳光入射地面示意图

在地面上的任何地方都不可能排除大气吸收对太阳辐射的影响。实际测量的太阳辐射不仅和测试的时间、地点有关，也和当时的气象条件有关。为了描述大气吸收对太阳辐射的能量及其光谱分布的影响，引入大气质量（air mass，AM）概念，即由于大气导致太阳光减少的比例与大气的厚度有关，定量地表示大气厚度的单位称为大气圈通过空气量（即上述所指大气质量）。大气质量为 0 的状态（AM0），是指在地球外空间接收太阳光的情况，适用于人造卫星和宇宙飞船等应用场合；大气质量为 1 的状态（AM1），是指太阳光直接垂直照射到地球表面的情况，相当于晴朗夏日在海面上所接收的太阳光。这两者的区别在于大气对太阳光的衰减，主要包括臭氧层对紫外线的吸收、水蒸气对红外线的吸收以及由大气中尘埃和悬浮物导致的散射等。大气质量为 1.5 的状态（AM1.5），是指在典型的晴天时，太阳光照射到一般地面的情况，常用于地面太阳电池和组件效率测试。

太阳辐射的波长包含 $0.15 \sim 4 \mu m$ 的波段范围。实际入射的太阳能应当是太阳光所包含的各种波长的光能之和。大气吸收不仅影响到达地面的太阳辐射通量而且影响太阳光谱的分布情况。依据国际电工委员会所给出的标准太阳光谱辐照度分布数据，可以获得有大气吸收的到达地面（AM1.5）的太阳光谱曲线以及无大气吸收的（AM0）大气上界的太阳辐射曲线，太阳光谱分布曲线如图 1.2 所示。在波长 $0.3\sim1.5\mu m$ 波段内的太阳辐射能量约占总辐射能量的 90%，在无大气吸收情况下，光谱峰值约在 $0.5\mu m$ 附近。

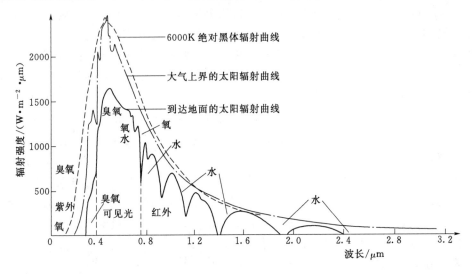

图 1.2　太阳光谱分布曲线

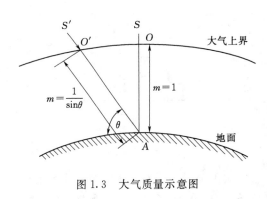

图 1.3　大气质量示意图

如果把太阳在天顶时垂直于海平面的太阳辐射穿过大气的高度作为一个大气质量，则太阳在任意位置时的大气质量定义为从海平面看太阳通过大气的距离与太阳在天顶时通过大气的距离之比。平常所说大气质量是指相当于"一个大气质量"的若干倍，大气质量是一个无量纲的量。大气质量示意图如图 1.3 所示。其中，A 为地球海平面上一点，当太阳在天顶位置 S 时，太阳辐射穿过大气层到达 A 点的路径为 OA，而太阳位于任一点 S' 时，太阳辐射穿过大气层的路径为 $O'A$。则大气质量定义为

$$AM=O'A/OA=1/\sin\theta \tag{1.1}$$

式中　θ——直射入地球的太阳光线与地球水平面之间的夹角，称为太阳高度角。

不同地域大气压力的差异，反映阳光通过大气距离的不同，也反映单位面积上大气柱中所含空气质量的不同，如果 A 点不是处于海平面，则大气质量需做修正，即

$$AM=\frac{P}{P_0}\cdot\frac{1}{\sin\theta} \tag{1.2}$$

式中　P——当地的大气压力；

P_0——标准大气压力，$P_0=101.3\text{kPa}$。

如上所述，太阳在天顶时海平面处的大气质量为 1 即为 AM1 条件；外层空间不通过大气时大气质量为 0 即 AM0 条件。太阳常数 I_0 为 AM0 条件下的太阳辐射通量。随着太

阳高度的降低，通过大气的光路径变长，大气质量大于 1，大气吸收的增加使得到达地面的光辐照度下降。由于地面上 AM1 条件与人类生活地域的实际情况有较大差异，因此通常选择更接近人类生活现实的 AM1.5 条件作为评估地面用太阳电池及组件的标准。此时太阳高度角约为 41.8°，光辐照度约为 963 W/m²。目前，国际标准化组织将 AM1.5 的辐照度定为 1000 W/m²。

太阳辐射在通过大气层到达地球表面的过程中，不仅受到大气层中的空气分子、水汽及灰尘的散射，而且受到大气中氧、臭氧、水和二氧化碳的吸收，因此到达地面上的太阳辐射发生了显著的衰减，且其光谱分布也发生了一定的变化。具体来说，根据研究人员测得的平均数据，太阳辐射中约有 43% 因反射和散射而折回宇宙空间，另有 14% 被大气所吸收，只有 43% 能够到达地面。但某一地点某一时刻的辐照情况，与当时当地的气象条件影响有关。从理论上较严格、具体地分析太阳辐射经大气层后的衰减情况，其相关因素主要有：

（1）大气的吸收。

（2）大气的散射。太阳辐射作为电磁波入射到大气层中时，与大气中物质（气、液、固）内的电子发生相互作用，电磁波的电场使物质中的电子受到加速，这些加速的电子沿不同方向辐射出电磁波。因此，沿原来入射波方向的辐射将有所减弱，所减弱的能量分布到其他方向上去。电磁波的散射是自然界中重要而普遍的现象之一，有着十分广泛的应用。

（3）大气浑浊度、天气等随机因素所带来的影响。

（4）由于地球除沿椭圆轨道绕日公转外，还绕地轴自转，因此从地面的观察者的角度看来，太阳在天空中的位置不断变化，这种变化直接影响着到达地面的太阳辐照度，从而决定着地面上可以利用的太阳能。

1.1.3　辐照度与太阳常数

辐照度，即单位面积上与单位时间内接受各种波长辐射能量的数值。由于历史原因，其单位有 cal/(cm²·min)、W/m²、Btu/(ft²·h) 等。国际单位制中采用 W/m²。

人们常把地球大气层上界与太阳光线垂直的单位面积上、单位时间内接受的太阳辐射能，在日地平均距离时的数值称为太阳常数，用符号 I_{sc} 表示。据中外专家测定，该常数为

$$I_{sc} = 1353 \text{W/m}^2$$

太阳常数 $I_{sc} = 1353 \text{W/m}^2$ 是地球上所接受的太阳辐照度最大极限值，实际上地球表面上任一处的倾斜或水平的接受面，所截获的太阳辐照度都比太阳常数小。经分析，地球表面上任一处采光面上所截获的太阳辐照度大小取决于太阳与地球距离，太阳相对地球某处、某时刻的相对位置；太阳辐射透过大气层的衰减情况；太阳能利用装置的采光面方位和倾角等。

1981 年 10 月在墨西哥召开的世界气象组织仪器和观测方法委员会第八次会议通过了太阳常数为 (1367±7) W/m² 的方案。这个数值在太阳活动的极大期和极小期变化都很小，仅为 2% 左右。

由定义可知，I_{sc} 是平均日地距离时的太阳辐照度。若设大气层上界某一任意时刻的太阳辐照度为 I_0，则

$$I_0 = I_{sc}[1+0.034\cos(2\pi n/365)] = I_{sc}r \qquad (1.3)$$

式中　　n——距离 1 月 1 日的天数；

　　　　r——日地间距引起的修正值。

1.1.4　太阳与地球的相对位置及其相关计算

1. 地球绕太阳的运行规律

贯穿地球中心与南北两极相连的这条线被称为地轴。地球每天都是绕着这个"地轴"自西向东地自转一周。每转一周（360°）为一天，即 24h，因此其每小时自转 15°。当太阳光从距离地球极远处照射过来时，近似成了平行的光线，因此只能照亮地球的一半。向阳的半球为白天，背阳的半球为黑夜。由于地球不停地自转，使得地球上任意一个地方都会发生昼夜交替现象。

地球除自转外，还绕着太阳循着偏心率很小的椭圆形轨道（黄道）运行，即为公转，周期为一年。地球的自转轴与公转运行的轨道面（黄道面）法线倾斜成 23°27′的夹角，而且地球公转时其自转轴的方向始终不变，总是指向天球（在天文学上，通常假定以观察者为中心，以任意长为半径，其上分布着所有天体的球面被称为天球）的北极。因此，地球处于运行轨道的不同位置时，太阳直射点的位置会在北纬 23°27′和南纬 23°27′之间来回移动，形成四季交替现象。由于地球绕太阳运行的轨道是椭圆而不是正圆，因而太阳与地球的距离在一年内是变化的。一月初日地距离小，七月初日地距离大，四月初和十月初日地平均距离为 1.5×10^8 km。最远距离、最近距离与平均距离相差 1.7%。

在春、夏、秋、冬各季节中，春分、夏至、秋分、冬至这几个特征日期的地球与太阳相对位置的变化，即地球绕太阳运行示意图如图 1.4 所示。其中：春分和秋分日时，太阳直射赤道，赤道上中午太阳正好在头顶上，此时赤道地区出现相对较热的天气；夏至日，阳光垂直照射在北纬 23°27′地面上，在南极圈中整天看不到太阳，而北极圈中整天都有太

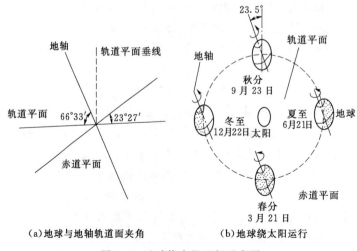

（a）地球与地轴轨道面夹角　　　　（b）地球绕太阳运行

图 1.4　地球绕太阳运行示意图

阳，北半球的天气相对较热，而南半球的天气相对较冷。夏至过后，直射太阳光线开始南移；冬至日，阳光垂直照射在南纬 $23°27'$ 的地面上，北极圈内整天没有太阳光，南极圈内整天都有太阳光，则北半球相对比较冷，南半球相对比较热。冬至过后，太阳直射光线又开始北移。于是，地球上特别是处于中纬度的区域，呈现出明显的季节变化，即春、夏、秋、冬及冬季昼短夜长，夏季昼长夜短现象。4 个特征日期阳光直射地球的位置如图 1.5 所示。

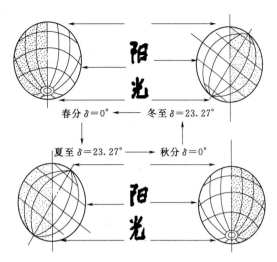

图 1.5　4 个特征日阳光直射地球的位置

2. 相关角度的计算

一年中地球接受太阳光辐射的变化情况以及一日内不同时刻地球表面某一处接受光辐射方向的变动情况可以通过以下几个参数分别表示。

（1）太阳赤纬角 δ。正午时的太阳光与地球赤道平面间的夹角就是太阳的赤纬角。一般取从赤道向北为正方向，向南为负方向，用 δ 表示。在一年中，太阳赤纬每天都在变化，但不超过 $\pm23°27'$ 的范围。夏天最大变化到夏至日的 $23°27'$；冬天最小变化到冬至日的 $-23°27'$。这导致地球表面上太阳辐射入射角的变化，使白天的长短随季节有所不同。δ 随季节变化，可按库珀（Cooper）方程计算为

$$\delta=23.45\sin[360\times(284+n)/365] \tag{1.4}$$

自春分日起的第 d 天的 δ 为

$$\delta=23.45\sin(2\pi d/365) \tag{1.5}$$

式中　δ——一年中第 n 天或离春分第 d 天的赤纬角；

　　　　d——由春分日算起第 d 天；

　　　　n——一年中的天数。

其中，春分日，$\delta=0°$；夏至日，$\delta=23°27'$；秋分日，$\delta=0°$；冬至日，$\delta=-23°27'$。一年中各月份的平均赤纬角见表 1.3。

表 1.3　　　　　　　　　　　　一年中各月份的平均赤纬角

时间	12 月	1 月	2 月	3 月	4 月	5 月	6 月
		11 月	10 月	9 月	8 月	7 月	
δ	$-23.5°$	$-20°$	$-11.5°$	$0°$	$11.5°$	$20°$	$23.5°$

（2）太阳高度角 α_s、天顶角 θ_z、时角 ω。以 α_s 表示太阳高度角，其含义是太阳高出地表水平面的角度。在地球表面一点 P，阳光以 SP 方向射向 P 点，将光线 SP 垂直投落在过 P 点的水平面上，方向为 PF，则 SP 与 PF 之间的夹角 α_s 为此刻 P 点处的太阳高度角。过 P 点向上做地平面的垂直线 PQ，则 PQ 与 SP 之间的夹角 θ_z 为此刻 P 点处的天顶角。以 ω 表示太阳时角，它定义为在正午时 $\omega=0°$，每隔 1h 增加 $15°$，上午为正，下午为

7

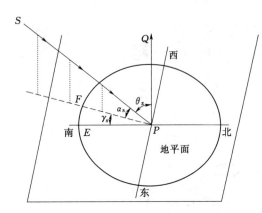

图 1.6　太阳高度角、天顶角和方位角

负。例如：上午 11 时，$\omega=15°$；上午 8 时，$\omega=15°×(12-8)=60°$；下午 1 时，$\omega=-15°$；下午 3 时，$\omega=-15°×3=-45°$。太阳高度角、天顶角和方位角如图 1.6 所示。

高度角与天顶角之间的关系为

$$\alpha_s+\theta_z=90° \tag{1.6}$$

计算太阳高度角的公式为

$$\sin\alpha_s=\sin\Phi\sin\delta+\cos\Phi\cos\delta\cos\omega \tag{1.7}$$

式中　Φ——P 点处的地理纬度。

正午时，$\omega=0$，$\cos\omega=1$。式（1.7）可简化为

$$\sin\alpha_s=\sin\Phi\sin\delta+\cos\Phi\cos\delta=\cos(\Phi-\delta)$$

又因为

$$\cos(\Phi-\delta)=\sin[90°\pm(\Phi-\delta)]$$

所以

$$\sin\alpha_s=\sin[90°\pm(\Phi-\delta)] \tag{1.8}$$

正午时，若太阳在天顶以南，即 $\Phi>\delta$，取 $\sin\alpha_s=\sin[90°-(\Phi-\delta)]$，从而有

$$\alpha_s=90°+\Phi-\delta \tag{1.9}$$

在南北回归线内，有时正午太阳正对天顶，则有 $\Phi=\delta$，从而 $\alpha_s=90°$。

（3）太阳方位角 γ_s。如图 1.6 中，地平面上正南方向线 PE 与太阳光线在地平面上投影线 PF 之间的夹角 γ_s 称为此刻 P 点处的太阳方位角。它表示此时太阳光线的水平投影偏离正南方向的角度，其计算式为

$$\cos\gamma_s=(\sin\alpha_s\sin\Phi-\sin\delta)/\cos\alpha_s\cos\Phi \tag{1.10}$$

或

$$\sin\gamma_s=\cos\delta\sin\omega/\cos\alpha_s \tag{1.11}$$

根据地理纬度、太阳赤纬及观测时间，利用式（1.10）或式（1.11）可以求出任何地区、任何季节某一时刻的太阳方位角。

（4）日照时间。太阳在地平线的出没瞬间，其太阳高度角 $\alpha_s=0$。若不考虑地表曲率及大气折射的影响，根据式（1.7），可得日出日没时角表达式为

$$\cos\omega_\theta=-\tan\Phi\tan\delta \tag{1.12}$$

式中　ω_θ——日出或日没时角，（°），正为日没时角，负为日出时角。

对于北半球，当 $-1\leqslant-\tan\Phi\cdot\tan\delta\leqslant+1$ 时，解式（1.12）有

$$\omega=\arccos(-\tan\Phi\tan\delta) \tag{1.13}$$

因为

$$\cos\omega_\theta=\cos(-\omega_\theta)$$

所以

$$\omega_{\theta出}=-\omega_\theta,\ \omega_{\theta没}=\omega_\theta$$

求出时角 ω_θ 后，日出日没时间用 $t=\omega/15°+12$ 求出。一天中可能的日照时间为

$$N=2/15\times\arccos(-\tan\Phi\tan\delta) \tag{1.14}$$

（5）接收太阳能应考虑的相关角度。由上可知，一年中不同日期或一日内不同时间投射到地面的太阳角度总是在变化。我国大部分地区（北回归线以北地区），夏至日的中午太阳高度角 α_s 值最大；而冬至这天，太阳高度角是一年中最小的。每天早晨太阳从东方升起，中午太阳在南方，晚上太阳在西方落地，一日内方位角 γ_s 随时间变化。

太阳能接收器安装角 β 与其他角度的关系如图 1.7 所示，一般使太阳能接收器为平面形状，尽可能让阳光垂直照射在平板型的设备上。但是阳光的方向，即 α_s 和 γ_s 总是在变化，若想让阳光时刻都垂直投向接收器的平面，需要将接收器制成能够全方位跟踪太阳的形式，即在接收器上设有双轴跟踪装置，以适应变动的 α_s 和 γ_s，但是结构比较复杂。若只设单轴跟踪装置，通常是为适应变动着的 γ_s 的需要，而不考虑 α_s 的情况，结构简单一些，同时接收效果也差一些。

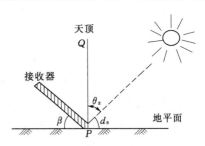

图 1.7　太阳能接收器安装倾角 β 与其他角度的关系

如果为了简化结构和操作，不追求较理想的接收效果，而把太阳能接收器安装成固定不动的形式，这时安装倾角 β 应做如下考虑：要在使用期内获得较多太阳能，在中午必须尽可能地使接收器采光面垂直阳光。由图 1.7 可见，这里的 $\theta_z=\Phi-\delta$，而 $\theta_z=\beta$，因此 $\beta=\Phi-\delta$。

由于 δ 值一年中在 $23°27'\sim-23°27'$ 之间变化，故推荐太阳能接收器的倾角 β 采用以下数值。

接收器在全年使用时

$$\beta=\Phi \tag{1.15}$$

接收器在春分到秋分期间（夏季）使用时

$$\beta=\Phi-23°27'/2 \tag{1.16}$$

接收器在秋分到春分期间（冬季）使用时

$$\beta=\Phi+23°27'/2 \tag{1.17}$$

由图 1.7 可知，正午时太阳高度角、当地纬度、当日的赤纬角及天顶角之间的关系为

$$\alpha_s(正午)=90°-\theta_z=90°-(\varphi-\delta) \tag{1.18}$$

1.2　太阳能资源分布

虽然地球上所有的国家都可接收到太阳辐射，但不同地区所接收的太阳辐射量差别相当大。地球绕太阳公转的轨道呈椭圆形，离太阳的最远距离和最近距离分别为 $1.52\times10^8\text{km}$ 和 $1.47\times10^8\text{km}$，平均距离为 $1.49\times10^8\text{km}$。由于距离的变化，6 月份（距离太阳最远）地面接收的平均能量为 12 月份（距离太阳最近）的 94%，差别不是很大，可以认为太阳在大气层外的辐射强度是不变的。但是，除了地球围绕太阳公转的原因之外，地球的自转、气候条件（如云层厚度）和大气层成分等都对辐射到地球表面太阳能资源的分布

情况、太阳能能量以及太阳辐照时间等产生不同的影响。例如，最北方的国家和南美洲南端，每年日照时间仅有数百小时。而阿拉伯半岛的绝大部分和撒哈拉大沙漠，每年日照时间则可高达 4000h。

通常，人们在研究太阳能资源的分布情况时，主要通过太阳能资源的丰度来考量，而太阳能资源丰度又可通过太阳的辐射总量和日照总时数来考察。经过各国研究学者多年的统计发现，就全球而言，以非洲、澳大利亚地区、中东地区、美国西南部地区和中国西藏地区的太阳能资源最为丰富。

太阳辐射总量一般为散射辐射与直接辐射的总和。散射辐射是指经过大气和云层的反射、折射、散射作用改变了原来传播方向到达地球表面的、并无特定方向的这部分太阳辐射。直射辐射是指未被地球大气层吸收、反射及折射，仍保持原来的方向直达地球表面的这部分太阳辐射。

由于受所在地区纬度、季节、地形、大气状况等因素的影响，人工观测的日照时数一般比实际照射的时数（即当无云天时，日出到日落的日照）要少。同时，由于一个地方的日照时数与白天的长短有关，而白天的长短又取决于纬度，因此不同纬度的日照时数情况就难以比较。因此衡量日照时数，常以实际照射时数与可能照射时数的百分比即日照百分率表示。日照百分率表明晴天的多与少，百分率越大表明晴天越多，反之亦然。一年中，日照百分率最大的是 10 月份，各地平均为 57%。而全年占第 2 位的却是 7 和 11 月，各地平均皆为 56%。全年日照百分率最小的是 3 月份，各地平均为 21%。

由上，综合太阳辐射总量及日照百分率两个因素，可大致掌握各个地区太阳能资源的丰富程度，进而研究全球太阳能资源的分布状况。

世界太阳能资源的分布状况如图 1.8 所示。通常情况下，从日照量较多的沙漠地带到极地之间，全球年累计日照量一般能够达到 2300kW·h/m² 以上。此外，根据研究学者的统计数据及图 1.8，世界太阳能资源分布情况如下：太阳能资源丰富程度最高地区为印

图 1.8　世界太阳能资源分布情况

度、巴基斯坦、澳大利亚、新西兰以及中东、北非等地区；太阳能资源丰富程度中高地区为美国以及中美和南美南部地区；太阳能资源丰富程度中等地区为巴西、中国、朝鲜以及西南欧洲、东南亚、大洋洲、中非等地区；太阳能资源丰富程度中低地区为日本以及东欧地区；太阳能资源丰富程度最低地区为加拿大以及西北欧洲地区。对于全球太阳能资源丰富的地区进行更细的划分：首先有纳米比亚、博茨瓦纳以及撒哈拉、南非北部，澳大利亚中部地区；其次是除了非洲中部雨林外的整个非洲、阿拉伯半岛、伊朗大部、阿富汗南部、巴基斯坦大部和印度西部拉贾斯坦邦等地区；此外还有澳洲的大部，美国的西南部如南加州、亚利桑那州、新墨西哥州以及墨西哥的北部。

我国地处北半球，幅员辽阔，绝大部分地区位于北纬 45°以南，是世界上太阳能最丰富的地区之一。我国超过 60% 的国土面积年太阳能辐射总量为 $1400 \sim 1750 \mathrm{kW \cdot h/m^2}$，每年获得的太阳能约为 $3.6 \times 10^{22} \mathrm{J}$，相当于 1.2 万 t 标准煤的热值。全国 2/3 以上地区的年日照小时数在 2000h 以上。特别是西部地区，年日照时间能够达 3000h 以上。各个地区全年总辐射量大体为 $930 \sim 2330 \mathrm{kW \cdot h/m^2}$，由于受地理纬度和气候等因素的限制，各地太阳能资源的分布不均。

以大兴安岭西麓至云南和西藏的交界处为界，可将我国从东北向西南分为两大部分。西北部地区太阳辐射量大多高于东北部地区。其中青藏高原的年总辐射量超过 $1800 \mathrm{kW \cdot h/m^2}$，部分地区甚至超过 $2000 \mathrm{kW \cdot h/m^2}$，年日照时数达 $3200 \sim 3300 \mathrm{h}$，是我国太阳能资源最丰富的地区。该地区可与地球上太阳能资源最丰富的印巴地区相媲美。此外，内蒙古、青海、新疆等地区的部分区域辐射总量和日照时数也在我国位居前列。以上这些地区为我国太阳能资源最丰富的地区，被称为太阳能资源最丰富带；太阳能资源很丰富带包括新疆、内蒙古、黑龙江、吉林、辽宁等地区的部分区域，年累计日照量为 $1400 \sim 1750 \mathrm{kW \cdot h/m^2}$；太阳能资源较丰富带包括山东、山西、陕西、甘肃等地区的部分区域，年累计日照量为 $1050 \sim 1400 \mathrm{kW \cdot h/m^2}$；太阳能资源一般带，包括四川、重庆、贵州等云雨天气多的地区，年累计日照量低于 $1050 \mathrm{kW \cdot h/m^2}$。总之，除了四川盆地及其邻近地区以外，我国绝大部分地区的太阳能超过或相当于国外同纬度地区。由此可见，我国拥有丰富的太阳能资源，利用前景十分广阔。我国太阳能辐射总量等级和区域分布见表 1.4。

然而，考虑到太阳能的具体应用，除了了解全国各地区太阳辐照量以外，还必须了解太阳辐照量随季节分配的情况，因为季节性的太阳辐照量会直接影响太阳能的可利用性和利用效率。经过对全国近 200 个气象站 1971—1980 年间各月日照时数大于 6h 的天数的调研统计，结果表明，这种最多天数和最少天数出现月份的分布，存在着明显的区域性，它实际上反映了各地太阳能利用的有利季节和不利季节。因此，各月日照时数可作为判断太阳能资源分布的第二种方法。某地太阳能资源全年分布变幅的大小可以用当地一年中日照小于 6h 天数与日照大于 6h 天数的比值来衡量，显然比值越小越利于太阳能利用。从全国来看，北纬 30°以北地区此比值基本上均低于 2，其中内蒙古中西部地区在 1.2 以下，是全国利用太阳能最有利的地方。四川盆地和云南西南部中缅边界一带该比值在 4 以上，是全国太阳能资源贫乏且不宜利用的地区。根据统计结果发现，这种方法所得结果与前文所述的太阳能资源分布情况大体相似。此外，在太阳能利用中，知道太阳能辐照在一天当中的变化规律也非常重要，但要找出一个能表征其日变化规律的指标却非常困难。长时间

表 1.4　　　　　　　　　　**我国太阳辐射总量等级和区域分布表**

名称	年总辐射量 /(kW·h·m⁻²)	年平均辐照度 /(W·m⁻²)	占国土面积 /%	主　要　地　区
最丰富带	≥1750	≥200	≈22.8	内蒙古额济纳旗以西、甘肃酒泉以西、青海100°E以西大部分地区、西藏94°E以西大部分地区、新疆东部边缘地区、四川甘孜部分地区
很丰富带	1400～1750	160～200	≈44.0	新疆大部、内蒙古额济纳旗以东大部、黑龙江西部、吉林西部、辽宁西部、河北大部、北京、天津、山东东部、山西大部、陕西西北部、宁夏、甘肃酒泉以东大部、青海东部边缘、西藏94°E以东、四川中西部、云南大部、海南
较丰富带	1050～1400	120～160	≈29.8	内蒙古50°N以北、黑龙江大部、吉林中东部、辽宁中东部、山东中西部、山西南部、陕西中南部、甘肃东部边缘、四川中部、云南东部边缘、贵州南部、湖南大部、湖北大部、广西、广东、福建、江西、浙江、安徽、江苏、河南
一般带	<1050	<120	≈3.3	四川东部、重庆大部、贵州中北部、湖北110°E以西、湖南西北部

注：来源于国家能源局。

的、准确的太阳辐照量记录比较困难，并且一年四季的日出、日落时间不仅各地不同，而且同一地点也有变化。

综上所述，我国太阳能资源分布情况的主要特点如下：

（1）西部高于东部。西部地区太阳能年辐射总量为 1750～2330kW·h/m²，东部地区为 930～1860kW·h/m²。

（2）北方高于南方。北方太阳能年总辐射量为 1400～1860kW·h/m²，南方为 930～1400kW·h/m²。

1.3　太阳能转换与利用方式

自从地球上有了生命，地球就开始了太阳能利用，或者说正是由于太阳能提供给地球光能、热能，地球才有了生命现象。绿色植物通过光合作用源源不断地合成自身的有机体，也提供给人类与其他动物食物、能量、氧气、物质资源等，从而使地球的生态圈得以延续。人类有意识地利用太阳能已有很久远的历史，传说早在公元前 200 多年阿基米德就已利用聚焦的太阳光来烧毁敌人的船只。发展到现在，太阳能转换与利用的形式更是多种多样，归纳起来，主要可以分为光热转换、光电转换、光热电转换、光化学转换、光生物转换以及其他转换或直接利用方式。其中，太阳能光热转换，包括太阳能热水器、太阳能空调、太阳能温室、太阳能供暖房、太阳能海水淡化、太阳灶、太阳能干燥器等，主要是将光能转换为热能；太阳能光伏转换，主要指太阳电池通过半导体的光伏效应将太阳能直接转换为电能；太阳能光热电转换，包括聚焦太阳能热发电、半导体温差发电、太阳能烟囱发电等，先将光能转换为热能，再转换为电能；光化学转换，主要指太阳能光催化或光电催化作用，包括光合成、光分解、光敏化等，将光能转换为化学能储存在化学键中；光生物转换，主要指绿色植物、微生物的光合作用，将光能储存在生物体中；光能直接利用是指直接利用光能或光子进行白天室内外的采光照明、杀菌等。

1.3.1 太阳能光热转换与利用

太阳能的光热转换与利用是将太阳能转换成热能，供热水器、冷热空调系统等使用。这种利用方式普及性高、发展得较为成熟工业化程度较高。在太阳能热利用中，可通过反射、吸收等方式收集太阳能，然后将其转化成热能，在生活中的应用非常广泛。如太阳能集热器、太阳能供暖房、太阳灶、太阳能干燥器、太阳能温室、太阳能蒸发器、太阳能水泵和太阳能热机、太阳炉、太阳能海水淡化、太阳能光热（冷、暖）空调等。

通常情况下，太阳能光热转换与利用提供的热能温度都较低，小于或等于 100℃。相对来说，低温利用比较容易，但由于温度较低也会限制其使用范围。太阳能光热转换与利用主要通过太阳能集热器来实现。太阳能集热器包括太阳能平板集热器以及太阳能聚光集热器。平板集热器吸收太阳辐射的面积与采集太阳辐射的面积相等，不聚光，主要用于太阳能热水、采暖和制冷等方面。为了在较高温度条件下利用太阳能，聚光集热器被广泛应用。它可将太阳光聚集在比较小的吸热面上，散热损失少，吸热效率高，从而达到较高的温度。但这会增加技术难度，并且成本高。因此，聚光集热器可利用廉价反射器代替昂贵的集热器来降低成本。

目前，在世界范围内，太阳能制冷及在空调降温上的应用还处在示范阶段，其商业化程度远不如热水器那样成熟，主要问题在于其成本较高。但在缺电和无电地区，太阳能的光热利用与建筑结合起来考虑，其市场潜力比较大。

太阳能光热（冷、暖）空调由太阳能集热器，红外辐射、吸收或吸附式转换器，控制系统和终端组成。其以太阳能为主要驱动能源，红外辐射热能转换器为辅助热源，节能可达 70% 以上。冬天供暖的热源主要来自太阳能集热器，通过太阳能集热器加热的专用热介质流入储箱，当其温度达到一定值时，直接通入专用空调柜机或挂机实现采暖。当天气变坏太阳能效果变差，太阳能集热器提供的热能不足以满足室内采暖负荷要求时，可以由辅助红外辐射热能转换器直接提供热量补充。夏天采用溴化锂吸收式制冷，即使热媒水在接近真空的低压环境中蒸发气化以实现制冷目的，从吸收式制冷机流出的冷媒水通入专用空调柜或挂机实现制冷。当太阳能集热器提供的热能不足以直接驱动吸收式制冷机时，可以由储能与转换器提供热量。因此，太阳能光热空调不仅能实现夏日制冷、冬天供暖，还可以提供日常生活温水、洗浴热水、饮用开水，以及调节室内湿度等。太阳能光热空调实物如图 1.9 所示。

与传统空调相比较，太阳能光热空调主要有以下优势：

（1）在主动力源装置结构和环境影响方面，它利用太阳能光热作为主动力源，无压缩机和动力机械装置，因而运行时无噪音和污染物排放，使用安静、清洁。

（2）在能量转换方式和用途方面，不同于传统空调靠压缩机机械运动将电能转换为冷、热量，它是依靠介质分子蒸发、吸收的物理过程，将太阳能热能转换为室内冷、热量。

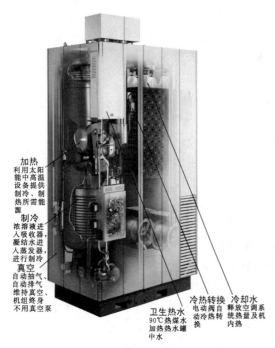

加热
利用太阳
能中高温
设备提供
制冷、制
热所需能
源

制冷
浓溶液进
入吸收器，
凝结水进
入蒸发器，
进行制冷

真空
自动抽气、
自动排气、
维持真空、
机组终身
不用真空泵

卫生热水
90℃热煤水
加热热水罐
中水

冷热转换
电动阀自
动冷热转
换

冷却水
释放空调系
统热量及机
内热

图 1.9　太阳能光热空调实物图

（3）在使用效果及自然环境要求方面，在 $-40 \sim 40℃$，阴雨、雪天等环境下，太阳能光热空调都能正常运行，全年 365 天均可使用，保持室内 $16 \sim 26℃$，温湿度适当，感觉舒适宜人。

（4）在使用成本和使用寿命方面，以室内面积 $150m^2/$ 户计算，它平均投入 3 万元/户左右，使用成本不高于 1500 元/年，因磨损小、振动小、腐蚀轻、维修少，一般能正常运行 $20 \sim 30$ 年，而传统空调产品同面积平均投入 2.5 万元/户，使用成本一般在 4500 元/年左右，有机械运动、磨损、振动等，需经常维修保养，国家规定寿命 $10 \sim 15$ 年。

（5）在节能、减排方面，太阳能光热空调以太阳能光热为主驱动动力源、红外辐射热能转换器为辅助热源，因而比传统空调节能 70% 以上，节能效果突出，同时强有力地展现了减排、低碳与环保效力。

1.3.2　太阳能光电转换与利用

利用太阳的光能进行发电，即利用太阳电池，将太阳的光能转换成电能的发电方式。

太阳能光发电通过太阳电池将光能转换成电能，以分散电源系统的形式向负载提供电能。太阳电池产生电力与火力、水力、风力、核能等的发电原理存在着本质的差别。其工作原理主要基于"光生伏打效应"，这种效应在固体、液体和气体中均可产生。太阳电池产品在国际、国内太阳能利用市场上均扮演着重要角色，因而是今后太阳能利用的重要发展方向之一。由于太阳光发电获得的电能利用率相当高，因此其应用领域宽、范围广、工业化程度高、发展较快且前景十分乐观。常见的应用有灯塔、微波站、铁路信号、电视信号、管路保护等野外工作台站的供电；海岛、山区、草原、雪山和沙漠等边远地区的生活用电；手表、计算器、太阳能汽车和卫星等仪器设备的电源；以及太阳能电站并网发电等。

1.3.3　太阳能光热电转换与利用

太阳能光热电方式是指利用太阳的热能进行发电，即利用聚光得到高温热能，将其转换成电能的发电方式。

在太阳能光热发电中，其先把太阳能转换为热能，然后再利用热力发电进而转换为电能。由于它中间环节相对较多，系统复杂等原因，发展相对比较缓慢。

太阳能光热发电的发电原理是通过反射镜将太阳光汇聚到太阳能收集装置，利用太阳能加热收集装置内的传热介质（液体或气体），加热水形成蒸汽带动或者直接带动发电机发电。前一过程为光—热转换，后一过程为热—电转换。由此发展起来的光热电站，根据太阳能光热发电原理采用"光—热—电"的方式发电。采用太阳能光热发电技术，避免了昂贵的晶硅材料光电转换工艺，可以大大降低太阳能发电的成本。太阳能光热发电方式依据聚光形式的不同，可分为槽式、塔式、碟式（盘式）、菲涅尔式等几种方式，太阳能光热发电的主要形式如图 1.10 所示。

|　（a）槽式　|　（b）塔式　|
|　（c）碟式（盘式）　|　（d）菲涅尔式　|

图 1.10　太阳能光热发电的主要形式

槽式太阳能热发电系统即槽式抛物面反射镜太阳能热发电系统，是将多个槽型抛物面聚光集热器经过串并联的排列，加热工质，产生高温蒸汽，最后通过汽轮机驱动发电机发电。

塔式热发电系统是将吸收到的太阳光集中聚焦到塔顶，对传热工作介质加热进而发电的一种聚光太阳能发电技术。不需要管道传输系统，热损较小，系统效率高，同时便于储存热量。塔式热发电系统的工作介质可以为空气、水或水蒸气以及熔盐等。

碟式太阳能热发电系统即抛物面反射镜斯特林系统，是由抛物面反射镜组成的。其工作原理是将太阳光接收在抛物面的焦点上，加热接收器内的传热工质到 750℃ 左右，驱动发动机进行发电。这是世界上最早出现的太阳能动力系统。近年来，碟式太阳能热发电系统主要研究方向是开发单位功率质量比更小的空间电源。碟式太阳能热发电系统应用于空间，与光伏发电系统相比，具有气动阻力低、发射质量小和运行费用低廉等优点。

菲涅尔式太阳能热发电通过一组平板镜来取代槽式系统抛物面形的曲面镜聚焦，调整控制平面镜的倾斜角度，将阳光反射到集热管中。为简化系统一般采用水或水蒸气作为吸热介质。其工作原理类似槽式光热发电，只是采用菲涅尔结构的聚光镜来替代抛面镜。这使得它的成本相对来说比较低廉，但效率也相应降低。此类系统由于聚光倍数只有数十倍，因此加热的水蒸气质量不高，使整个系统的年发电效率仅能达到 10% 左右。但由于系统结构简单、直接使用导热介质产生蒸汽等特点，其建设和维护成本也相对较低。

目前，槽式热发电系统最成熟并实现了商业化，塔式热发电系统正在进入商业化，而另外两种热发电方式还处于示范运行阶段，有实现商业化的可能和前景。一般来说，这几种热发电系统均可使用太阳能单独运行，可安装成燃料混合（如与天然气、生物质气等）互补系统是其突出的优点。

太阳能光热发电之所以能异军突起，主要原因在于其不同于以往的光伏发电、风力发电。太阳能光热发电不仅造价低、无污染，而且具备储能功能，因此它可以实现全天候发电，这是以往新能源发电所不具备的优势。此外，新能源发电方式中，光伏发电的规模可大可小，从几千瓦到数百兆瓦不等，但光热发电却是典型的规模经济，随着规模的增加，发电成本逐渐降低。因此，太阳能光热发电受到了世界各国的重视，科学家们也正在积极推进太阳能光热发电的应用研究。2010 年 8 月，在北京延庆建成亚洲第一个塔式太阳能光热发电站，这也是我国首座具有自主知识产权的光热电站，由中国科学院、皇明太阳能集团和中国华电集团公司联合投建。

1.3.4　太阳能其他转换与利用方式

1. 太阳能光化学转换

太阳能的光化学转换通常包括光分解反应、光化合反应和光敏作用三个方面。光化学转换是指在太阳光的照射下，物质发生化学、生物反应，从而将太阳光能转换成化学能等形式的能量。其反应的本质是物质中的分子、原子吸收太阳光子的能量后变成“受激原子”，“受激原子”中的某些电子能态发生改变，使某些原子的价键发生改变，当“受激原子”重新恢复到稳定态时，即产生光化学反应。

（1）光分解反应。光分解反应相当普遍。一些物品必须避光保存；一些塑料制品不能暴晒，这些都是因为存在光解反应所致。人们可以利用光催化反应降解环境污染物，例如有机物或重金属污水处理、空气净化等的光催化降解。还有一个实例是光解水制氢，氢气是最清洁的燃料、燃烧热值高，可以利用太阳光子激发半导体的电子—空穴对发生分离，引起水分子发生氧化与还原反应，分别生成氧气与氢气，称为光催化分解水制氢。

（2）光化合作用。许多有机物分子在吸收太阳光后，共价结构发生变化，失去共振能或使其键长、键角与正常值发生偏离，甚至使化学键断裂，这就构成新的价键异构物。借助于加热或催化剂的作用，其又能返回原来状态，并获得所储存的能量。如蒽类化合物在光的作用下形成二聚物，将吸收的太阳能部分转化为二聚物的化学能储存起来。当二聚物分解时，其化学能又变为热能释放出来。但其储能能力很小，加之蒽类化合物又极易被氧化，因而没有实用化。可以利用光化合反应，将空气中的二氧化碳还原合成燃料与其他有用化学品，例如合成乙烯、甲醇等。

（3）光敏作用。光敏作用常常与光分解、光化合有关。日常生活中的照相底片，它的光敏面通常是由含 AgBr 微粒的乳胶制成。在光的作用下，AgBr 层中的溴离子 Br⁻（负离子）吸收了光子的能量后释放电子，这个电子迁移到银离子 Ag⁺（正离子）上，形成中性的银原子和溴原子，其光化学方程式为

$$Ag^+ + Br^- + h\upsilon \Longleftrightarrow Ag + Br$$

经过显影和定形之后，留存在乳胶层中的金属银，形成一个比较细致的、肉眼可见的图像。

2. 太阳能光生物转换

太阳能的光生物转换既包含光化学转换的三种基本过程，又包含光热过程、光电过程以及更高级的光生命过程。绿色植物通过光合作用收集与储存太阳能。地球上的一切生物都是直接或间接地依赖光合作用获取太阳能，以维持其生存所需要的能量。所谓光合作用，就是绿色植物利用光能，用空气中的二氧化碳和水合成有机物和氧气的过程。不仅合成的有机物是动物、植物及微生物赖以生存的物质基础，而且氧气也是动物、植物及微生物呼吸作用必不可少的化学物质。此外，40 多年前人们发现绿藻在无氧条件下，经太阳光照射可以放出氢气；10 多年前人们又发现兰绿藻等许多藻类在无氧环境中适应一段时间后，在一定条件下都有光化合放氢作用，这些都属于光生物转换。

3. 太阳能照明（光导）

太阳能照明指利用太阳光或利用太阳电池器件给室内照明。此外，还可以使用光导纤维将太阳光引入地下室等阴暗处，以解决日照不良区域的照明问题。太阳能照明主要应用于建筑楼道照明、城市亮化照明等方面。太阳能照明灯具中使用的组件由多片太阳电池并联构成，受目前技术和材料的限制，单一电池的发电量还比较有限。

在太阳能城市亮化照明过程中，白天由太阳电池板作为发电系统，让电池板电源经过大功率二极管及控制系统给蓄电池充电，当蓄电池电量达到一定程度时，控制系统内设的自动保护系统动作，电池板自动切断电源，实行自动保护。到晚上，太阳电池板又起到光控作用，给控制系统发出指令，此时控制系统自动开启，输出电压，使各式灯具达到设计的照明效果，并可调节所需的照明时间。这就是太阳能城市亮化照明的工作原理。

太阳能亮化照明技术具有一次性投资、无长期运行费用、安装方便、免维护、使用寿命长等特点，不会对原有植被、环境造成破坏，同时也降低了各项费用，节约能源，可谓"一举多得"。随着太阳能产业化进程和技术开发的深化，太阳能光伏技术的效率、性价比将得到迅速提高。推广太阳能光伏技术在照明中的应用是一个新课题，也将极大地推动我国"绿色照明工程"的快速发展。

综上所述，太阳能的利用正得到越来越多的推广，已经成为现代社会人们可以采取的最安全、最绿色、最理想的发电方式。一旦太阳能在全世界范围内得到大规模的利用，就能降低因使用化石能源所造成的环境污染，大大改善环境，还有可能开辟一些新的太阳能应用领域。

思　考　题

1. 太阳辐射的形式有哪些？

2. 太阳辐射经大气层衰减有几种情况？其衰减的相关因素是什么？

3. 怎样界定太阳能资源的分布情况？有哪几种界定方法？

4. 请简述太阳能能量转换方式有哪些？

5. 你认为目前还有哪些比较有前景的太阳能利用形式？

参 考 文 献

[1]　施玉川，李新德. 太阳能应用［M］. 西安：陕西科学技术出版社，2001.

[2]　李孝轩. 太阳能光伏系统概论［M］. 武汉：武汉大学出版社，2006.

[3]　杨德仁. 太阳电池材料［M］. 北京：化学工业出版社，2006.

[4]　李申生. 太阳能物理学［M］. 北京：首都师范大学出版社，1996.

[5]　董福品. 可再生能源概论［M］. 北京：中国环境出版社，2013.

第2章 太阳能光热转换原理与技术

太阳能的光热利用是人们最早认识的太阳能转换利用方式。从能量转换角度而言，太阳能的热利用是太阳辐射能转换为热能的过程。由于太阳辐射具有分散性强、能流密度低的特点，以太阳能自然照射的方式进行热利用，很难实现对太阳能的高效热利用。因此，在现代太阳能热利用中，一般通过非聚光或聚光方式对太阳能集热进行利用，以提高其利用效率。本章首先介绍各种太阳能集热器，然后介绍太阳热水器、太阳能干燥、太阳房、太阳灶、太阳炉、太阳能海水淡化技术、太阳能制冷技术等太阳能热利用技术与方式。

2.1 太阳能集热器

2.1.1 太阳能集热器的分类

太阳能集热器是吸收和聚集太阳能辐射并转换热能，将所产生的热能传递给传热介质的装置。

太阳能集热器是组成各种太阳能热利用系统的关键部件。无论是太阳热水器、主动式太阳房、太阳能温室、太阳炉、太阳灶、太阳能制冷、太阳能干燥、太阳能海水淡化等光热利用技术，还是太阳能塔式热发电技术、太阳能槽式热发电、太阳能蝶式热发电等各种光热电转换利用技术均以太阳能集热器作为系统的核心部件。

太阳能集热器可以用多种方法进行分类，主要有按传热介质类型进行分类、按进入采光口的太阳辐射是否改变方向进行分类、按是否对太阳跟踪进行分类、按吸热体是否有真空空间进行分类、按工作温度范围进行分类等，具体如下：

（1）根据传热介质的类型分为液体集热器（也称液态集热器）和气体集热器两种。其中：液体集热器的传热介质为液体，大部分液体集热器的传热介质为水；气体集热器的传热介质为气体，主要为空气，因而又称为空气集热器。

（2）按进入采光口的太阳辐射是否改变方向分为聚光集热器和非聚光集热器。其中：聚光集热器是利用反射器、透镜或其他光学器件将进入采光口的太阳辐射改变方向并会聚到吸热体上的太阳能集热器。该类集热器的吸热面积小于采光面积，热损失小，主要用于高温集热。

非聚光集热器是进入采光口的太阳辐射不改变方向也不集中投射到吸热体上的太阳能集热器。该类集热器的吸热面积一般与采光面积相当甚至相等，主要用于中低温集热。

（3）按是否跟踪太阳分为跟踪集热器和非跟踪集热器。跟踪集热器是以绕单轴旋转或绕双轴旋转的方式全天跟踪太阳运动的太阳能集热器；反之，非跟踪集热器是不跟踪太阳运动的太阳能集热器。

跟踪集热器和非跟踪集热器主要是针对聚光集热器的分类方法。

（4）按吸热体是否有真空空间分为平板型集热器和真空管集热器。其中：平板型集热器是吸热体表面基本上为平板形状的集热器，为非聚光集热器。真空管集热器是采用透明管（通常为玻璃管）并在管壁和吸收体之间形成真空空间的太阳能集热器。如全玻璃真空管集热器、热管真空管集热器。

（5）按工作温度范围分为低温集热器、中温集热器和高温集热器。低温集热器的工作温度一般在 100℃ 以下；中温集热器的工作温度为 100～250℃；高温集热器的工作温度在 250℃ 以上。

2.1.2　平板型集热器

2.1.2.1　平板型集热器的基本结构

平板型集热器的基本结构如图 2.1 所示，主要由吸热体（吸热板）、透明盖板、隔热层和壳体等几部分组成。平板型集热器是太阳能低温热利用（如太阳热水器）的基本部件。

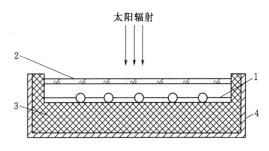

图 2.1　平板型集热器的基本结构
1—吸热体；2—透明盖板；3—隔热层；4—外壳

平板型集热器的工作原理为：首先太阳辐射穿过透明盖板后，投射在吸热体上，被吸热体吸收并转化成热能；然后将热量传递给吸热体内的传热工质，使传热工质温度升高，作为有用能量输出利用。

2.1.2.2　平板型集热器的吸热体

吸热体是平板型太阳能集热器内吸收太阳辐射能并向传热工质传递热量的部件，因其形状基本上为平板，故常被称为吸热板。

对吸热板的主要技术要求如下：

（1）表面对太阳辐射的吸收率高，从而能够最大限度地吸收太阳辐射能。

（2）具有较大的导热系数，热传递性能好，保证吸收的热量可以最大限度地传递给传热工质。

（3）与传热工质的兼容性好，不会被传热工质腐蚀。

（4）具有一定的承压能力。

吸热板的结构型式主要有管板式、翼管式、扁盒式和蛇管式，如图 2.2 所示。

在平板型集热器的吸热板上布置有排管和集管。排管是指吸热板纵向排列并构成流体通道的部件；集管是指吸热板上下两端横向连接若干根排管并构成流体通道的部件。

管板式吸热板的结构是将排管与平板以一定的方式连接构成吸热条带，然后再与上下集管焊接成吸热板，如图 2.2（a）所示。这是目前国内外使用最为普遍的结构类型。排管与平板的连接有热碾压吹胀、高频焊接、超声焊接等多种方式，要求排管与平板的接触尽可能小。

代表性的管板式吸热板为全铜吸热板，它是将铜管和铜板通过高频焊接或超声焊接工艺而连接在一起制成的。全铜吸热板的优点为：①导热性能好，几乎无接触热阻，热效率高；②铜管不易被腐蚀，水质清洁；③铜管可以承受较高的压力，耐压能力强。

翼管式吸热板是金属管两侧连有翼片的吸热条带，利用模子挤压拉伸工艺制成，吸热条带与上下集管焊接成吸热板，如图 2.2 (b) 所示。翼管式吸热板的材料一般为铝合金。

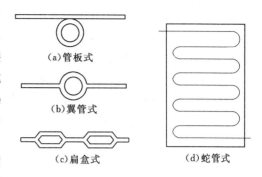

图 2.2　吸热板的结构型式

翼管式吸热板的优点为管子和平板是一体，无接触热阻，传热性能好；此外，铝合金管能够承受较高的压力，耐压能力强。缺点主要为：①铝合金易被腐蚀，水质不易保证；②翼管式吸热板的热容量较大，动态特性比较差；③工艺要求管壁和翼片的厚度不能太小，材料耗用量大。

扁盒式吸热板是将两块金属板分别模压成型，然后再焊接成一体的吸热板，如图 2.2 (c) 所示。材料一般为不锈钢、铝合金、镀锌钢等。

扁盒式吸热板的优点是管子和平板是一体，无接触热阻，传热性能好；缺点为：①流体通道的横截面大，吸热板热容量较大，动态特性较差；②材质为铝合金时，易被腐蚀，水质不易保证；③因焊点不能承受较高的压力，耐压能力较差。

蛇管式吸热板是将金属管弯成蛇形，与平板焊接构成吸热板，如图 2.2 (d) 所示。材料一般为铜，焊接工艺采用高频焊接或超声焊接。

蛇管式吸热板的优点为：①不需要另外焊接集管，不易泄漏；②无接触热阻，传热性能好；③水质清洁、耐压能力强。缺点是其流体通道为串联方式，流动阻力大。

对于平板型太阳能集热器，吸热板的材料一般为铜、铝合金、不锈钢、镀锌钢等各种金属材料。为降低成本和提高平板型太阳能集热器的抗冻性和抗腐蚀性，出现了采用塑料、橡胶等有机材料制作的平板型集热器吸热板。需要特别指出的是，有机材料虽然具有成本低且易于加工制作等优点，但其存在着导热性差、长期暴露于阳光下会老化变性等缺点。

2.1.2.3　吸热板的选择性吸收涂层

为使吸热板最大限度地吸收太阳辐射能并将其转换成热能，一般在吸热板上涂覆太阳辐射能吸收涂层以提高其表面吸收率。太阳辐射能吸收涂层一般分为非选择性吸收涂层和选择性吸收涂层。非选择性吸收涂层是指其光学特性与辐射波长无关的吸收涂层；选择性吸收涂层则是指其光学特性随辐射波长不同有显著变化的吸收涂层。

辐射光谱随温度变化而变化，太阳辐射可近似地认为是温度约 6000K 的黑体辐射，大约 90% 的太阳辐射集中在 $0.3 \sim 2\mu m$ 的波长范围内，而平板型集热器吸热板的温度一般为 $400 \sim 1000K$，其热辐射主要集中在 $2 \sim 30\mu m$ 波长范围内。选择性吸收涂层就是针对太阳辐射光谱与吸热板热辐射光谱具有不同光学特性而研发的专门用于太阳集热器的涂层材料。具体而言，选择性吸收涂层对太阳辐射光谱具有高的吸收率，而对吸热板温度范围内的热辐射具有低的发射率，这样就可以能够在保证尽可能多地吸收太阳辐射的同时，又能够尽量减少吸热板的热辐射散热损失。

选择性吸收涂层可以用多种方法来制备，主要有喷涂方法、化学方法、电化学方法、真空蒸发法、磁控溅射法等。一般而言，绝大多数的选择性吸收涂层对太阳辐射的吸收率均可达到 0.90 以上，但不同选择性吸收涂层的发射率大小却有明显的区别，某些选择性吸收涂层的发射率见表 2.1。

表 2.1　　　　　　　　　　　　　选择性吸收涂层的发射率

制备方法	涂层材料	发射率 ε
喷涂方法	硫化铅、氧化钴、氧化铁、铁锰铜氧化物	0.30～0.50
化学方法	氧化铜、氧化铁	0.18～0.32
电化学方法	黑铬、黑镍、黑钴、铝阳极氧化	0.08～0.20
真空蒸发方法	黑铬/铝、硫化铅/铝	0.05～0.12
磁控溅射方法	铝—氮/铝、铝—氮—氧/铝、铝—碳—氧/铝、不锈钢—碳/铝	0.04～0.09

2.1.2.4　平板型集热器的透明盖板

透明盖板是平板型太阳能集热器中覆盖吸热板，由透明或半透明材料制成的板状部件。透明盖板的层数一般为 1～2 层，依据太阳集热器的工作温度及使用地区的气候条件而定。当太阳能集热器的工作温度较高或者在气温较低的地区使用时，宜采用双层透明盖板。绝大多数情况下为单层透明盖板，这是因为透明盖板层数的增多，会大幅度降低透明盖板对太阳辐射的透射率。

透明盖板的功能主要为：①透过太阳辐射，使其投射在吸热板上；②阻止和减少吸热板在温度升高后通过对流和辐射向周围环境散热，形成温室效应；③保护吸热板，使其不受灰尘及雨雪的侵蚀以及碎石等硬物的冲击。

透明盖板的技术要求主要有以下方面。

（1）对太阳辐射的透射率高，保证能透过尽可能多的太阳辐射。

（2）对吸热板的热辐射（红外辐射）的透射率低，有效阻止吸热板热辐射散热损失。

（3）导热系数小，减少集热器内热空气通过透明盖板向周围环境的散热损失。

（4）耐冲击强度高，在受到冰雹、碎石等外力撞击时不易损坏。

用于制作透明盖板的材料主要有平板玻璃和玻璃钢板两大类。目前国内外广泛使用平板玻璃，其具有对红外辐射透射率低、导热系数小、耐候性能好等优点，可以很好地满足太阳能集热器对透明盖板的大部分技术要求，其不足为耐冲击强度比较差，对太阳辐射的透射率有待于进一步提高。

影响平板玻璃对太阳能辐射透射率的主要因素为平板玻璃中三氧化二铁的含量。平板玻璃中三氧化二铁含量越高，对太阳辐射的吸收率越大，对太阳辐射的透射率越低。三氧化二铁含量对厚度 6mm 的平板玻璃单色透射率的影响如图 2.3 所示。从图 2.3 中可以发现，当三氧化二铁含量较小时（0.02%），玻璃对太阳辐射的透射率很高，对太阳辐射的吸收可以忽略不计；随着三氧化二铁含量的提高，玻璃对太阳辐射的透射率降低，当三氧化二铁含量达到 0.50％ 的情况下，玻璃对太阳辐射的透射率变得很低。

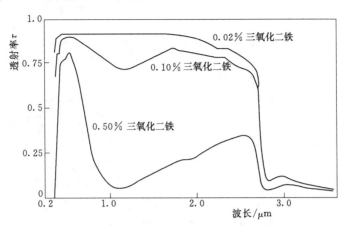

图 2.3　三氧化二铁含量对平板玻璃单色透射率的影响（玻璃厚度 6mm）

目前国内常用的普通平板玻璃，由于三氧化二铁含量较多，对太阳辐射的透射率较低。研究开发专门用于太阳能平板型集热器的低三氧化二铁平板玻璃，提高其对太阳辐射的透射率是我国太阳能光热利用发展的迫切需求和重要课题。

针对普通平板玻璃存在的耐冲击强度低、易破碎问题，一般通过对平板玻璃采取钢化处理等措施，提高耐冲击强度，确保平板型太阳能集热器可以经受冰雹等硬物的冲击。

玻璃钢板（玻璃纤维增强塑料板）用于制作平板型集热器的透明板，除具有平板玻璃的对太阳辐射的透射率高、导热系数小等优点外，还具有耐冲击强度高的特点。此外，玻璃钢板还具有一些平板玻璃所没有的特点，如玻璃钢板的质量轻，易于运输及安装；加工性能好，便于根据太阳能集热器产品的需要进行加工成型。

玻璃钢板的缺点为对红外辐射的透射率比平板玻璃要高得多，会造成吸热体的热辐射损失增加。

2.1.2.5　平板型集热器的隔热层

温度升高后的吸热板不可避免地通过传导、对流和辐射等方式散热，隔热层是太阳能平板型集热器中用于减少吸热板向周围环境散热的部件。

对太阳能集热器隔热层的技术要求与其他保温层、绝热层的要求基本相同，主要为导热系数小、不易变形、不易挥发、不能产生有害气体等。

平板型集热器的隔热层材料主要有岩棉、矿棉、聚氨酯、聚苯乙烯等，使用较多的是岩棉。虽然聚苯乙烯的导热系数很小，但由于在温度高于 70℃ 时会发生变形收缩，进而影响太阳能集热器中的隔热效果，在实际使用时，需要在底部隔热层与吸热板之间放置一层薄薄的岩棉或矿棉，在四周隔热层的表面贴一层薄的镀铝聚酯薄膜，使隔热层在较低的温度条件下工作。

2.1.2.6　平板型集热器的外壳

外壳是平板型集热器中保护及固定吸热板、透明盖板和隔热层的部件。

外壳要具有一定的强度和刚度，同时具有较好的密封性和耐腐蚀性。此外，要尽量做到外形美观。

用于制造平板型集热器外壳的材料主要有铝合金板、不锈钢板、碳钢板、塑料、玻璃钢等。

2.1.3　真空管太阳能集热器

2.1.3.1　真空管太阳能集热器及其分类

真空管太阳能集热器就是将吸热体与透明盖层之间的空间抽成真空的太阳能集热器，吸热体被封闭在高真空的玻璃真空管内，可有效减少太阳能集热器向环境的散热损失。

早期的真空太阳能集热器是利用平板型太阳能集热器，将其吸热板与透明盖板之间的空间抽成真空，即平板型真空集热器。平板型真空集热器存在着两个难以解决的问题：①平板形状的透明盖板特别是普通平板玻璃很难承受因内部真空所造成的来自外部空气的巨大压力，必须采用足够厚度的钢化玻璃；②因在透明盖板和外壳之间有很多连接处，这些连接处很难达到气密性要求，方盒形状的集热器很难抽成真空并加以保持。为解决受力和密封问题，发展了真空管太阳能集热器。

真空管太阳能集热器由若干只真空集热管组成。真空集热管的外壳是玻璃圆管，吸热体放置在玻璃圆管内，吸热体与玻璃圆管之间抽成真空。吸热体的形状可以是圆管状、平板状或其他形状。

真空管太阳能集热器按吸热体的材料种类分为两大类：①全玻璃真空管集热器，吸热体由内玻璃管组成的真空管集热器；②金属吸热体真空管集热器，吸热体由金属材料组成的真空管集热器，又称为金属玻璃真空管集热器，具有代表性的是热管式真空管集热器。

真空管太阳能集热器主要应用于太阳热水器、太阳能采暖、太阳能制冷空调、太阳能干燥、太阳能海水淡化、太阳能热发电及太阳能工业加热等领域。

2.1.3.2　全玻璃真空管太阳能集热器

1. 全玻璃真空集热管的基本结构

全玻璃真空管太阳能集热器由全玻璃真空集热管组成。全玻璃真空集热管由外玻璃管、内玻璃管、选择性吸收涂层、弹簧支架、消气剂、保护帽等几部分组成，其结构示意如图 2.4 所示。

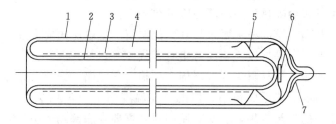

图 2.4　全玻璃真空集热管结构示意图

1—外玻璃管；2—内玻璃管；3—选择性吸收涂层；4—真空；
5—弹簧支架；6—消气剂；7—保护帽

全玻璃真空集热管一端开口，将外玻璃管与内玻璃管的端口进行环状熔封；另一端密封成半球形圆头，内玻璃管用弹簧支架支撑。需要保证自由伸缩，以缓冲热胀冷缩引起的应力；内玻璃管与外玻璃管之间的夹层抽成高真空。

全玻璃真空集热管所用的玻璃材料应具有对太阳辐射透射率高、热稳定性好、热膨胀系数低、耐热冲击性能好、机械强度高、抗化学侵蚀、适合于加工等特点。

适合于制造全玻璃真空集热管的首选材料为硼硅玻璃，其热膨胀系数为 $3.3 \times 10^{-6}/℃$，三氧化二铁含量小于 0.1%，对太阳辐射的透过率可达 0.90 以上，耐热温差大于 200℃，机械强度亦比较高。

真空度是衡量全玻璃真空集热管的质量和使用寿命的重要指标。内、外管之间一般需要抽真空至 $10^{-3} Pa$。为使真空集热管长期保持较高的真空度，在排气时需先对真空集热管进行较高温度、较长时间的保温烘烤，消除管内的水蒸气及其他气体。此外，还应在真空集热管内放置消气剂，作用是在真空集热管运行时吸收集热管内释放出的微量气体，以保持管内的真空度。

全玻璃真空集热管一般采用选择性吸收涂层作为吸热体的光热转换材料。对选择性吸收涂层的要求同平板型集热器相同：①要有高的对太阳辐射的吸收率、低的红外辐射发射率，以便最大限度地吸收太阳辐射；②尽量减少吸热体的辐射热损失；③选择性吸收涂层具有良好的真空性能和耐热性能，在涂层工作时不影响管内的真空度。

全玻璃真空集热管的选择性吸收涂层主要为铝—氮/铝选择性吸收涂层，其对太阳辐射的吸收率约为 0.93，红外热辐射的发射率约为 0.05（温度 80℃ 时）。

2. 全玻璃真空集热管的热性能

全玻璃真空集热管的热性能主要包括空晒性能参数、闷晒太阳辐照量及平均热损失系数等。

（1）空晒性能参数。空晒性能参数的定义为空晒温度和环境温度之差与太阳辐照度的比值。

空晒温度是在全玻璃真空集热管内只有空气，在规定的太阳辐照度条件下，在滞流状态和准稳态时，全玻璃真空集热管内空气达到的最高温度。

空晒性能参数通过测量空晒温度、环境温度以及太阳辐照度。

$$Y = \frac{t_s - t_a}{G} \tag{2.1}$$

式中　Y——空晒性能参数，$m^2 \cdot ℃/kW$；

　　　t_s——空晒温度，℃；

　　　t_a——环境温度，℃；

　　　G——太阳辐照度，W/m^2。

空晒性能参数的测试条件为：①$G \geqslant 800 W/m^2$；②$8℃ \leqslant t_a \leqslant 30℃$；③玻璃真空集热管内以空气为传热工质。

（2）闷晒太阳辐照量。闷晒太阳辐照量的定义为充满水的全玻璃真空集热管，在滞流状态下，管内水温升高一定温度范围所需的太阳辐照量。

闷晒太阳辐照量的测试方法为全玻璃真空集热管内以水为传热工质，在 $G \geqslant 800 W/m^2$ 及 $8℃ \leqslant t_a \leqslant 30℃$ 条件下，初始水温低于环境温度时，记录下全玻璃真空集热管内水温升高至 35℃ 时所需的太阳辐照量 H。

（3）平均热损失系数。平均热损失系数的定义为：在无太阳辐照的条件下，全玻璃真空集热管内平均水温与平均环境温度相差 1℃时，单位吸热体表面积散失的热功率。

平均热损失系数的测试方法为：①全玻璃真空集热管内以水为传热工质，放在室内无阳光直射处；②在集热管内自上而下在距离开口端 1/6、1/2、5/6 集热管长度的位置分别布置 3 个测温点，3 个测点的平均值为平均水温；③集热管内注入 90℃以上的热水，自然降温至 3 个测点平均水温为 80℃时开始记录水温和环境温度；④每隔 30min 记录一次数据，共记录 3 次。

计算出全玻璃真空集热管的平均热损失系数 U_{LT} 为

平均水温

$$t_m = \frac{t_1 + t_2 + t_3}{3} \tag{2.2}$$

平均环境温度

$$t_a = \frac{t_{a1} + t_{a2} + t_{a3}}{3} \tag{2.3}$$

平均热损失系数

$$U_{LT} = \frac{C_f M (t_1 - t_3)}{A_A (t_m - t_a) \Delta \tau} \tag{2.4}$$

式中　U_{LT}——平均热损失系数，$W/(m^2 \cdot ℃)$；

　　　t_m——平均水温，℃；

　　　t_a——平均环境温度，℃；

　　　$\Delta \tau$——总的测试时间；

　　　M——集热管内水的质量，kg；

　　　C_f——水的比热容，$J/(kg \cdot ℃)$；

　　　A_A——吸热体的外表面积，m^2。

3. 全玻璃真空集热管的技术要求

国家标准《全玻璃真空太阳集热管》（GB/T 17049—2005）中规定了全玻璃真空集热管的主要技术要求，主要如下：

（1）玻璃管材料应采用硼硅玻璃 3.3，玻璃管太阳透射率 $\tau \geqslant 0.98$（$m = 1.5$）。

（2）选择性吸收涂层的太阳吸收比 $\alpha \geqslant 0.86$（$m = 1.5$），半球向发射率 $\varepsilon_h \leqslant 0.08$ [（80 ± 5）℃]。

（3）空晒性能系数：$Y \geqslant 190 m^2 \cdot ℃/kW$（当 $G \geqslant 800 W/m^2$，t_a 为 8～30℃）。

（4）闷晒太阳辐照量：$H \leqslant 3.7 MJ/m^2$（当 $G \geqslant 800 W/m^2$，t_a 为 8～30℃）。

（5）平均热损失系数：$U_{LT} \leqslant 0.85 W/(m^2 \cdot ℃)$。

（6）真空性能：真空夹层内的气体压强 $p \leqslant 5 \times 10^{-2} Pa$；内玻璃管在 350℃条件下，保持 48h，吸气剂镜面长度消失率不大于 50%。

（7）耐热冲击性能：应能承受不高于 0℃的冰水混合体与 90℃热水交替反复冲击三次而不损坏。

（8）耐压性能：应能承受 0.6MPa 的压力。

（9）机械性能：应能承受直径为 30mm 的钢球，于高度 450mm 处自由落下，垂直撞击集热管中部而无损坏。

2.1.4 热管式真空管集热器

目前，热管式真空集热管及其太阳能集热器已成为我国太阳能行业中的高科技产品，也是国际市场中极具竞争力的产品。

2.1.4.1 热管式真空管集热器的结构与工作原理

热管式真空管集热器结构示意如图 2.5 所示，由真空集热管、连接管、导热块、隔热材料、保温盒、套管、支架等组成。热管式真空管集热器的工作原理为：在集热器运行时，热管式真空集热管将太阳能辐射能转换为热能并传递给吸热板中间的热管，热管内的工质通过汽化、凝结的无数次重复过程，将热量从热管冷凝段释放出去，通过导热块将热量传递给集管内的传热介质（水），使传热介质逐步升温，直至达到可利用的目的。

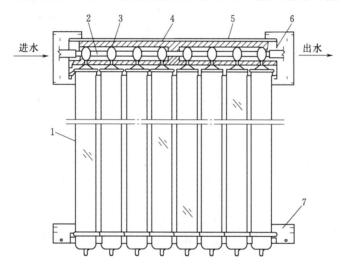

图 2.5 热管式真空管集热器结构示意图
1—真空集热管；2—连集管；3—导热块；4—隔热材料；
5—保温盒；6—套管；7—支架

在不断加热的同时，真空集热管内的吸热板及保温盒内的连集管，都会不可避免地经由各种途径向周围环境散失一部分热量。保温盒的热损失主要由连集管通过隔热材料的传导向周围环境散失，其大小由隔热材料的导热系数、隔热材料厚度和保温盒表面积等因素决定。

2.1.4.2 热管式真空集热管的基本结构与工作原理

热管式真空管集热器的核心部件为热管式真空集热管。热管式真空集热管由热管、金属吸热板、玻璃管、金属封盖、弹簧支架、蒸散型消气剂和非蒸散型消气剂等部分组成，其中热管又包括蒸发段和冷凝段两部分，如图 2.6 所示。

热管式真空集热管的工作原理为：在热管式真空集热管工作时，太阳辐射穿过玻璃管后投射在金属吸热板上；吸热板吸收太阳辐射能并将其转换为热能，热能传导给紧密结合在吸热板中间的热管，使热管蒸发段内的工质迅速汽化；工质蒸汽上升到热管冷凝段后，在温度较低的内表面上凝结，释放出潜热，将热量传递给太阳能集热器的传热介质；凝结

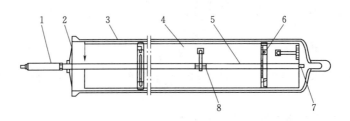

图 2.6 热管式真空集热管结构示意图

1—热管冷凝段；2—金属封盖；3—玻璃管；4—金属吸热板；5—热管蒸发段；
6—弹簧支架；7—蒸散型消气剂；8—非蒸散型消气剂

后的液态工质依靠其自身的重力重新流回到热管蒸发段，上述过程不断重复。

热管是利用汽化潜热高效传递热能的强化传热组件，其传热系数比相同几何尺寸的金属棒导热系数大几个数量级。热管式真空集热管中使用的热管一般为重力热管。重力热管的特点是管内没有吸液芯，冷凝后的液态工质依靠其自身的重力流回到蒸发段，因而结构简单，制造方便，工作可靠，传热性能优良。目前国内使用的多为铜—水热管。

热管式真空集热管具有以下优点：

（1）耐冰冻，真空集热管内没有水，热管又采取了特殊的抗冻措施，即使在－40℃的环境温度下也不会冻坏。

（2）启动快，热管工质的热容量很小，因而真空集热管启动很快，而且在瞬变的太阳辐照条件下可提高其输出能量。

（3）保温性能好，热管具有独特的"热二极管效应"，即热量只能从下部（蒸发段）传递到上部（冷凝段），而不能从上部（冷凝段）传递到下部（蒸发段），因而在夜间或者当太阳辐照较低时可减少热介质向周围环境的散热。

（4）耐热冲击性能好，真空集热管及其系统都能承受冷热变化，即使对空晒很久的真空管集热器系统突然注入冷水，真空集热管也不会炸裂。

（5）易于安装维修，真空集热管内没有水，真空集热管与集管之间由采用"干性连接"，不仅安装方便，而且可以在不停止系统运行的情况下更换真空集热管。

由于热管内的液体工质是依靠其自身的重力从冷凝段回流到蒸发段，热管式真空管集热器在安装时要求真空集热管与地面保持一定的倾角，通常要求在15°以上。

热管式真空集热管通常采用金属吸热板。由于金属和玻璃的热膨胀系数差别很大，在玻璃与金属之间如何实现气密封接是一个技术难题。

玻璃—金属封接技术大体可分为两种：一种是熔封，也称为火封，它是借助一种热膨胀系数介于金属和玻璃之间的过渡材料，利用火焰将玻璃融化后封接在一起；另一种是热压封，也称为固态封接，它是利用一种塑性较好的金属作为焊料，在加热加压的条件下将金属封盖和玻璃管封接在一起。

目前国内玻璃—金属封接大都采用热压封技术，采用的焊料有铅、铝等金属。为了使真空集热管能够长久保持良好的真空性能，热管式真空集热管内一般应同时放置两种消气剂：蒸散型消气剂和非蒸散型消气剂。蒸散型消气剂是一种在高频激活后像镜面一样被蒸散在玻璃管内表面上的消气剂，其主要作用是提高真空集热管的初始真空度；非蒸散型消气剂是一种常温激活的长效消气剂，其主要作用是吸收管内各部件运行时释放出的残余气体，长期保持真空集热管的真空度。

2.1.4.3　热管式真空管集热管的热性能

热管式真空集热管的热性能指标仅有"空晒性能参数"一项。

空晒性能参数的定义与平板式集热器的定义相同，是空晒温度和环境温度之差与太阳辐照度的比值，不同的是空晒温度的定义。热管式真空集热管的空晒温度定义为在规定的太阳辐照度、环境温度和风速条件下，热管冷凝段所达到的最高温度。

2.1.4.4　热管式真空集热管的技术要求

根据国家标准《玻璃金属封接式热管真空太阳集热管》（GB/T 19775—2005）的规定，热管式真空集热管的主要技术要求如下：

（1）对玻璃管的技术要求：$\tau \geqslant 0.89$（$m=1.5$），双折射光程差应不大于 $120nm/cm$。

（2）对热管的技术要求：启动温度应不大于 $30℃$；在热源温度为 $(30 \pm 0.5)℃$ 的状况下，热管冷凝段温度应不小于 $23℃$；在温度为 $-25℃$ 的环境中无冻损现象。

（3）对吸热板涂层的技术要求：涂层太阳吸收率应为：$\alpha \geqslant 0.86$（$m=1.5$）；涂层红外发射率应为：$\varepsilon \leqslant 0.10$。

（4）对金属与玻璃管封接的技术要求：金属与玻璃管封接处的漏率应为：$Q < 1.0 \times 10^{-10} Pa \cdot m^3/s$。

（5）对玻璃—金属封接式热管真空集热管内的气体压强的技术要求：真空集热管内的气体压强应为：$P \leqslant 5 \times 10^{-2} Pa$。

（6）对空晒性能参数的技术要求：真空集热管的空晒性能参数应为：$Y \geqslant 0.195m^2 \cdot ℃/W$。

（7）对抗机械冲击的技术要求：真空集热管应能承受直径为 $30mm$ 实心钢球从不低于 $0.5m$ 高度的冲击。

2.1.5　聚光太阳能集热器

前面介绍的平板型集热器和热管式真空管集热器都属于非聚光太阳能集热器，其共同特点是直接采集自然阳光。由于自然阳光的能流密度较低，因此集热温度比较低，应用受到限制。为了更有效地利用太阳能，适应较高应用温度的要求，就必须提高入射阳光的能量密度，使之聚焦在较小的集热面上，在较高的集热温度下得到较高的集热效率，进而大大提高各种太阳能利用系统与装置的总效率，聚光太阳能集热器就是实现这一目的的装置。

2.1.5.1　聚光太阳能集热器的基本原理和特点

聚光太阳能集热器的定义为：利用反射镜、透镜或其他光学器件将进入采光口的太阳辐射改变方向并会聚到吸热体上的太阳集热器。聚光太阳能集热器通过将自然阳光聚集，在接收器上可以获得比自然阳光直接投射大得多的能流密度，从而在小面积上获得比非聚光集热器高很多的集热温度。聚光太阳能集热器主要由聚光器（聚光镜）、吸收器和跟踪系统三大部分组成，关键部件是聚光镜。

聚光太阳能集热器的基本工作原理为：自然阳光经过聚光器聚焦到吸收器上，为吸收器表面所吸收传给在吸收器内部流动的集热介质，变成所需要的有用能。由于地球上的任一点绕太阳的位置是随时间变化的，因此太阳能聚光集热器必须装设跟踪系统，根据太阳的方位，随时调整聚光器的位置，以保证聚光器的开口面与入射太阳辐射总是相互垂直。

聚光太阳能集热器的特点主要有：可以将阳光聚集在比较小的吸热面上，散热损失小，吸热效率高；可以达到较高的温度；利用廉价的反射器代替较贵的吸收器，可以降低造价；因其吸热管细小，时间常数减小，响应速度快；利用率比较高；使用的防冻剂少。

2.1.5.2　聚光太阳能集热器的类型

聚光太阳能能集热器的型式很多，分类方法也很多。

（1）按对入射太阳光的聚集方式分为反射式聚光集热器和折射式聚光集热器。反射式聚光集热器是通过一系列反射镜片将太阳光辐射汇聚到热吸收面上的聚光集热器，如抛物线线性聚光器。折射式聚光集热器是将入射太阳光通过透镜汇聚到热吸收面上的聚光集热器，如菲涅透镜聚光器。

（2）按聚光是否将太阳光成像分为成像聚光集热器和非成像聚光集热器。成像聚光集热器是使太阳辐射聚焦，在接收器上形成焦点（焦斑）或焦线（焦带）的聚光集热器。非成像聚光集热器是使太阳辐射会聚到一个较小的接收器上但不使太阳辐射聚焦，即不在接收器上形成焦点（焦斑）或焦线（焦带）的聚光集热器。

（3）按聚焦的形式分为线聚焦集热器和点聚焦集热器。线聚焦集热器是使太阳辐射会聚到一个平面上并形成一条焦线的聚光集热器。点聚焦集热器是使太阳辐射基本上会聚到一个焦点的聚光集热器。两者均为成像聚光集热器。

（4）按反射器的类型的分类方法稍微复杂，对成像聚光集热器和非成像聚光集热器分类不同。对于成像聚光集热器，按反射器的类型分为槽形抛物面聚光集热器和旋转抛物面聚光集热器，如图 2.7 所示。槽形抛物面聚光集热器是通过一个具有抛物线横截面的槽形反射器来聚焦太阳辐射的线聚焦集热器；旋转抛物面聚光集热器是通过一个由抛物线旋转而成的盘形反射器来聚焦太阳辐射的点聚焦集热器。

（a）槽形抛物面聚光集热器　　　　　　　（b）旋转抛物面聚光集热器

图 2.7　成像聚光集热器的反射器类型

（5）按跟踪方式聚光集热器分为连续跟踪型聚光集热器（定时跟踪和太阳检测跟踪）、间歇跟踪型聚光集热器、单轴跟踪型聚光集热器和双轴跟踪型聚光集热器。

（6）其他类型的聚光集热器。

1）菲涅尔透镜聚光集热器：利用菲涅尔透镜，通过折射将太阳辐射聚焦到接收器上的聚光集热器。透镜又有圆形透镜和矩形透镜之分，一般前者为点聚焦集热器，后者为线聚焦集热器。

2）菲涅尔反射镜聚光集热器：利用菲涅尔反射镜，通过反射将太阳辐射聚焦到接收器上的聚光型集热器。

3）光导纤维聚光器：由光导纤维透镜和与之相连的光导纤维组成，阳光通过光纤透镜聚焦后由光纤传至使用处。

4）荧光聚光器：一种添加荧光色素的透明板（一般为有机玻璃），可吸收太阳光中与荧光吸收带波长一致的部分，然后以比吸收带波长更长的发射带波长放出荧光。由于板和周围介质的差异，放出的荧光在板内以全反射的方式导向平板的边缘面，其聚光比取决于平板面积和边缘面积，是一种利用全反射原理设计的新型太阳能聚光器。

2.1.5.3 聚光太阳能集热器的性能参数

1. 聚光比

聚光比是反映聚光集热器使能量集中的可能程度，是表征聚光集热器的重要参数。聚光太阳能集热器的聚光比有能流密度聚光比（通量聚光比）和几何聚光比（面积聚光比）两种表示方式。

能流密度聚光比（通量聚光比）是吸收器表面积上的平均能流密度和入射到集热器上的能流密度之比。可以表示为

$$C_E = \frac{I_r}{I_i} \tag{2.5}$$

式中　C_E——能流密度聚光比；

　　　I_r——吸收器表面积上的平均能流密度，W/m^2；

　　　I_i——入射到集热器上的能流密度环境温度，W/m^2。

几何聚光比（面积聚光比）是聚光集热器的光孔面积 A_a 与接收器上接受辐射的表面面积 A_r 之比，也称为几何集光比，简称集光比，以 C 表示，即

$$C = \frac{A_a}{A_r} \tag{2.6}$$

2. 聚光集热器的光学效率

聚光集热器的光学效率 η_0 表示聚焦型集热器的光学性能。它反映了在聚集太阳辐射的光学过程中，由于集光器不可能达到理想化的程度（如形状、表面的光学精度、反射率等各方面）和接收器表面对太阳辐射的吸收也不可能达到理想化程度而引起的光学损失，聚光型集热器的光学损失要比平板型的更大，而且一般只能利用太阳辐射的直射分量，只有聚光比比较低的集热器才能利用一部分散射分量。因此，在聚光型集热器的能量平衡中，必须考虑散射分量的损失和光学效率。η_0 可表示为

$$\eta_0 = \frac{Q_t}{I A_a} \tag{2.7}$$

式中　η_0——聚光集热器的光学效率；

Q_t——接收器得到的热量，W；

I——垂直投射到光孔上的太阳辐射强度；

A_α——聚光集热器的光孔面积，m^2。

3. 聚光集热器的效率

聚光集热器的效率定义为：在稳态的条件下，集热器传热工质在规定时间段内的有效能量收益与聚光器光孔面积和同一时间段内垂直投射到聚光器光孔上太阳辐照量的乘积之比。经推导变换为

$$\eta_c = \eta_0 - \frac{U_L(T_r - T_\alpha)}{I} \frac{1}{C} \tag{2.8}$$

式中　T_r——接收器表面的温度；

T_α——环境温度；

U_L——接收器的热损失系数；

I——垂直投射到光孔上的太阳辐射强度，W/m^2；

C——几何聚光比。

几种聚光太阳能集热器的一般性能见表 2.2。聚光比高的聚光太阳能集热器不仅要求镜面的光学精度高，而且要有精度很高的跟踪太阳的定向系统。太阳炉、大功率的太阳热发电装置等都要求高聚光比。太阳能的热利用日益涉及数量更大的中低温生产用热，其对聚光比要求不是很高，因此发展结构与定向系统简单的聚光太阳能集热器是太阳能光热利用的一个重要课题。

表 2.2　　　　　　　　　　　　几种聚光太阳能集热器的一般性能

聚光集热器型式		聚光比大约范围	最高运行温度/℃
三维集热器	SRTA	50～150	300～500
	菲涅尔透镜	100～1000	300～1000
	抛物面	600～3000	500～2000
	塔式	1000～3000	500～2000
二维集热器	CPC（季节调整）	3～10	100～150
	菲涅尔透镜	6～30	100～200
	抛物面和菲涅尔反射镜	15～50	200～300
	FMSC	20～50	300

2.1.5.4　定日镜式聚光集热器

定日镜式聚光集热器是一种主要用于塔式太阳能热发电的聚光集热器，由支架、传动系统、反光镜及控制系统四部分组成，实物图如图 2.8 所示。支架是整个定日镜的支撑部分，将各个部件稳定的连接在一起。反光镜固定在支架上，通过传动系统的随时调整，将太阳入射光反射到吸热塔的集热器上，现在绝大部分厂家都采用超白玻璃镀银镜。

塔式太阳能热发电电站主要由定日镜场和热电厂两部分组成。它是利用几十或上百面可以独立跟踪太阳的定日镜组成镜场，每面镜子将太阳光反射到固定在吸热塔顶部的接收器上，由接收器将光能转换为热能，并加热工质产生高温蒸汽推动汽轮发电机组发电，从

图 2.8　定日镜式聚光集热器

而将太阳能转换为电能。定日镜场如图 2.9 所示，目前定日镜的控制精度、运行稳定性和安全可靠性及降低建造成本是定日镜研究开发的主要内容。

图 2.9　塔式太阳能热发电电站的定日镜场

在定日镜场中每个镜子相对于吸热塔的位置都不一样，定日镜对太阳的跟踪效果将直接影响太阳能的利用效率。为确保太阳能发电站的正常稳定运行，需要根据太阳的运动规律制定适合的定日镜精确追日方式，确保将太阳光反射后聚集到吸热器上。

图 2.8 的定日镜是一个二维运动机构，分别对应太阳的方位角和高度角，反射镜用于反射太阳光至设定的目标点。为了能跟踪太阳还必须利用辅助跟踪控制的手段。定日镜控制系统通过控制多台定日镜将不同时刻的太阳光线反射后聚焦至同一目标位置，实现多组光线定点投射、叠加并产生高温。由于太阳高度角和方位角每时每刻都在不停地变化，也就意味着每个定日镜入射光线的高度角和方位角也在不断变化，但最终目标点的位置固定不变，理论上反射光线是不变的，由此可以根据太阳高度、方位角度计算出定日镜法线位置，从而实现精确定位。目前，国际主流定日镜控制方式为过程控制，它通过太阳的运动规律按时间计算出太阳的运行角度。该控制方式需要严格的机械加工精度保证，且长期运

行使用过程中存在累计误差。为克服累计误差，必须加入光线检测装置即闭环控制，定期或不定期地对反射效果进行巡检校正，确保定日镜对太阳光的反射效果。控制系统采用方位、俯仰双轴驱动的方式控制定日镜来自动跟踪太阳。目前，国际上对定日镜的控制有断续式和连续式两种运行模式。断续式指驱动电机并不连续转动，预先给系统设定固定的时间值，每隔一定时间，系统间歇运行。此方式方便、简单，节约电机的电能，但是随着太阳的运动，镜子的部分反射光不能反射到吸热器上，造成了浪费。连续式是指电机依太阳跟踪计算值以连续低速的方式运行，进行太阳跟踪。此种方式光斑效果更好，系统更加稳定、可靠，但是由于电机时刻都在运行，耗费电能较多。控制的具体要求体现在反射效率、光斑质量、跟踪精度、维护与成本四个方面。

定日镜是塔式太阳能热发电电站的关键部件，也是电站的主要投资部分，数量多，占地面积较大。美国 Solar One 电站 1.42 亿美元投资中，定日镜的投资占到 52%。

2.1.6　碟式聚光集热器

碟式聚光器是一种主要用于碟式太阳能热发电的聚光器。碟式聚光器由反光镜组、反光镜支撑架及转轴组成。反光镜组采用分块张膜式结构，由若干块独立微调的反光镜组成，安装在反光镜支撑架上，反光镜支撑架通过轴承等可转动机构与聚光器支架相连接。聚光器支架采用桁架结构，分为三层，每层的节点采用钢球结构。层内及层间的钢球之间用钢管连接。目前研究和应用较多的碟式聚光器主要有小镜面式、多镜面张膜式、单镜面张膜式等。

1. 小镜面式聚光集热器

小镜面式聚光集热器是将大量的小型曲面镜逐一拼接起来，固定于旋转抛物面结构的支架上，组成一个大型的旋转抛物面反射镜。实物照片如图 2.10 所示。美国麦道公司开发的碟式聚光器即是采用这种形式，聚光器总面积为 87.7m²。由 82 块小的曲面反射镜拼合而成，输出功率为 90kW，几何聚光比为 2739，聚光效率可达 88% 左右。这类聚光器由于采用大量小尺寸曲面反射镜作为反射单元，可以达到很高的精度，而且可实现较大的聚光比，从而提高聚光器的光学效率。

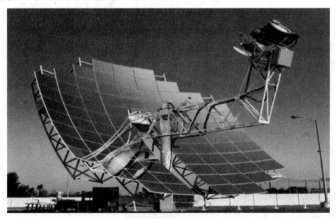

图 2.10　小镜面式聚光集热器实物照片

2. 碟式张膜式聚光集热器

碟式张膜式聚光集热器分为多镜面张膜式聚光集热器和单镜面张膜式聚光集热器两种形式。具体如下：

（1）多镜面张膜式聚光集热器的聚光单元为圆形张膜旋转抛物面反射镜，将这些圆形反射镜以阵列的形式布置在支架上，并且使其焦点皆落于一点，从而实现高倍聚光。图2.11 中的多镜面张膜式聚光集热器是由 12 只直径为 3m 的张膜反射镜组合而成的阵列，其反射镜面积为 $85m^2$，可提供 70kW 的功率用于热机运转发电。

图 2.11　多镜面张膜式聚光集热器

（2）单镜面张膜式聚光集热器如图 2.12 所示，其只有一个抛物面反射镜。它采用两片厚度不足 1mm 的不锈钢膜，分别焊接在宽度约 1.2m 圆环的两个端面，然后通过液压气动载荷将其中的一片压制成抛物面形状，两层不锈钢膜之间抽成真空，以保持不锈钢膜的形状及相对位置。由于是塑性变形，因此很小的真空度即可达到保持形状的要求。

图 2.12　单镜面张膜式聚光集热器

由于单镜面和多镜面张膜式反射镜一旦成形后能保持较高的精度，且施工难度低于玻璃小镜面式聚光器，因此得到了较多的关注。

2.2　太 阳 热 水 器

太阳热水器技术是太阳能光热利用技术中一种广泛采用的形式，各种类型的太阳热水器的生产与制造已发展成为一个新兴产业。太阳热水器已成为太阳能光热利用技术中最为成熟且已商品化的一项产品。

2.2.1　太阳热水器的概念

太阳热水器是利用温室原理，将太阳能转变为热能，并向水传递热量，从而获得热水的一种装置。太阳热水器一般由集热器、储热水箱、循环水泵、管道、支架、控制系统及其他附件组成。有时还有辅助热源。

太阳热水器又称太阳热水装置，是一种终端产品为热水的太阳能热利用装置。虽然业界也常称为太阳能热水器，但国家标准把这种产品命名为太阳热水器，在正式文件中均称为太阳热水器。

太阳热水器基本上可以分为家用太阳热水器和太阳热水系统两大类。根据《太阳热水系统设计、安装及工程验收技术规范》（GB/T 18713—2002）和《家用太阳热水器电辅助热源》（NY/T 513—2002）的规定，储水箱的容水量小于 0.6t 的太阳热水器称为家用太阳热水器。储水箱的容水量大于 0.6t 的则称为太阳热水系统，也称为太阳热水工程。两者之间没有根本性的区别，不同之处在于前者为企业的出厂产品，后者为根据用户要求，进行专门设计和建设交付使用的工程项目。

此外，有时太阳集热器被误认为就是太阳热水器，实际上两者之间有着根本的区别，集热器是热水器的关键部分。

2.2.2　太阳热水器的分类

（1）根据集热器的集热温度范围，太阳热水器可分为：①低温集热太阳热水器：集热温度比环境温度高 10～20℃；②中温集热太阳热水器：集热温度比环境温度高 20～30℃；③中高温集热太阳热水器：集热温度比环境温度高 40～70℃；④高温集热太阳热水器：集热温度比环境温度高 70～120℃。

（2）根据集热器和储热水箱的结构关系，太阳能热水器可分为：①闷晒式太阳热水器：集热器和储热水箱合为一体，如图 2.13 所示；②整体（紧凑）式太阳热水器：集热部件插入储热水箱，集热器和储热水箱紧密结合，如图 2.14 所示；③分离式太阳热水器：集热器和储热水箱分离，如图 2.15 所示。

（3）按太阳热水器的集热器工作原理分为：①平板型太阳热水器；②全玻璃真空管型太阳

图 2.13　闷晒式太阳热水器

热水器；③热管真空管型太阳热水器。

图 2.14　整体（紧凑）式太阳热水器

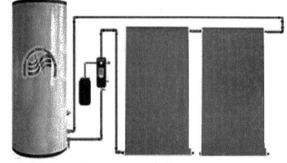

图 2.15　分离式太阳热水器

此外，按太阳热水器是否承压分为承压太阳热水器和非承压太阳热水器；按使用时间可分为冬季不使用的季节性太阳热水器、全年用太阳热水器以及任何时间都有热水供应的全天候太阳热水器。

太阳热水器的用途和它的集热温度有密切的关系。原则上，凡工作温度低于 100℃ 的生活和工农业领域都可以使用太阳热水器。一般而言，低温和中温太阳热水器主要用于锅炉给水的预热、民用生活热水的提供、地下加热除湿工程、工农业中低温热水的应用等。中高温、高温太阳热水器主要用于采暖、制冷或发电等。

2.2.3　真空管型太阳热水器

真空管型太阳热水器由真空管集热器和蓄热水箱组合而成。真空管集热器集热原理为：白天接受太阳光辐射后，传热给管内的工质（水）；受光面内的水逐渐升温进而与背光面内的水形成温差；由于温度的差异造成密度差，水在真空管集热器和蓄热水箱间不断地自然循环，高效地吸收热量，使蓄热水箱内水的温度不断上升。由于蓄热水箱有良好的保温措施，最大限度地减少了散热损失，故可供人们随时使用热水。真空管型太阳热水器的结构示意如图 2.16 所示。

真空管集热器是真空管型太阳热水器的关键部件，其结构与保温瓶相仿，两者的夹层都抽成真空，能有效降低对外传热散失。两者都有涂层，但涂层材料特性不同，保温瓶内胆外壁涂的是反射材料，以防止热辐射散失热量；而真空管集热器内涂得是选择性吸收层，能最大限度地吸收太阳能。

由于太阳辐射能量随地理位置、季节、气候不同而呈多变性、间断性，为满足人们随时使用热水的需要，可在普通型热水器的基础上增加全自动辅助（油、电、气）加热装置，成为新一代全自动、全天候真空管太阳热水系统。它具有自动或手动进水、停水功能；高低极限水位声光报警和水量、水温的室内显示装置；智能电路设计，加热温度可以在 40～80℃ 范围内随意控制设定，具有适合寒冷地区的防冻电动阀，解决了冬季出水管的冻裂问题。该系统安全、可靠，可确保"全自动、全天候"，一年四季正常使用。

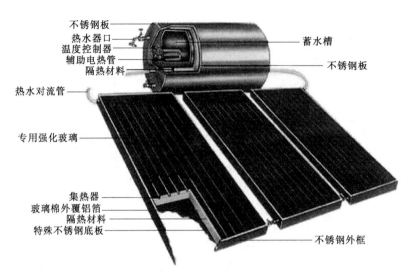

不锈钢板
热水器口
温度控制器
辅助电热管
隔热材料

蓄水槽

不锈钢板

热水对流管

专用强化玻璃

集热器
玻璃棉外覆铝箔
隔热材料
特殊不锈钢底板

不锈钢外框

图 2.16　真空管型太阳热水器的结构示意图

2.2.4　平板型太阳热水器

平板型太阳热水器的集热原理为：太阳辐射透过玻璃盖板被集热板吸收后的热量沿肋片和管壁传递到吸热管内的水。吸热管内的水吸热后温度升高、密度减小而上升，形成一个向上的动力，构成一个热虹吸系统。随着热水的不断上移并储存在储水箱上部，温度较低的水通过下循环管不断补充，如此循环往复，最终整箱的水都升高到一定温度。平板型太阳热水器实物如图 2.17 所示。

图 2.17　平板型太阳热水器实物图

现有的平板式集热器通常采用结合良好的多管组合方式，走水管与吸热板之间的热阻很小。影响平板式集热器板芯性能的主要因素为结构设计和表面吸收涂层。设计良好的集热器的板芯肋片效率应在 93% 以上，它与板芯结构、表面处理以及集热器整体结构有关。选择性吸收涂层采用对短波辐射具有较高吸收率及对长波辐射具有较低发射率的材料，以有效地提高集热效率。

2.2.5　热管式太阳热水器

热管式太阳热水器可以分为两种类型：一种是在全玻璃真空集热管内插入一根金属热管，热管的另一端（冷凝端）插入水箱，它要求热管的外径和长度必须与全玻璃真空管集热器相匹配，如图 2.18（a）所示；另一种是采用专门研制生产的热管真空管制成的热水器，如图 2.18（b）所示。目前，市场上主要的热管真空管产品直径为 70mm 和 100mm，长度有 1.5m、1.8m 和 2.0m 三种。

（a）热管型热水器　　　　　　　　（b）热管真空管型热水器

图 2.18　热管式太阳热水器

热管真空管型热水器的性能优劣和使用寿命主要取决于热管的质量，难点是要能够保证热管长期稳定地运行，因此在选用热管时，需要采用按严格热管技术工艺加工的优质产品。

2.2.6　太阳热水器发展与应用现状

世界上第一台太阳热水器由美国人肯普于 1891 年发明，第一个太阳热水器公司于 1895 年在美国加利福尼亚州帕萨迪纳成立。太阳热水器技术的飞速发展始于 20 世纪 70 年代，石油危机让人们重新重视起太阳能的利用。

我国的太阳热水器技术研究始于 20 世纪 70 年代末，由于具有简单、价廉的优势，低温太阳热水器技术在农村得到了推广应用。20 世纪 80 年代太阳热水器列入国家"六五"和"七五"科技攻关项目，主要的研发项目是高效平板太阳集热器和全玻璃真空集热管。在 90 年代，全玻璃真空集热管的科技成果被转化为生产力，形成了自行设计和配套的集热管生产线。在 21 世纪初，我国太阳热水器产品已经接近并达到国际先进水平，涌现出了许多国际知名品牌和公司，产品行销全球各地。2009 年我国太阳热水器产量的增长速度约为 34.5%，产业总产值 578.5 亿元，总保有量约为 1.45 亿 m^2。我国太阳热水器的出口额增长约为 28%，产品出口欧洲、美洲、非洲、东南亚等 50 多个国家和地区。

从 20 世纪 80 年代以来，我国太阳热水器技术取得了引人注目的发展，太阳热水器的年生产量大约为欧洲的两倍，北美的 4 倍，太阳热水器的年销售量为欧洲的 10 倍。我国已成为世界上最大的太阳热水器生产国和最大的太阳热水器市场，不论是年销售量还是保有量均居世界第一。随着我国国民经济和人民生活水平的不断提高，居民对家庭室内热水的需求越来越强烈，我国太阳热水器市场潜力仍然巨大。

2.3　太阳能干燥

2.3.1　太阳能干燥概述

太阳能干燥是人类利用太阳能历史最悠久、最广泛的一种形式。早在几千年前，人类就开始把食品和农副产品直接放在太阳底下进行摊晒，干燥后再保存起来，这种在阳光下直接摊晒物品的方法一直延续至今，这种利用太阳辐照对物品自然干燥的方式称为被动式太阳能干燥方式。但是，这种传统的露天自然干燥方法存在着效率低、周期长、占地面积大、易受下雨等气候条件的影响等诸多弊端，同时也易受风沙、灰尘、苍蝇、虫蚁等的污染，难以保证被干燥食品和农副产品的质量。

目前，在工农业生产方面广泛应用的太阳能干燥技术，主要是利用太阳能干燥器对物品进行干燥，称为主动式太阳能干燥。太阳能干燥技术的应用范围不断扩大，不仅已成功用于木材、茶叶、烟叶、蔬菜、肉类制品、药材等农副产品的干燥和烘干，并且成功用于橡胶、纸张、制鞋、木材、陶瓷泥胎等工业产品的干燥。

采用太阳能干燥器对物品干燥较露天自然干燥，不仅能够节约成本、降低污染，而且由于干燥温度较自然干燥高，缩短了干燥时间，提高了干燥效率；此外，还具有杀虫、灭菌的作用，使产品在色泽上有很大的改观，提高了产品质量。

太阳能干燥器是将太阳能转换为热能以加热物料并使其最终达到干燥目的的装置。

2.3.2 太阳能干燥的基本原理

太阳能干燥的基本原理为：被干燥的物料，或者直接吸收太阳能并将它转换为热能，或者通过太阳能集热器所加热的空气进行对流换热而获得热能，然后经过物料表面与物料内部之间的传热、传质过程，使物料中的水分逐步汽化并扩散到空气中去，最终达到干燥的目的。为了要完成这样的过程，必须使被干燥物料表面所产生水汽的压力大于干燥介质中的水汽分压。压差越大，干燥过程就进行得越快。因此，干燥介质必须及时地将产生的水汽带走，以保持一定的水汽推动力。如果压差为零，就意味着干燥介质与物料的水汽达到平衡，干燥过程停止。

太阳能干燥器通常采用空气作为干燥介质。在太阳能干燥器中，空气与被干燥物料接触，热空气将热量不断传递给被干燥物料，使物料中水分不断汽化，并把水汽及时带走，从而使物料得以干燥。

2.3.3 太阳能干燥器的种类

太阳能干燥器的型式很多，依据不同的分类方法，主要有以下种类：

(1) 按物料接受太阳能的方式，太阳能干燥器分为直接受热式太阳能干燥器和间接受热式太阳能干燥器两大类，其中：直接受热式太阳能干燥器是指被干燥物料直接吸收太阳能，并由物料自身将太阳能转换为热能的干燥器，也称为辐射式太阳能干燥器；间接受热式太阳能干燥器是先利用太阳集热器加热空气，再通过热空气与物料的对流换热而使被干燥物料获得热能的干燥器，也称为对流式太阳能干燥器。

(2) 按空气流动的动力类型，太阳能干燥器分为主动式太阳能干燥器和被动式太阳能干燥器两大类，其中：主动式太阳能干燥器是指需要由外加动力（如风机）驱动运行的太阳能干燥器；被动式太阳能干燥器则是不需要由外加动力（风机）驱动运行的太阳能干燥器。

(3) 按干燥器的结构型式以及运行方式进行分类，太阳能干燥器可分为：①温室型太阳能干燥器；②集热器型太阳能干燥器；③集热器—温室型太阳能干燥器；④整体式太阳能干燥器；⑤其他型式的太阳能干燥器。

一般而言，温室型太阳能干燥器都是直接受热式干燥器；集热器型太阳能干燥器都是间接受热式干燥器；集热器—温室型太阳能干燥器是同时带有直接受热和间接受热的混合式干燥器；整体式太阳能干燥器则是将直接受热和间接受热两者合并在一起的太阳能干燥器。

温室型太阳能干燥器大多是被动式干燥器，也有少数是主动式干燥器；集热器型太阳能干燥器大多是主动式干燥器，较大规模的更是如此；集热器—温室型太阳能干燥器和整体式太阳能干燥器则都是主动式干燥器。下面对几种主要型式的太阳能干燥器进行简单介绍。

2.3.4 温室型太阳能干燥器

温室型太阳能干燥器的工作过程为：太阳辐射能穿过玻璃盖板后，一部分直接投射到被干燥物料上，被其吸收并转换为热能，使物料中的水分不断汽化；另一部分则投射到黑色的干燥室内壁面上，也被其吸收并转换为热能，用以加热干燥室内的空气，温度逐渐上升，热空气进而将热量传递给物料，使物料中的水分不断汽化，然后通过对流把水汽及时带走，达到干燥物料的目的，其结构示意如图 2.19 所示。

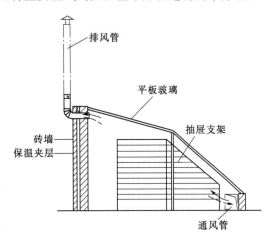

图 2.19　温室型太阳能干燥器结构示意图

含有大量水汽的湿空气从排气烟囱排放到周围环境中去；与此同时，环境中尚未加热的新鲜空气从底部的进气口进入干燥室，实现干燥介质的自然循环。

为了减少太阳能干燥器顶部的热量损失，可以在顶部玻璃盖板下面增加 1～2 层透明塑料薄膜，利用各层间的空气提高保温性能。

2.3.5 集热器型太阳能干燥器

集热器型太阳能干燥器是由太阳能空气集热器与干燥室组合而成的干燥装置，主要由空气集热器、干燥室、风机、蓄热槽（器）等几部分组成，其结构示意如图 2.20 所示。

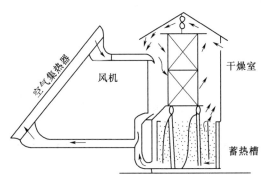

图 2.20　集热器型太阳能干燥器结构示意图

集热器型太阳能干燥器是一种间接转换方式的太阳能干燥器，其工作过程为：太阳辐射能穿过空气集热器的玻璃盖板后，投射到集热器的吸热板上，被吸热板吸收并转换为热能，用以加热集热器内的空气，使其温度逐渐上升。热空气通过风机送入干燥室，将热量传递给被干燥物料，使物料中的水分不断汽化，然后通过对流把水汽及时带走，达到干燥物料的目的。含有大量水汽的湿空气从干燥室顶部的排气烟囱排放到周围环境中去。在太阳能干燥器工作过程中，可以调节安装在排气烟囱的调节风门，以便根据物料的干燥特性，控制干燥室的温度和湿度，使被干燥物料达到要求的含水率。

集热器型太阳能干燥器都是主动式太阳能干燥器。热空气是通过风机送入干燥室，实现干燥介质的强制循环，强化对流换热，缩短干燥周期。

2.3.6　集热器—温室型太阳能干燥器

集热器—温室型太阳能干燥器主要由空气集热器和温室两大部分组成。其结构示意如图 2.21 所示。

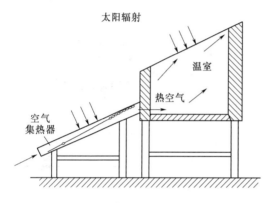

图 2.21　集热器—温室型太阳能干燥器结构示意

集热器—温室型太阳能干燥器的工作过程是温室型干燥器和集热器型干燥器两种工作过程的组合。

一方面，太阳辐射能穿过温室的玻璃盖板后，一部分太阳能辐射直接投射到被干燥物料上，被其吸收并转换为热能，使物料中的水分不断汽化；另一部分太阳能辐射则投射到黑色的干燥室内壁面上，也被其吸收并转换为热能，用以加热干燥室内的空气。热空气进而将热量传递给物料，使物料中的水分不断汽化。

另一方面，太阳辐射能穿过空气集热器的玻璃盖板后，投射到集热器的吸热板上，被吸热板吸收并转换为热能，用以加热集热器内的空气。热空气通过风机送入干燥室，将热量传递给被干燥物料，使物料的温度进一步提高，物料中的水分更多地汽化，然后通过对流把水汽及时带走，达到干燥物料的目的。

2.3.7　整体式太阳能干燥器

整体式太阳能干燥器是将空气集热器与干燥室两者合并在一起成为一个整体。在这种太阳能干燥器中，干燥室本身就是空气集热器，或者说在空气集热器中放入物料而构成干燥室。

整体式太阳能干燥器的结构示意如图 2.22 所示。整体式干燥器的特点是干燥室的高度低，空气容积小，单位空气容积所占的采光面积是一般温室型干燥器的 3～5 倍，所以热惯性小，空气升温迅速。

整体式太阳能干燥器的工作过程为：太阳辐射能穿过玻璃盖板后进入干燥室，物料本身起到吸热板的作用，直接吸收太

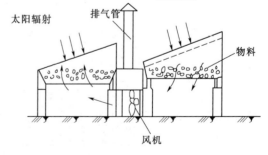

图 2.22　整体式太阳能干燥器结构示意图

阳辐射能；而在结构紧凑、热惯性小的干燥室内，空气由于温室效应而被加热。安装在干燥室内的风机将空气在两个干燥室中不断循环，并上下穿透物料层，使物料表面增加与热空气的接触机会。

在整体式太阳能干燥器内，由于辐射换热和对流换热同时起作用，因而强化了干燥过程。吸收了水分的湿空气从排气管排向室外，通过控制阀门还可以使部分热空气随进气口补充的新鲜空气回流，再次进入干燥室，既可提高进口风速，又可减少排气热损失。

2.4 太　阳　房

太阳房是利用太阳能进行采暖和空调的环保型生态建筑，它不仅能满足建筑物在冬季的采暖需求，而且也能在夏季起到降温和调节空气的作用。特别需要指出的是：通过太阳房技术进行太阳能热利用，必须具有辅助热源，如煤、气、油或电能等，因此严格来说太阳房是一种建筑节能技术。

太阳房的推广应用对于节能减排、改善人们的生活水平具有十分重要的意义。

2.4.1　太阳房的类型与工作过程

太阳房（或称太阳能采暖系统）一般分为主动式太阳房和被动式太阳房两种类型。

1. 主动式太阳房

主动式太阳房也称主动太阳能采暖系统，其与常规能源采暖的区别在于它是以太阳能集热器替代煤、石油天然气、电等常规能源作为燃料的锅炉提供热量。

主动式太阳房主要设备包括太阳能集热器、储热水箱、辅助热源，此外还包括管道、阀门、风机、水泵、控制系统等。供暖示意及主要设备如图 2.23 所示。工作过程为：太阳能集热器获取太阳的能量，通过配热系统送至室内进行供暖。过剩热量储存在水箱内，当从太阳收集的热量小于采暖负荷时，由储存的热量来补充，热量还不足时由备用的辅助热源提供。

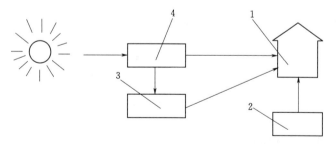

图 2.23　主动式太阳房供暖示意及主要设备图
1—室内；2—辅助热源；3—储热水箱；4—集热器

2. 被动式太阳房

被动式太阳房亦称被动式太阳能采暖系统，其特点是不需要专门的集热器、热交换器、水泵（或风机）等主动式太阳能采暖系统中所必需的部件，只是依靠建筑方位的合理

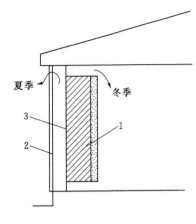

图 2.24　被动式太阳房供暖系统
1—墙体；2—玻璃；3—涂黑表面

布置，通过窗、墙、屋顶等建筑物本身构造和材料的热工性能，以自然交换的方式（辐射、对流、传导）使建筑物在冬季尽可能多吸收和储存热量，以达到采暖的目的。因此，这种太阳能采暖构造简单、造价便宜。

被动式太阳房供暖系统如图 2.24 所示，将一道实墙外面涂成黑色，实墙外面再用一层或两层玻璃加以覆盖，墙体既是集热器，同时又是储热器。工作过程为：室内冷空气由墙体下部入口进入集热器，被加热后由上部出口进入室内进行采暖。当无阳光照射时，可将墙体上、下通道关闭，室内只靠墙体壁温以辐射和对流形式不断地加热室内空气。

从太阳能热利用的角度，被动式太阳房可分为五种类型：①直接受益式：利用南窗直接照射［图 2.25 (a)］；②集热—蓄热墙式：利用南墙进行集热蓄热［图 2.25 (b)］；③综合式：温室和前两种相结合的方式［图 2.25 (c)］；④屋顶集热蓄热式：利用屋顶进行集热蓄热［图 2.25 (d)］；⑤自然循环式：利用热虹吸作用进行加热循环［图 2.25 (e)］。

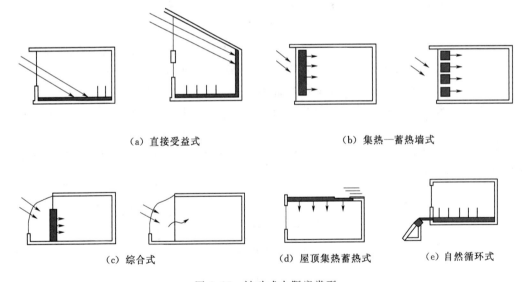

（a）直接受益式　　　　　　　（b）集热—蓄热墙式

（c）综合式　　　　（d）屋顶集热蓄热式　　　（e）自然循环式

图 2.25　被动式太阳房类型

2.4.2　直接受益式太阳房

直接受益式太阳房是被动式太阳房中最简单的一种形式，工作原理如图 2.26 所示，就是把房间朝南的窗扩大，或做成落地式大玻璃墙，让阳光直接进到室内加热房间。直接受益式太阳房的工作过程为：在冬季晴朗的白天，阳光通过南向窗（墙）的透明玻璃直接照射到室内的墙壁、地板和家具上，使它们的温度升高，并被用来储存热量；夜间，在窗

（墙）上加保温窗帘，当室外和房间温度都下降时，墙和地面储存的热量通过辐射、对流和传导被释放出来，使室温维持在一定的水平，工作过程如图 2.27 所示。

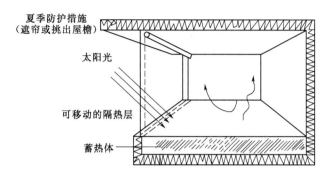

图 2.26　直接受益式太阳房工作原理

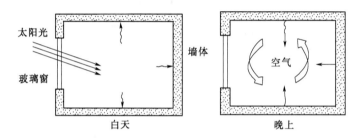

图 2.27　直接受益式太阳房白天（吸热）和晚上（放热）工作过程

直接受益式太阳房对仅需要白天采暖的办公室、学校等公共建筑物更为适用。

2.4.3　集热蓄热墙式太阳房

集热蓄热墙式太阳房是间接受益太阳能采暖系统的一种，世界上最早的蓄热墙是著名的法国特朗勃墙（Trombe wall）。集热蓄热墙式太阳能房工作原理如图 2.28 所示。其工作过程为：在冬季，太阳光照射到南向、外面有玻璃的深黑色蓄热墙体上，蓄热墙吸收太阳的辐射热后，把热量传导到墙内一侧，再以对流和热辐射方式向室内供热。另外，在玻璃和墙体的夹层中，被加热的空气上升，由墙上部的通气孔向室内送热，而室内的冷空气则由墙下部的通气孔进入夹层，如此形成向室内输送热风的对流循环；在夏季，则关闭墙

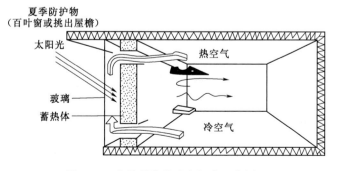

图 2.28　集热蓄热墙式太阳房工作原理

上部的通风孔，让室内热空气随设在墙外上端的排气孔排出，使室内得到通风，达到降温的效果。

另外一种形式的集热蓄热墙式太阳房是在玻璃后面设置一道"水墙"，其与特朗勃墙的不同之处为墙体上不需要开进气口与排气口，利用"水墙"的被动式太阳能采暖系统如图 2.29 所示。"水墙"的表面吸收热量后，由于对流作用，吸收的热量很快地在整个"水墙"内部传播。然后由"水墙"内壁通过辐射和对流，把墙中的热量传递到室内。"水墙"具有加热快、储热能力强及均匀的优点。"水墙"也可以用塑料或金属制作，某些设计采用充满水的塑料或金属容器堆积而成。

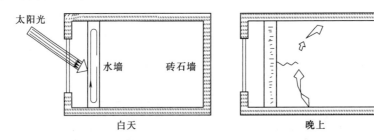

图 2.29　利用"水墙"的被动式太阳能采暖系统

2.4.4　综合式被动太阳房

综合式被动太阳房（阳光间）是指附加在房屋南面的温室，即可用于新建的太阳房，又可对旧房改建附加上去。实际它是直接受益式（南向的温室部分）和集热蓄热墙式（后面有集热墙的房间）两种形式的综合，其工作原理如图 2.30 所示。其优点为：温室效应使室内有效获得热量，同时又可减小室温波动。温室可做生活间，也可作为阳光走廊，温室中可种蔬菜和花草以美化环境增加经济收益，缩短投资回收年限。附加温室外观立面可增加建筑的造型美、热效率也略高于集热蓄热墙式。其缺点为：温室造价较高，在温室内种植物，湿度大，有气味，使温室的利用受到限制。

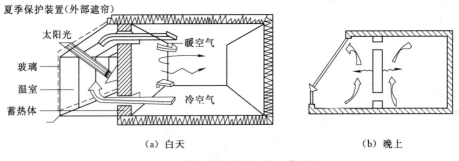

图 2.30　综合式被动太阳房工作原理

2.4.5　屋顶集热和储热式太阳房

屋顶集热和储热式太阳房是将屋顶做成一个浅池式集热器（或将水装入密封的塑料袋内）的太阳房技术。在这种太阳房中，屋顶不设计保温层，只起承重和围护作用，池顶装一个能推拉开关的保温盖板。该系统在冬季取暖，夏季降温，其工作原理如图2.31所示。其工作过程为：在冬季白天，打开保温板，让水（或水袋）充分吸收太阳的辐射能；在冬季晚间，关上保温板。由于水的热容大，可以储存较多的热量。水中的热量大部分从屋顶辐射到房间内，少量从顶棚对下面房间进行对流换热以满足晚上室内采暖的需要。在夏季白天，把屋顶保温板盖好，以隔断阳光的直射，由前一天暴露在夜间较凉爽的水（或水袋）吸收下面室内的热量，使室温下降；而在夏季晚间，打开保温盖板，借助自然对流和辐射向环境散热，既能够冷却池（或水袋）内的水，又为翌日白天吸收下面室内的热量做好了准备。

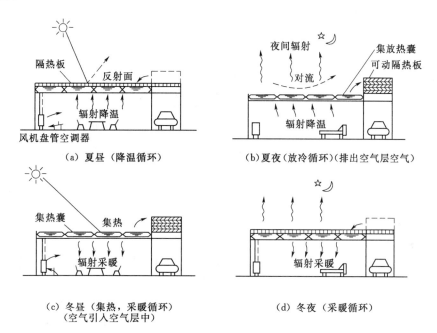

图2.31　屋顶集热和储热式太阳房的工作原理

　　该类太阳房适合夏季较热、冬天又十分寒冷的南方地区。如为夏热冬冷的长江南北两岸区域，为其冬夏两个季节提供冷源和热源。

　　屋顶集热和储热太阳房的优点为：不受结构和方位的限制，用屋顶作室内散热面使室温均匀，且不影响室内的布置。

2.4.6　自然循环（热虹吸）式被动太阳房

　　自然循环（热虹吸）式被动太阳房的结构特点是集热器、储热器与建筑物本体分开独立设置。集热器的安装位置一般低于房屋地面，储热器安装在集热器上方，形成高度差，利用流体的热对流进行循环，其工作原理如图2.32所示，它比较适用于建在山坡上的房屋。自然循环（热虹吸）式被动太阳房的工作过程为：在白天阳光照射时，集热器中的流体（空气或水）被加热后，借助温差产生的热虹吸作用，通过风道（用水时为水管），上升到它的上部岩石储热层，热空气被岩石堆吸收热量而变冷，再流回集热器的底部，进行下一次循环；在夜间，岩石储热器通过送风口向采暖房间以对流方式采暖。该类型太阳房有气体采暖和液体采暖两种，但由于该类太阳房结构复杂，应用受到一定的限制。

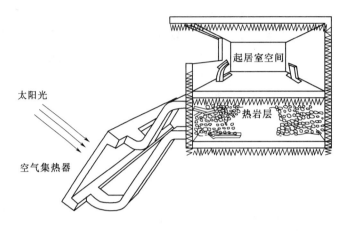

图 2.32　自然循环式（热虹吸）式被动太阳房的工作原理

在实际工程应用中，以上几种类型的被动式太阳房往往是多种类型结合使用，称为组合式或复合式太阳房，其中前三种型式同时应用在一个建筑物上最为普遍。

2.4.7　太阳房技术发展与现状

太阳房技术发展和应用方面欧美处于领先地位。在 20 世纪 80 年代末，美国已经完成了相关的太阳房设计手册、建筑图集等的制定，如今已经形成了完整的产业化体系。进入 21 世纪以来，欧美国家在玻璃涂层、窗技术、透明隔热材料等方面取得很大发展并居世界领先地位，逐步向"零能房屋和建筑"的趋势发展。

我国 20 世纪 70 年代中后期建成首座被动式太阳房；80 年代建立了约 400 栋太阳能示范建筑；90 年代开始普及推广太阳房技术，在山东、河北、辽宁、内蒙古、甘肃、青海和西藏的农村地区建成了 1.5 万多栋太阳房，建筑面积约 740 万 m²。当前，我国已进入规模化普及阶段，以提高室内舒适度为目标，从群体性太阳能建筑向太阳能住宅小区、太阳村、太阳城等方向发展。

2.5　太　阳　灶

2.5.1　太阳灶技术概述

太阳灶是利用太阳辐射能，通过聚光、传热、储热等方式获取热量，进行炊事烹饪食物的一种太阳能装置。

表征太阳灶的性能参数主要为温度、功率和热效率。

根据太阳灶的功能和用处不同，其所能提供的温度范围也有所不同。一般而言，用于蒸煮或烧开水的太阳灶，要求温度为 100～150℃；用于对食物煎、炒、炸的太阳灶，则要求能够提供 500～600℃的较高温度。

太阳灶的功率大小主要依据用户需求确定。一般家庭使用的太阳灶，其功率范围大约为 $500\sim1500\mathrm{W}$。

太阳灶的热效率是指太阳灶提供的有效热能与它接收的太阳的能量之比，约为 50%。

太阳灶除要考虑以上性能参数外，在设计和安装上还要考虑灶的高度、与人体的距离，以及便于定时调整角度和方位，使得炊事人员方便操作等因素。

根据收集太阳能量方式的不同，太阳灶主要分为箱式太阳灶、聚光太阳灶和综合太阳灶三种基本结构类型。

2.5.2　箱式太阳灶

箱式太阳灶是一种利用太阳能在密闭箱体内进行炊事的太阳灶。基本结构为箱体和透明盖板，箱体上有 $1\sim3$ 层玻璃（或透明塑料膜）盖板，箱体四周和底部采用保温隔热层，其内表面涂以太阳吸收率比较高的黑色涂料，要求大于 0.90。此外还有外壳和支架。箱式太阳灶结构示意图如图 2.33 所示。

箱式太阳灶使用时，将箱体盖板与太阳光垂直方向放置，太阳辐射通过透明盖板进入箱体进行光热转换，并将热量储存在箱内，当箱内温度达到 100℃ 左右时，即可放入食物，待蒸、煮食物可以放在箱内预置好的木架或铁丝弯成的托架上。使用时随太阳能照射方向的变化，需要进行几次箱体角度调整。

箱式太阳灶主要用于蒸馒头、包子、焖米饭、炖肉和煮红薯等炊事。此外，必要时还可以用于蒸煮医疗器具和消毒灭菌。

2.5.3　聚光太阳灶

聚光太阳灶是利用抛物面聚光特性聚焦太阳能辐射进行炊事的装置。主要由曲面反射镜和锅圈（锅具）组成。聚光太阳灶大大提高了太阳灶的功率、聚光度和温度，锅圈温度可达 500℃ 以上，缩短了炊事作业时间，其结构示意如图 2.34 所示。

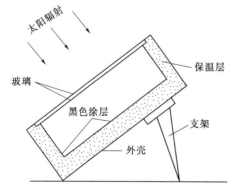

图 2.33　箱式太阳灶结构示意图

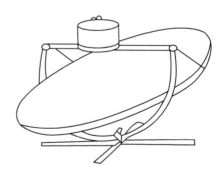

图 2.34　聚光太阳灶结构示意图

聚光太阳灶的种类主要根据聚光的方式划分，主要有旋转抛物面太阳灶、球面太阳灶、抛物柱面太阳灶、圆锥面太阳灶和菲涅尔聚光太阳灶等。旋转抛物面太阳灶在聚光太阳灶中使用最广泛，该类太阳灶的特点为聚光特性强、能量大，温度高。

2.5.4　综合性太阳灶

综合性太阳灶是综合箱式太阳灶和聚光太阳灶所具有的优点，利用真空集热管技术、热管技术研发的不同类型的太阳灶。

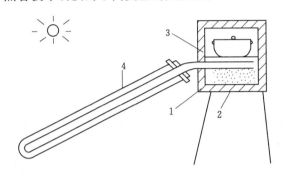

图 2.35　热管真空管太阳灶结构示意图
1—散热片；2—蓄热材料；3—绝热箱；
4—热管真空集热管

1. 热管真空管太阳灶

热管真空管太阳灶是将热管真空管和箱式太阳灶的箱体结合起来形成的一种太阳灶。其主要由热管真空集热管、绝热箱、散热片和蓄热材料几部分组成，其结构示意图如图 2.35 所示。

2. 储热太阳灶

储热太阳灶实际上是一种室内太阳灶，比室外太阳灶有了很大改进。结构比较复杂，由聚光器、热管蒸发段、热管冷凝端、支撑管、散热板、换热器、绝热层、高温泵、开关、炉盘等部分组成，如图 2.36 所示。储热太阳灶的技术难点在于研制一种可靠的高温热管，以及保证管道中高温介质（硝酸盐）的安全输送和循环，因而对工作可靠性要求很高，目前尚无成熟的产品。

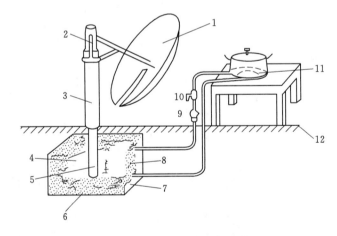

图 2.36　储热太阳灶结构示意图
1—聚光器；2—热管蒸发段；3—支撑管；4—散热板；5—热管冷凝端；6—换热器；
7—硝酸盐；8—绝热层；9—高温泵；10—开关；11—炉盘；12—地面

储热太阳灶的工作过程为：太阳光通过聚光器聚集照射到热管蒸发段上，热量通过热管迅速传到热管冷凝端，通过散热板传递给换热器中的硝酸盐，然后通过高温泵和开关使管内传热介质把硝酸盐获得的热量传给炉盘，利用炉盘所达到的高温进行炊事操作。

3. 聚光双回路太阳灶

聚光双回路太阳灶也是一种室内太阳灶。由吸热管、聚光器、介质第一回路、泵隔热层、第二回路、开关、炉盘等组成。其工作过程为：聚光器将太阳光聚集到吸收管上，吸收管所获得的热量将第一回路中的传热介质（棉籽油）加热到500℃左右，通过盘管换热器把热量传给锡，使其熔融，然后锡再把热量传给第二回路中的传热介质（棉籽油），使其达到300℃左右，通过炉盘来加热食物。其结构示意图如图2.37所示。

4. 抛物柱面聚光箱式太阳灶

抛物柱面聚光箱式太阳灶箱体剖面图与光路图如图2.38所示。该种太阳灶太阳能分两部分进入箱体内：一部分太阳能由箱盖窗口直接入射；另一部分由箱体下面两侧的抛物柱面镜聚光后入射箱内，进而提高了箱内的功率和温度。

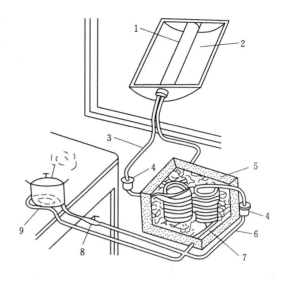

图 2.37　聚光双回路太阳灶室内太阳灶结构示意图
1—吸热管；2—聚光器；3—第一回路；4—泵；5—隔热层；
6—第二回路；7—锡；8—开关；9—炉盘

抛物柱面聚光箱式太阳灶具有功率较大、能量集中、散热损失小、升温快的特点，其灶温可高达200℃以上。

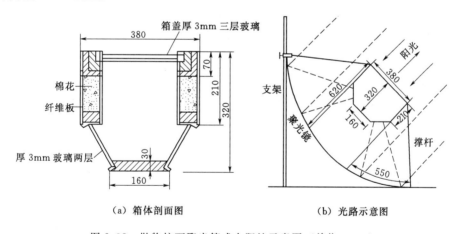

（a）箱体剖面图　　　　　　（b）光路示意图

图 2.38　抛物柱面聚光箱式太阳灶示意图（单位：mm）

2.5.5　太阳灶技术的应用

目前我国太阳灶的推广和应用区域主要集中在西部太阳能丰富的甘肃、青海、宁夏、西藏、四川、云南等地区。原农业部在四川省甘孜和青海省玉树两个藏族自治州实施的太阳能温暖工程项目，投资 870 万元，在两州 11 个县 88 个乡（镇）372 个村的 22800 户牧民每户安装了一台太阳灶，实现了一户一灶，可为牧民年节约劳动力成本 1368 万元，该工程于 2006 年完成。2008 年原农业部继续投资 7741 万元，在青海果洛、海南、黄南等州，四川甘孜、阿坝等州，甘肃甘南州，云南迪庆州等地区及宁夏中部干旱地区共 64 个县，为近 20 万户农牧民安装了太阳灶 198235 台，取得了显著的社会和经济效益。

2003 年，我国发布了聚光型太阳灶行业技术标准《聚光型太阳灶》（NY/T 219—2003），标志着我国太阳灶的设计思想与设计方法基本确立，太阳灶技术进入成熟的发展时期。

2.6　太　阳　炉

太阳炉是利用太阳能获得高温的装置，它由抛物面镜反射器、受热器、支持器、转动机械及调整装置组成。

太阳炉一般可分为两大类：一类是直接入射型，其聚光器直接朝向太阳；另一类是定日镜型，它借助于可转动的反射镜或定日镜将太阳光反射到固定的聚光器上。由于太阳炉一般要得到 3000℃ 以上的高温，要求太阳炉具有很高的太阳辐射聚焦比。

早在 18 世纪（1773 年），法国科学家拉瓦锡就曾使用透镜集中太阳光来熔化白金等物质，这可以说是最早的太阳炉。1957 年，美国加州理工学院用 19 个直径为 61cm 的透镜和小型透镜组合起来制成了大型太阳炉。但是，借助透镜聚光不仅因原材料吸收引起的光损失和透镜像差等不能达到高聚光度，而且大型的原材料也难于制取，因此在后来制成的太阳炉中几乎不再采用透镜进行聚光。

德国科学家 StraubelSt 于 1921 年建造了抛物面镜和透镜组合而成的太阳炉，1933 年又建造了抛物面朝下固定，用一种称为定日镜的方向可变的平面镜使太阳光射向上方的太阳炉。第二次世界大战结束后，法国的特朗布最早使用军用探照灯的抛物面镜为聚光器的太阳炉。因该种太阳炉的性能比较好，世界各地相继建成以直径为 1m 的军用探照灯抛物面镜为聚光器的太阳炉。依靠这些可以得到 3000℃ 以上高温的太阳炉，科研工作者开始了各种各样高温领域的科研工作。一般认为，当时相继建造大量太阳炉的原因是由于喷气发动机、火箭以及其他高温过程需要研发新型耐热材料的缘故。

这些太阳炉的抛物面镜焦距大都为数十厘米，因而形成的高温区域仅限于直径为数毫米，这对于研究工作造成很多不便。因此人们希望建造高温区域的直径为数厘米的大型太阳炉。1952 年特朗布在法国的芒特路易斯建造了第一台大型太阳炉炉，它由开口直径 10m，焦距 6m 的聚光器和定日镜组成，太阳能的输入功率达到 70kW。此后，在阿尔及利亚、美国、日本、法国等地相继建成了输入功率为 60~100kW，高温区域的直径为 3~10cm 的大型太阳炉，借助于这些太阳炉，研究者们在高温科学领域中取得了许多成果。

太阳炉的大型化，一直是太阳炉研究、设计开发的重要课题。世界上最大的一台直接入射型太阳炉，是 1957 年建造在阿尔及尔附近的阿尔及利亚布扎雷太阳炉，其聚光器开口直径 8.4m，由 108 块铝反射镜单元镶嵌而成。世界上第一台大型太阳炉是定日镜型太阳炉，于 1952 年由法国人特朗布建造，定日镜共由 540 块背面镀银的反射镜组成，面积为 10.5m×13m；聚光器由 3500 块背面镀银的平面反射镜拼成，形状为抛物面，输入功率为 1800kW。1970 年，法国国家科学研究中心修建的奥代洛太阳炉正式运行使用，该太阳炉由装在周围山坡露台上的 63 颗日光反射镜，将太阳的光线反射到一个大的凹面镜上，抛物面镜本身由 10000 个独立的镜子构成，整体高达 54m，宽 48m，占地面积达 2000m²，可在数秒内达到超过 3000℃ 的温度，该太阳炉的实景如图 2.39 所示。

图 2.39 奥代洛太阳炉实景

太阳炉很容易得到 3000℃ 以上的高温，不使用坩埚就可熔化难熔材料，可以迅速地加热和冷却，是一种非常理想的高温科学研究特别是新型耐火材料研究的工具，并且无污染。太阳炉的不足之处在于地面阳光的不稳定性和昼夜周期的影响使它的应用受到限制。太阳炉的工业应用是有待解决的一个重要课题。

2.7 太阳能海水淡化技术

淡水资源的匮乏及需求的增加，加之现代社会对淡水资源的污染更进一步加剧了淡水供求之间的矛盾。因此，淡水的供应问题已成为人类必须重视的根本问题之一。

为了增大淡水的供应，现实、有效的途径之一就是进行海水的淡化，特别是对于一些用水量分散的地区。对海水进行淡化的方法很多，如蒸馏法、冷冻法、水合物法、溶剂萃取法、反渗透膜法、电渗析法、离子交换法等，所有这些方法都要消耗大量的燃料或电力，并带来环境污染、气候变暖等一系列不良后果。因此，寻求用丰富而清洁的太阳能来进行海水的淡化具有广阔的应用前景。

2.7.1 太阳能海水淡化技术的方式与系统

利用太阳能进行海水淡化，有两种基本的能量利用方式：一种是将太阳能转换成热能，用以驱动海水的相变过程；另一种是将太阳能转换成电能，用以驱动海水的渗析过程。从能源利用的角度来看，第一种方式使用的是低品位能源，第二种方式使用的是高品位能源。

对于利用太阳能产生热能以驱动海水相变过程的海水淡化系统，通常称为太阳能蒸馏系统，有时也称为太阳能蒸馏器。太阳能蒸馏系统可分为被动式太阳能蒸馏系统和主动式太阳能蒸馏系统两大类，或称为被动式太阳能蒸馏器和主动式太阳能蒸馏器两大类。

被动式太阳能蒸馏系统是指系统中不存在任何利用电能驱动的动力装置（如水泵和风

机等），也不存在利用太阳能集热器等部件进行加热的太阳能蒸馏系统。系统的运行完全是在太阳辐射能的作用下被动完成的。在该类系统中，盘式太阳能蒸馏器最为典型。

主动式太阳能蒸馏系统是指系统中配备有电能驱动的动力装置和太阳能集热器等部件进行主动加热的太阳能蒸馏系统。由于这类系统配备有其他的附属设备，其运行温度得以大幅度提高，因而淡水产量也大幅度增加。

2.7.1.1　被动式太阳能蒸馏系统

在被动式太阳能蒸馏淡化海水系统中，盘式太阳能蒸馏器是最古老的装置之一，其技术更成熟，其中单级盘式太阳能蒸馏器的使用更为广泛。1874 年在智利北部拉斯撒利那斯（Las Salinas）建造的世界上第一个大型的太阳能海水淡化系统（4700m²）就是由单级盘式太阳能蒸馏器组合而成的。

盘式太阳能蒸馏器也称为温室型蒸馏器，结构上是一个密闭的温室，其结构示意图如图 2.40 所示。在盘式太阳能蒸馏器中，涂黑的浅盘中装了薄薄的一层海水，整个盘用透明的顶盖层密封。透明顶盖多用玻璃制成，也可用透明塑料制作。盘式太阳能蒸馏器的工作原理为：投射到装置

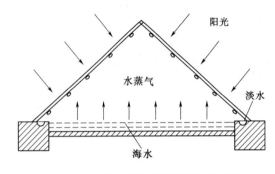

图 2.40　盘式太阳能蒸馏器结构示意图

上部的太阳辐射，大部分透过透明的玻璃盖板，小部分被玻璃盖板反射或吸收。透过玻璃盖板的太阳辐射，除了小部分被反射外，其余大部分通过盛水盘中的黑色衬里被水吸收，使海水温度升高，并使部分水面蒸发。因顶盖吸收的太阳辐射能很少，且直接向大气散热，故顶盖的温度低于盘中的水温。因而，在水面和玻璃盖板之间将会通过蒸发、对流和辐射进行热交换。于是，由盘中水蒸发形成的水蒸气会在顶盖的下表面凝结而放出汽化潜热。只要顶盖有一合适的倾角，凝结水就会在重力的作用下顺顶盖流下，汇集在集水槽中，再通过装置的泄水孔流出蒸馏器外成为成品淡水。

盘式太阳能蒸馏器的性能虽然在效率上比结构复杂的主动式太阳能蒸馏器低，但因其结构简单，制作、运行和维护都比较容易，特别是生产同等数量淡水的成本优于其他类型的蒸馏器，因而它仍有较大的应用价值，至今仍被大量使用。

盘式太阳能蒸馏器运行时几乎没有能耗，其运行和维修费用很低，生产淡水的成本主要取决于设备投资。因此，降低淡水的生产成本主要方法是：在不过分降低蒸馏器寿命和效率的前提下，尽可能采用简单的结构和便宜的材料以降低设备造价，还可利用顶盖的外表面收集雨水，以提高蒸馏器的全年淡水生产率。

2.7.1.2　主动式太阳能蒸馏系统

由于盘式太阳能蒸馏器等被动式太阳能蒸馏器内的传热主要为自然对流，因而效率较低。虽然某些装置采取了一些强化传热的措施，但由于受到海水热惰性大、水蒸气的凝结潜热未被充分利用等不利因素的影响，使得装置的运行温度难以提高，致使装置单位面积的产水率不高，也不利于利用其他余热驱动，限制了此类太阳能蒸馏器的推广应用。

萨利曼（Soliman）等人于 1976 年最先提出了主动式太阳能蒸馏器的思想。主动式太

阳能蒸馏器是主动式太阳能蒸馏系统的一个典型代表。在主动式太阳能蒸馏系统中，由于配备有其他的附属设备，其运行温度得以大幅度提高，内部的传热过程得以改善，加之大部分主动式太阳能蒸馏系统都能回收蒸汽在凝结过程中释放的潜热，因而这类系统能够得到比传统盘式太阳能蒸馏系统高一倍甚至数倍的淡水产量，这是目前主动式太阳能蒸馏系统被广泛重视的根本原因。

1. 太阳能集热器辅助加热的盘式太阳能蒸馏器

为了克服传统盘式太阳能蒸馏器运行温度低、出水缓慢的缺陷，人们提出了用平板太阳能集热器与盘式太阳能蒸馏器相结合的主动式太阳能蒸馏器，称为太阳能集热器辅助加热的盘式太阳能蒸馏器，其结构示意图如图 2.41 所示。

蒸馏器部分主要起蒸发与冷凝作用，海水受热蒸发，然后在冷凝盖板上凝结产生淡水，这一过程与传统盘式太阳能蒸馏器相同。平板太阳能集热器主要起收集和储存太阳辐射能的作用，其效率较高，可以将其中的水加热至较高的温度。平板太阳能集热器将收集到的太阳辐射能，通过泵和置于蒸馏器内的盘管换热器送入蒸馏器中，使海水温度升高。由于太阳能集热器的采用，大幅度提高了蒸馏器的运行温度，从而较大程度地提高了单位采光面积的淡水产量。

有些太阳能集热器辅助加热的盘式太阳能蒸馏器中直接采用蒸馏器中的海水作为平板太阳能集热器的工作流体，但由于海水具有很强的腐蚀性，为保护平板集热器，建议不采用这种做法。

2. 主动外凝结器的盘式太阳能蒸馏器

传统盘式太阳能蒸馏器中水蒸气的浮升及在盖板附近的冷凝均为自然对流，这是影响其性能的主要因素。为了强化水蒸气的蒸发与凝结过程，人们提出了外带凝结器的主动式设计，开发了主动外凝结器的盘式太阳能蒸馏器，结构示意图如图 2.42 所示。

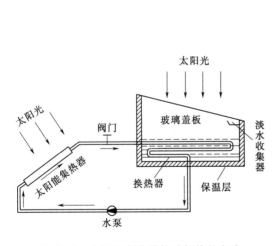

图 2.41　太阳能集热器辅助加热的盘式
太阳能蒸馏器结构示意图

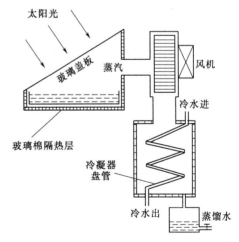

图 2.42　主动外凝结器的盘式
太阳能蒸馏器结构示意图

主动外凝结器的盘式太阳能蒸馏器的工作原理为：盘式太阳能蒸馏器收集太阳辐射能，并让海水蒸发，由海水产生的蒸汽并不完全在玻璃盖板上凝结，而是一部分由风机抽取送入位于蒸馏器以外的冷凝器中。在冷凝器中设有冷却盘管，由蒸馏器来的热蒸气与冷却盘管接触，受冷后在盘管上凝结，产生蒸馏水。主动外凝结器的盘式太阳能蒸馏器的优点为：由于风机的抽取作用，蒸馏器内处于负压状态，利于海水的蒸发。缺点是设备较复杂，投资成本较高，运行需要消耗一部分电能。

在这种装置中，水蒸气可以有一部分在原来玻璃盖板上凝结，也可以完全由外凝结器凝结。随着外凝结器凝结的水量占总凝结淡水量百分比的不同，系统总的效率也会发生变化。当完全由外凝结器凝结时，系统效率可达 37% 以上，在晴朗天气条件下，系统效率可高达 45%～47%。外凝结器的采用较大幅度地提高了系统的效率。

2.7.2　我国太阳能海水淡化技术的发展

20 世纪 80 年代初期，中国科学院广州能源研究所率先开展了太阳能海水淡化技术的研究，完成了空气饱和式太阳能蒸馏器的试验研究，并在浙江省建造了我国第一个大规模的海水淡化装置，太阳能采光面积达数百平方米。之后，中国科学技术大学也进行了一系列的太阳能蒸馏器的研究，对海水的浓度、海水的添加燃料及装置的几何尺寸等因素对海水蒸发量的影响等进行了理论上的探讨与实验研究。90 年代后，天津大学、西北工业大学、西安交通大学等单位设计了一系列新颖的太阳能海水淡化装置试验机型，并对这些试验机型进行了理论和试验研究，其中具有代表性的为西北工业大学提出的"新型高效太阳能海水淡化装置"和天津大学提出的"降膜蒸发气流吸附太阳能蒸馏器"，这些研究与开发使我国太阳能海水淡化技术有了较大进步。

进入 21 世纪以后，我国太阳能海水淡化技术进一步成熟。西安交通大学、北京理工大学等提出了"横管降膜蒸发多效回热的太阳能海水淡化系统"，试制出了多个原理样机。清华大学等单位在借鉴国外先进经验的基础上，对多级闪蒸技术在太阳能海水淡化领域的应用进行了探索，试制出了样机，并在秦皇岛市建立了主要由太阳能驱动的实际运行系统，取得了有益的经验。

从技术发展来看，将常规的海水淡化技术与太阳能海水淡化技术进行紧密结合，借鉴其他的先进制造工艺与强化传热技术，提高太阳能海水淡化装置的经济性，是进一步推动我国太阳能海水淡化技术向前发展的主要趋势。

2.8　太阳能制冷技术

2.8.1　太阳能制冷技术及方式

利用太阳能作为驱动能源的制冷技术称为太阳能制冷技术。太阳能制冷技术有以下方式：

（1）被动式制冷方式，包括辐射冷却及蒸发冷却方式。

（2）机械压缩式制冷方式。原理和电冰箱相似，电冰箱是电能驱动压缩机，压缩制冷剂蒸汽经过冷凝、膨胀、蒸发而达到制冷效果。太阳能机械式制冷系统是用太阳能作为热源来带动热机，再由热机驱动压缩机，或者用太阳能光电池发出的电能来带动压缩机。

（3）蒸汽喷射式制冷方式。

（4）吸收式制冷系统方式。

（5）干燥除湿制冷系统方式。

2.8.2　太阳能蒸汽喷射式制冷方式

太阳能蒸汽喷射式制冷原理图如图 2.43 所示。太阳能蒸汽喷射式制冷机主要由两个循环组成，一个是太阳能集热器循环（左边部分），另一个是制冷剂（如氟利昂）喷射式制冷循环（右边部分）。太阳能集热器循环主要由太阳能集热器、制冷剂（氟利昂）锅炉、储热水槽等组成。在太阳能集热器循环中，被太阳能加热的水由太阳能集热器进入制冷剂（氟利昂）锅炉加热低沸点制冷剂工质，使之变为高压蒸汽。温度降低后的水回到太阳能集热器重新被加热。制冷剂喷射式制冷循环主要由蒸汽喷射器、膨胀阀、蒸发器、冷凝器和泵等部分组成。在喷射式制冷循环中，由锅炉来的制冷剂高压蒸汽（称为工作蒸汽）通过

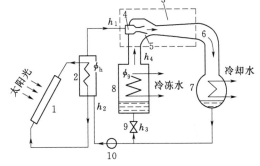

图 2.43　太阳能蒸汽喷射式制冷原理图
1—太阳能集热器；2—制冷剂锅炉；3—蒸汽喷射器；
4—喷管；5—混合室；6—扩压室；7—冷凝器；
8—蒸发器；9—膨胀阀；10—工质泵

喷管时因流出速度高引射蒸发器内生成的低压蒸汽进入混合室，混合气流经扩压室后速度降低、压力增加而流入冷凝器被冷凝成液体。冷凝后的制冷剂液体一部分经膨胀阀进入蒸发器，在蒸发器中汽化并吸收冷冻水的热量而达到制冷的目的，另一部分液体，则由泵送回锅炉再次被加热为高压蒸汽，如此循环不止。

太阳能喷射式制冷机的优点为设备简单，投资较低，对热源温度变化的适应性较强；不足为工况系数很低。

2.8.3　太阳能吸收式制冷方式

用太阳能集热器收集的太阳能驱动吸收式制冷机是太阳能制冷空调中普遍采用的方法。所谓太阳能吸收式制冷，其基本原理就是利用太阳能集热器将水加热，为普通吸收式制冷机提供所需要的热水，从而使得吸收式制冷机组运行，实现制冷的目的。

在制冷行业，吸收式制冷是一种常用的制冷方式，使用的工质是两种沸点不同的物质组成的二元混合物，其中沸点低的物质为制冷剂，沸点高的物质为吸收剂，两者合称为制冷剂—吸收剂工质对，这种制冷方式利用吸收剂的质量分数变化来完成制冷循环。常用的工质对有氨—水溶液，其中氨为制冷剂，水为吸收剂；还有溴化锂—水溶液，其中水为制冷剂，溴化锂为吸收剂。

采用溴化锂—水溶液作工质的太阳能吸收式制冷机工作原理图如图 2.44 所示。稀溶液在发生器中经太阳能加热后产生大量制冷剂蒸汽（水蒸气），水蒸气逸出后使溶液变成浓溶液。水蒸气流向冷凝器，并在其中冷凝成冷凝水，冷凝水经节流后在蒸发器中实现低

温蒸发，从而达到制冷的目的。蒸发后的水蒸气能否在吸收器中被由发生器来的浓溶液吸收，恢复到设计时的溶液浓度或质量组分是保证系统连续平稳运行的关键。

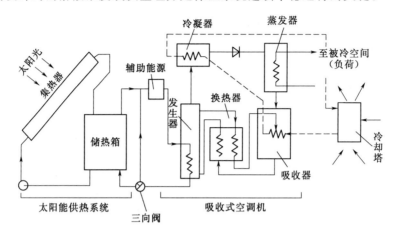

图 2.44　太阳能吸收式制冷机工作原理图

对于太阳能吸收式制冷机组，尽管在具体结构如储热方案、辅助能源加入方式或采用多级制冷等方面可能有某些变化，但制冷原理基本相同。

思　考　题

1. 为什么在太阳能集热器吸热体（板）上要涂覆吸收涂层？对吸收涂层的光学特性有什么要求？

2. 热管式真空集热管的工作原理是什么？它有哪些优点？技术难点是什么？安装有什么要求？

3. 被动式太阳能干燥器有哪些类型？各有什么特点？

4. 屋顶集热和储热式太阳房的工作过程与特点是什么？

5. 太阳能制冷技术有哪些方式？太阳能蒸汽喷射式制冷方式的组成和工作原理是什么？

6. 用于太阳能海水淡化的太阳能蒸馏器有哪几种类型？各有什么特点？

参　考　文　献

［1］　王晓梅. 太阳能热利用基础［M］. 北京：化学工业出版社，2014.

［2］　罗运俊，李元哲，赵承龙. 太阳能热水器原理、制造与施工［M］. 北京：化学工业出版社，2005.

［3］　王晓暄. 新能源概述——风能与太阳能［M］. 西安：西安电子科技大学出版社，2015.

［4］　黄汉云. 太阳能发热和发电技术［M］. 北京：化学工业出版社，2015.

［5］　王慧，胡晓花，程洪智. 太阳能热利用概论［M］. 北京：清华大学出版社，2013.

［6］　王新雷，徐彤. 可再生能源供热理论与实践［M］. 北京：中国环境出版社，2015.

［7］　罗运俊，何梓年，王长贵. 太阳能利用技术［M］. 北京：化学工业出版社，2005.

［8］　施钰川. 太阳能原理与技术［M］. 西安：西安交通大学出版社，2009.

［9］　王君一，徐任学. 太阳能利用技术［M］. 北京：金盾出版社，2008.

[10] 张耀明，邹宁宇．太阳能热发电技术［M］．北京：化学工业出版社，2015．

[11] 刘荣厚．可再生能源工程［M］．北京：科学出版社，2016．

[12] David Thorpe，Frank Jackson，太阳能技术知识读本［M］．刘宝林，等，译．北京：机械工业出版社，2014．

[13] 季杰．太阳能光热低温利用发展与研究［J］．新能源进展，2013，1（3）：7-31．

[14] 王长贵，崔容强，周篁．新能源发电技术［M］．北京：中国电力出版社，2003．

[15] 日本太阳能学会．太阳能利用新技术［M］．宋永臣，宁亚东，刘瑜，译．北京：科学出版社，2009．

[16] 薛德千．太阳能制冷技术［M］．北京：化学工业出版社，2006．

[17] 何梓年．太阳能热利用［M］．合肥：中国科学技术大学出版社，2009．

[18] 李代广．太阳能揭秘［M］．北京：化学工业出版社，2009．

[19] 尹忠东，朱永强．可再生能源发电技术［M］．北京：中国水利水电出版社，2010．

[20] 伊松林，张璧光．太阳能及热泵干燥技术［M］．北京：化学工业出版社，2011．

第3章 太阳能光电转换原理与技术

太阳能光伏发电技术是利用太阳电池将光能直接转变为电能的一种技术。太阳电池是利用半导体材料的光生伏特效应制备而成的光电器件,其在太阳光照射下能够产生具有一定电压的功率输出,这是光伏发电的基础,也是太阳电池与其他光电器件,比如只侧重光电流响应的光电探测器的主要区别。具有光生伏特效应的半导体材料很多,但在太阳光照射下能够产生高功率输出即光电转换效率高的候选材料并不太多。此外还需要考虑将其制成太阳电池器件的成本、技术难易程度以及器件性能的稳定性和寿命等问题。基于此,人们已经优选出了若干种太阳电池。单个太阳电池的功率输出一般很小,为了满足大功率输出的要求,需要将若干太阳电池集成为组件,同时对太阳电池及组件进行封装,以起到保护作用,再由组件构成一定规模的组件阵列,配合功率控制器、逆变器等部件最终形成一套完整的光伏发电系统。本章将从光伏转换的原理、材料、应用、技术等角度来系统地对太阳能光伏转换过程进行说明。

3.1 太阳能光伏转换原理

太阳能光伏发电是人类发电史上的一次重大技术革命,它既不同于各种化学电池将化学能转变为电能,也不同于基于经典电动力学原理的传统发电机把热能或机械能转变为电能。其光伏转换过程是一个利用光伏材料的光生伏特效应将光子能量转变为电子能量的纯物理过程,过程本身不消耗除光之外的任何其他资源和物质,发电的同时除了放出一定的热量外,也不排放任何其他的化学物质,是"绝对清洁"的发电过程。

3.1.1 太阳能光伏转换过程

太阳能光伏转换过程利用的是组成太阳电池的光伏材料,将太阳光的光能转化成电能。光伏材料是一类重要的半导体材料。自然界存在的导电能力介于导体和绝缘体之间的物质称为半导体。虽然半导体材料的种类很多,诸如无机半导体(元素半导体和化合物半导体)和有机半导体,但由于材料物理性质和材料制备等方面的原因,实际应用于太阳能光伏研究和开发的半导体材料并不多,常用的半导体材料有 Si、Ge、GaAs、CdTe 等,这些半导体材料具有独特的光伏转换性能。

相比于绝缘材料,半导体材料具有折中的带隙,即价带和导带之间的禁带宽度。半导体材料导电是由两种载流子,即电子和空穴的定向运动实现的。不含杂质且无晶格缺陷的半导体称为本征半导体。在低温状态下,电子被完全束缚在原子核周围,不能在晶体中运动，此时价带是充满的，而导带是全空的。随着温度的升高，由于晶格热振动等原因，一部分电子脱离原子核的束缚，产生电子共有化，变成自由电子，可以在整个晶体中运动，即这些电子被从价带中热激发到了导带中，而在价带中留下一个电子的空位，称为空穴。能够导电的电子和空穴并称为自由载流子，这种由于电子—空穴对的产生而形成的混合型导电称为本征导电。处于高能导带中的电子是不稳定的，会重新落入价带中的电子空位中，电子—空穴对消失，称为复合。复合可以释放光子或声子，表现为发光或发热。在一定温度下，电子—空穴对的产生和复合会达到动态平衡，此时半导体具有一定的自由载流子浓度，从而具有一定的导电性。常温下，这种本征半导体导电特性一般很小。能够将价带中的电子激发到导带中的途径除了温度外，还有一种常见的途径就是光激发。只要光子的能量大于半导体材料的带隙，半导体材料价带中的电子就能通过吸收光子能量跃迁到高能量的导带中，表现出的就是光被半导体材料所吸收。能否对尽可能宽光谱范围内的太阳光产生足够吸收，是判断某种半导体材料是否适合用来制备太阳电池的一个重要依据。

除了本征导电特性外，半导体还有一个可贵的特性，就是掺杂导电特性。只要在纯半导体中掺入微量的有用杂质，它的导电能力就会突增，掺杂后的半导体变成主要靠单一电子导电时，被称为 n 型导电，变成单一空穴导电时，被称为 p 型导电。导电类型取决于掺入晶格中激活杂质的化合价。以 Si 为例，Si 本身为四价元素，掺入五价元素如 P、As、Sb 等可实现 n 型导电，掺入三价激活元素如 B、Al、Ga 等可实现 p 型导电。

可以通过掺杂的方法形成 n 型半导体。如在 Si 本征半导体中掺入少量 VA 族元素 P，P 原子与 Si 原子同样也组成共价结构。由于 P 原子的数目要比 Si 原子少得多，因此整个结构基本不变，只是某些位置上 Si 原子被 P 原子所代替。由于 P 原子有 5 个价电子，因此 1 个 P 原子同相邻的 4 个 Si 原子结成共价键时，还多余 1 个价电子，这个价电子没有被束缚在共价键内，只受到 P 原子核的吸引，因此它受到的束缚力小得多，很容易挣脱 P 原子核的吸引力而变成自由电子，从而使 Si 导带中的电子载流子数目大大增加。P 原子因为可以施放出多余的电子而被称为施主杂质。对应于此过程，在 Si 的能带结构中略低于导带底部的位置产生一个与 P 原子相对应的掺杂能级，称为施主能级，这个能级与导带底之间的差值就反映出掺杂原子释放出自由电子的能力，称为掺杂激活能，这个值越小，掺杂效果越好。除了由于掺入杂质而产生大量的自由电子以外，Si 中还有由于热激发而产生的少量电子—空穴对，总体就表现为材料中的空穴数目相对于电子数目极少，通常把数量少的载流子称为少数载流子，把数量多的载流子称为多数载流子。P 掺杂的 Si 中多数载流子为电子，呈现出电子导电性，这样的半导体就称为 n 型半导体。同样，也可通过掺杂的办法获得 p 型半导体。在 Si 中掺入少量的 ⅢA 族元素 B，由于 B 原子可以接受电子而被称为受主杂质。此时掺 B 的半导体就被称为 p 型半导体。B 原子的最外层只有 3 个价电子，当它与相邻的 4 个 Si 原子形成共价键时，还缺少 1 个价电子，因而在一个共价键上要出现一个空穴，这个空穴可以接受外来电子的填补，而附近 Si 原子的共有价电子在热激发下，很容易转移到这个位置上来，于是在那个 Si 原子的共价键上出现 1 个空穴。B 原子接受 1 个价电子以后形成带负电的 B 离子。这样，每一个 B 原子都能接受 1 个价电子，同时在附近产生 1 个空穴，从而使 Si 价带中的空穴载流子数目大大增加。对应于此过程，在 Si 的能带结构中略高于价带顶部的位置产生一个与 B 原子相对应的掺杂能级，称为受主能级，同样这个能级与价带顶之间的差值称为掺杂激活能，这个值越小，掺杂效果越好。在 p 型半导体中，除了掺入杂质产生的大量空穴以外，热激发同样也会产生少量的电子—空穴对。与 n 型半导体相反，p 型半导体中空穴是多数载流子，而电子是少数载流子。

如前所述，太阳光被具有合适带隙的半导体材料吸收后，价带中的电子被激发到导带中，并在价带中产生空穴，这样产生的电子和空穴称为光生非平衡载流子，光生电子和空穴如果不能有效地进行分离，两者会重新复合发光或发热，只有将光生的电子和空穴分离取出收集才能真正将光转换为电。由于电子带负电，空穴带正电，在电场的作用下两者可以向相反的方向运动，从而实现分离。在太阳电池中，这个电场就靠 p 型半导体和 n 型半导体构成 p-n 结来提供。

如果将 n 型半导体和 p 型半导体相连，将组成具有整流特性的 p-n 结。p-n 结是大多数半导体器件的核心，是集成电路的主要组成部分，是太阳电池的主要结构单元，也是太阳电池光伏转换的基础。实际工艺中，并不是将 n 型半导体材料和 p 型半导体材料简单地连接或黏接在一起，而是通过各种不同的工艺，使得半导体材料的一部分呈 n 型，另一部分呈 p 型，在两者的结合处形成 p-n 结。常用的形成 p-n 结的工艺主要有合金法、扩散法、离子注入法和薄膜生长法，其中扩散法是目前 Si 太阳电池 p-n 结形成的主要方法。至今为止，大多数太阳电池厂家都是通过扩散工艺，在 p 型硅片上形成 n 型区，在两区交界处就形成了一个 p-n 结（即 n^+/p）。

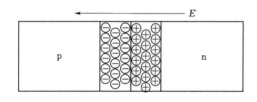

图 3.1　p-n 结的空间电荷区

p-n 结能提供的电场来源于空间电荷区，如图 3.1 所示，当 p 型半导体和 n 型半导体结合在一起时，由于多数载流子的扩散，在靠近界面附近，各自出现了正电荷和负电荷的区域，此区域就称为空间电荷区，其提供一个不断增强的从 n 型半导体指向 p 型半导体的内建电场，在该电场作用下，空间电荷区内的电子会往 n 区方向漂移，空穴会往 p 区方向漂移，达到平衡后，扩散产生的电流和漂移产生的电流相等。空间电荷区内形成一个恒定的内建电场，p 区和 n 区之间产生一定的电势差。当太阳电池吸收太阳光产生的非平衡载流子电子和空穴进入内建电场时，将分别向空间电荷区两端漂移，从而产生光生电势（电压），这便是光生伏特现象或光生伏特效应。如果将 p-n 结和外电路相连，则电路中出现电流，这是太阳电池光伏转换的基本原理。

p-n 结光照前后的能带图如图 3.2 所示。平衡时，由于内建电场的存在，能带发生弯曲，空间电荷区两端的电势差为 eV_0。当能量大于禁带宽度的光被吸收并产生光生电子和空穴时，在内建电场的作用下，p 型半导体中光照产生的电子靠近 p-n 结后将流向 n 型半导体，而 n 型半导体中的空穴靠近 p-n 结后将流向 p 型半导体，在 p-n 结空间电荷区内形成漂移光生电流。如果光生的电子和空穴分别在 n 区和 p 区积累就会导致光生电势和光生电场的出现。而光生电场的方向是从 p 型半导体指向 n 型半导体，与内建电场方向相反，类似于 p-n 结上加上了正向的外加电场，使得内建电场的强度降低，导致载流子扩散产生的电流增大，最终与漂移产生的电流相等达到平衡。如果光生电势为V，则空间电荷区的势垒高度降低为$e(V_0-V)$。在采用 p-n 结制备了太阳电池后，如果太阳电池处于开路状态（负载无穷大），电子和空穴在 p-n 结两端的积累程度最大，则所对应的光生电势V也最大。如果太阳电池处于短路状态（负载为零），载流子被通过外电路取出，就不会在 p-n 结两端积累，光生电势为零，但此时外电路中有最大的光电流。也就是说，外电路负载大小影响光生载流子的取出效果，从而改变其在 p-n 结两端的积累程度，结果造成光生电势和光生电流随负载变化而发生变化。在某一特定负载条件下，太阳电池的光生电势和光生电流的乘积可以取得最大值，此即为太阳电池的最大输出功率。

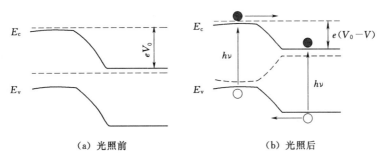

（a）光照前　　　　　　　　　（b）光照后

图 3.2　p-n 结光照前后的能带图

　　由上可知，光伏发电过程中的光伏转换主要通过半导体材料对光的吸收、电子-空穴对的产生、过剩载流子的扩散漂移、电子-空穴对的分离、载流子的取出等几个阶段来完成。

3.1.2　太阳电池的结构

　　基于上述太阳能光伏转换过程，构造一个有效的太阳电池就是以 p-n 结为基础，在其上制备出合适的太阳光吸收区和载流子取出结构。由图 3.2 所给出的原理可知，p-n 结的内建电势越大，产生高光生电压的可能就越大，因此可以提高 p-n 结两侧的半导体层掺杂浓度，即形成 $p^+ - n^+$ 结，但这种重掺结有两个缺点：一是界面上的缺陷会增加；二是有可能形成隧穿结而使高内建势消失。因此，合适的 p-n 结往往具有适宜的掺杂浓度，从而在 p 和 n 之间建立一个可以接受的内建电势。如果将光吸收区置于 p-n 结所形成的电场里，其吸光产生的光生电子和空穴就会在内建电势的作用下分别分离到 n 层和 p 层中。进一步从 n 层和 p 层中取出这些分离后的载流子，就需要在其上制备合适的金属电极（正极和负极）。为了保证金属电极与半导体之间实现完美的欧姆接触，仍然需要将其制作在重掺杂层（p^+ 层和 n^+ 层）上。由此，太阳电池的基本结构一般为金属正电极/p^+/p/光吸收区/n/n^+/金属负电极。根据所选择光吸收区材料的不同，太阳电池又可具体分为 p-i-n 结构和 p-n 结构，如图 3.3 所示。如果所选择的光吸收区材料具有足够大的光学吸收系数，采用一个较薄的厚度就能实现对太阳光的较充分吸收，这样的太阳电池通常采用如图 3.3 所示的 p-i-n 结构，即光吸收区材料为本征的 i，即不掺杂的半导体，由于没有掺杂原子的影响，本征半导体材料具有更好的载流子输运性能，比如更高的载流子迁移率、更长的载流子寿命等。此时，p-n 结的内建电势施加在本征 i 层上，其较小的厚度可以保证在其上产生一个较大的电场，从而能够使光生空穴和电子在这个电场的作用下分别向 p 区和 n 区产生有效的漂移。如果所选择的光吸收区材料的光学吸收系数较小，实现对太阳光的充分吸收需要的厚度较大，再采用这种 p-i-n 结构在光吸收区上形成的电场就很小，结果光生载流子的漂移效果就会大打折扣。为解决这个问题，需要适当地提高光吸收区材料的掺杂浓度，即其由本征的 i 转变为轻掺杂的 p 或 n，掺杂浓度比 p-n 结的掺杂浓度要小，即为图 3.3（b）中所示的 p-n 结构。此时，p-n 结的内建电势只分布在与光吸收区的界面处，光吸收区的主体部分中没有电场存在。由于掺杂的原因，电子和空穴有了少子和多子的区分，吸光后产生的载流子特别是少子由于浓度梯度的原因会产生较明显的扩散，以电子为例，如果扩散到达 n 区边界处的电场时会在该电场的作用下向 n 区扩散，如果扩散到达 p 区边界处的电场时会由于该电场的阻挡而重新返回到光吸收区中。空穴的作用则相反。由此就实现了光生载流子向 p-n 结两侧的分离。显然，分离效果与载流子能够达到分离界面电场的程度有关，因此该结构太阳电池的性能与光吸收区材料的少子扩散长度或者寿命有很大关系，这两个参数越大，少子扩散到分离界面的可能性越高，太阳电池光伏转换性能就越好。

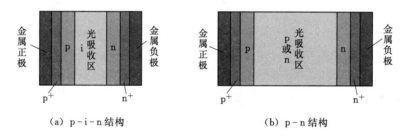

（a）p-i-n 结构　　　　　　　　　　　（b）p-n 结构

图 3.3　太阳电池基本结构示意图

在上述太阳电池基本结构的基础上，实际的太阳电池还往往集成了一些增强其对太阳光吸收能力的光学结构，比如前表面绒面与减反射涂层、背表面光学反射器等，以及消除表面缺陷降低表面复合速率的涂层，称为表面钝化层。并且，实际的太阳电池一般采用前后电极结构，为减少前表面金属电极的遮光，往往将前金属电极制作成栅线形状。具体是正极在前还是负极在前则取决于太阳电池材料的具体性能。

3.1.3　太阳电池的基本特性

太阳电池的基本特性是由太阳电池伏安特性决定的光伏转换效率。太阳电池的基本构成单元 p-n 结是具有整流特性的二极管，稳定的太阳光照可提供一个恒定的光生电流，可以采用一个理想电流源（I_L）与二极管并联来进行模拟。而实际的太阳电池，在构成电路时会遇到寄生电阻的问题，包括串联电阻（R_s）和并联电阻（R_{sh}）。R_s 主要来自电流横向流动的电阻和金属栅线的接触电阻；R_{sh} 则来自实际制备的 p-n 结质量。在连接进 R_s 和 R_{sh} 之后，对太阳电池进行模拟的电路模型如图 3.4 所示。

据此得到太阳电池的伏安特性为

$$I = I_L - I_0 \left[e^{q(U+IR_s)/nkT} - 1 \right] - (U+IR_s)/R_{sh} \tag{3.1}$$

式中　I——太阳电池输出电流；

　　　U——太阳电池输出电压；

　　　I_0——二极管的一个特征参数，暗饱和电流密度；

　　　n——二极管的另一个特征参数，理想因子，反映 p-n 结的质量；

　　　q——基本电荷的量；

　　　k——玻尔兹曼常数；

　　　T——开尔文温度。

由式（3.1）即可得到太阳电池的伏安特性曲线，如图 3.5 所示。对该 I-U 曲线进行量化衡量可以得到开路电压、短路电流、最大输出功率、填充因子、转换效率等太阳电池性能参数。这些参数是衡量太阳电池性能好坏的标志。

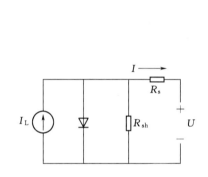
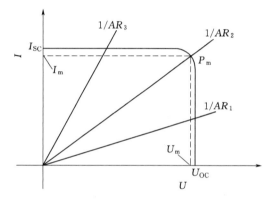

图 3.4　模拟太阳电池的简单电路模型　图 3.5　伏安特性曲线（负载电阻 $R_1 > R_2 > R_3$）

（1）开路电压 U_{OC}：在两端开路时，太阳电池的输出电压值。

（2）短路电流 I_{SC}：在输出端短路时，流过太阳电池两端的电流。

（3）最大输出功率 P_m：太阳电池的工作电压和电流随负载电阻变化，如果选择的负载电阻值能使输出电压和电流的乘积最大，即可获得最大输出功率，称为最大功率点，用符号 P_m 表示。此时的工作电压和工作电流称为最大功率点电压和最大功率点电流，分别用符号 U_m 和 I_m 表示。

（4）填充因子 FF：太阳电池最大输出功率与开路电压和短路电流乘积之比，即 $FF = I_m U_m / I_{sc} U_{oc}$。$FF$ 是衡量太阳电池输出特性的重要指标，其值越大表示太阳电池的质量性能越好。高效太阳电池的 $FF > 0.8$。

（5）转换效率 η：太阳电池的转换效率指在外部回路上连接最佳负载电阻时的最大能量转换效率，等于太阳电池的最大输出功率与入射到太阳电池表面的光能量功率 P_{in} 之比，常以 η 表示，即

$$\eta = I_m U_m / P_{in}$$

太阳电池的光电转换效率是衡量太阳电池质量和技术水平的重要参数，它主要由太阳电池的结构、结特性、材料性质等决定，还与太阳电池的工作温度、太阳光辐照强度等环境因素有关。

3.2 太阳能光伏转换材料及应用

自 20 世纪 50 年代发明 Si 太阳电池以来，人们为太阳电池的研究、开发与产业化做出了巨大的努力。太阳电池新工艺、新材料和新结构层出不穷，可根据不同的分类方式分成几个大类。

3.2.1 太阳能光伏转换材料

根据太阳电池所使用的材料可将其分为硅类太阳电池、化合物类太阳电池、有机半导体类太阳电池，分类如图 3.6 所示。其中，硅类太阳电池分为单晶硅、多晶硅、非晶硅太阳电池。化合物类太阳电池可分为Ⅲ-Ⅴ族化合物（如 GaAs）太阳电池、Ⅱ-Ⅵ族化合物（如 CdS/CdTe）太阳电池、三元（Ⅰ-Ⅲ-Ⅳ族）化合物（如 $CuInSe_2$）太阳电池、四元（Ⅰ-Ⅲ-Ⅵ族）化合物［如 $CuIn_xGa_{(1-x)}Se_2$］太阳电池等。新型薄膜类太阳电池主要有染料敏化太阳电池（DSC）、有机聚合物太阳电池、钙钛矿太阳电池、量子点太阳电池等。

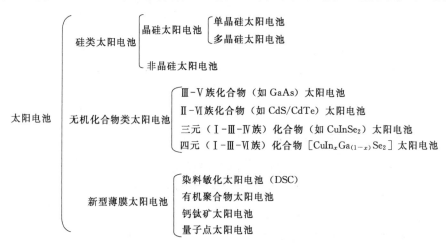

图 3.6 太阳电池分类

根据太阳电池的结构分类，主要有同质结太阳电池，即由同种半导体材料形成 p-n 结的太阳电池，如传统晶硅太阳电池、GaAs 太阳电池；异质结太阳电池，即由两种不同禁带宽度的半导体材料形成 p-n 结的太阳电池，如 CdTe/CdS 太阳电池；金属-半导体的肖特基结构太阳电池（MS 太阳电池），即由金属（M）和半导体（S）接触形成一个肖特基势垒的太阳电池，如 Pt/Si 肖特基太阳电池、Al/Si 肖特基太阳电池等。这种太阳电池的原理是在一定条件下，金属与半导体接触可产生肖特基势垒，可以起到与 p-n 结内建势垒基本相同的作用。为了改善金属与半导体之间的界面接触性能，目前这类太阳电池已发展成为金属-氧化物-半导体太阳电池（MOS 太阳电池）以及金属-绝缘体-半导体太阳电池（MIS 太阳电池），这些结构在微电子工业中已经得到了广泛应用。

根据太阳电池的形式、用途等，可分为空间用、民生用、电力用、柔性电池、叠层电池、聚光电池以及光敏传感器等。根据太阳电池的工作方式，可分为直接利用太阳光的照射而进行工作的平板型电池,以及通过光学系统把太阳光高度集中后,照射在太阳电池器件上进行工作的聚光型电池等。

总之,无论怎样进行分类,各类太阳电池总的特点是厚度不断降低、成本持续下降、效率不断提高、逐步商业化、生产逐渐自动化及规模化。

3.2.1.1 晶硅太阳电池

晶硅太阳电池是目前技术发展最成熟、产业应用规模最大的太阳电池,具有非常高的性价比。晶硅太阳电池是以晶体硅片为主要原料,通过在其上制作 p-n 结、太阳光俘获层、电极等结构制备而成的太阳电池。

依据所采用的硅片不同,又可分为单晶硅太阳电池和多晶硅太阳电池。单晶硅太阳电池采用直拉法制备的单晶硅棒切割而成的硅片,多晶硅太阳电池采用铸造法制备的多晶硅锭切割而成的硅片。直拉法获得的单晶硅片成本较高,但由于单晶硅中硅原子具有完美的周期性晶格排布,材料质量好,光电性能优异,所获得的太阳电池性能较高,外观也很均匀,单晶硅太阳电池片及其晶格排列如图 3.7 所示。铸造法获得的多晶硅片成本较低,但由于多晶硅由取向不一致的很多晶粒构成,晶粒与晶粒之间存在的晶界影响材料质量,导致所制备的太阳电池性能比单晶硅太阳电池低,外观也不太均匀,多晶硅太阳电池片外观及其内部晶格原子排列如图 3.8 所示。

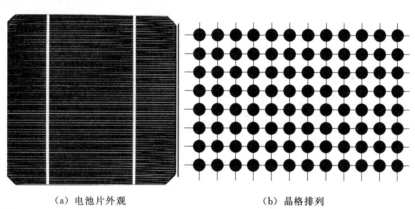

|（a）电池片外观　　　　　　　　（b）晶格排列|

图 3.7　单晶硅太阳电池片及其晶格排列

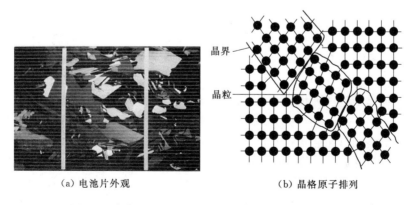

|（a）电池片外观　　　　　　　　（b）晶格原子排列|

图 3.8　多晶硅太阳电池片外观及其内部晶格原子排列

但从太阳电池结构上来讲，单晶硅太阳电池和多晶硅太阳电池的常用结构并没有显著的不同。随着太阳电池制备技术的不断进步，晶硅太阳电池诞生出了很多新型高效结构，

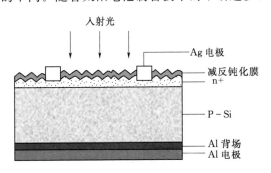

入射光

Ag 电极
减反钝化膜
n+
P - Si
Al 背场
Al 电极

图 3.9　铝背场晶硅太阳电池基本结构示意图

由于这些高效结构在单晶硅片上更能发挥出增效作用，多晶硅片在新型高效晶硅太阳电池中的应用越来越少。依据晶硅太阳电池结构技术的不断进步，出现了多种典型的太阳电池结构。

1. 常规铝背场晶硅太阳电池

常规铝背场单晶硅太阳电池和多晶硅太阳电池均采用如图 3.9 所示的基本结构，由于最初的太阳电池主要是给卫星等空天应用供电，p 型硅片比 n 型硅片具有更好

的抗辐照能力，因此至今大多数晶硅太阳电池仍然采用的是 p 型硅片。但 n 型硅片具有更长的少子寿命和对金属杂质的容忍度，随着地面光伏应用的发展，能够获得更高转换效率的基于 n 型硅片的晶硅太阳电池逐渐增多。

单晶硅太阳电池和多晶硅太阳电池制备工艺相似，主要包括如下步骤：

（1）硅片清洗并去损伤层及对硅片表面进行制绒。目前，主流的硅片是 156mm×156mm 的方形（多晶）或准方（单晶）硅片，厚度在 $170\mu m$ 左右。未来会向面积更大厚度更薄发展。由于硅片是由硅棒或硅锭经线切割制备而成的，表面存在一定的污染物，并有几微米到十几微米的损伤层。污染物和损伤层带来的缺陷会导致电池性能下降，因此必须去除。在硅片表面制绒的目的是降低太阳光在电池表面的反射。一般单晶硅片用碱性腐蚀液制备随机金字塔绒面，多晶硅片用酸性腐蚀液制备随机腐蚀坑绒面。多晶硅片上取向不同的晶粒在碱溶液中腐蚀获得的形貌不同会导致花片，这是多晶硅片采用酸腐蚀的原因，但获得的减反射效果没有单晶硅碱腐蚀获得的效果好。这些工艺通过湿化学方法同步完成。为了改善绒面效果，特别是针对多晶硅，目前也发展出了许多其他新型的方法，比如干法反应离子刻蚀（reactive ion etching，RIE）、湿法金属催化化学腐蚀（metal catalyzed chemical etching，MCCE）等。

（2）磷扩散制备 p-n 结。通过采用三氯氧磷做磷源的高温扩散工艺将磷原子扩散掺入到 p 型硅片表面，使硅片表面反型成为 n 型，从而形成 p-n 结。相比于其他掺杂方式，比如离子注入，热扩散是高产量、低成本的优选方法。在硅片边缘上产生的扩散需要刻边处理以去除电池前后表面的短路。扩散形成的磷硅玻璃通过采用含氢氟酸溶液的二次清洗去除。

（3）沉积氮化硅减反钝化膜。此步骤是采用等离子体增强化学气相沉积（plasma enhanced chemical vapor deposition，PECVD）在 n 型扩散发射极表面沉积氮化硅减反射层，由于此种方法制备的氮化硅薄膜中含有氢原子，可以起到钝化发射极表面，降低前表面复合速率的作用。氮化硅具有介于硅片和空气之间的折射率，通过厚度匹配，可以在绒面的基础上进一步降低电池表面对太阳光的反射。

（4）丝网印刷与高温烧结处理结合制备前后电极。优选低成本丝网印刷技术在电池前

后表面印刷制备电池电极。为避免电极遮光，并保证小的电极电阻，电池前表面印制的是栅线状的银电极。银电极需要刻蚀不导电的氮化硅减反钝化膜与下面的 n 型发射极接触，因此需要丝印银浆中含有被称为玻璃料的刻蚀剂，并需要在丝印后进行 800～900℃ 的高温处理；电池背表面如无需入光，可采用全表面的背电极，通常印制的是价格更低的 Al 电极。Al 在后续烧结过程中会扩散进硅片中形成铝背场（Al Back Surface Field，Al - BSF），将扩散过程成为 n 型的背表面反型补偿掺杂为 p 型。该步高温处理在大约 600℃ 的温度下进行。

经上述工艺步骤制备而成的晶硅太阳电池就简单地被称为铝背场晶硅太阳电池。这种结构的晶硅太阳电池仍是目前光伏市场的主导。随着制备技术的不断进步，铝背场多晶硅太阳电池转换效率已能达到 19% 以上，铝背场单晶硅太阳电池转换效率达到 20% 以上。但只通过工艺优化进一步提升转换效率的空间已经不大，随着对更高转换效率并降低光伏发电成本的需要，一些新型晶硅太阳电池结构不断出现。

2. PERC 晶硅太阳电池

PERC 晶硅太阳电池全称为 Passivated Emitter and Rear Cell，1989 年由澳大利亚新南威尔士大学的 Martin Green 教授研究组提出，其基本结构示意如图 3.10 所示。

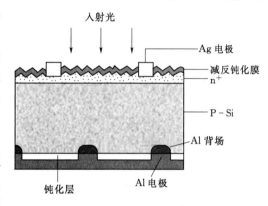

图 3.10　PERC 晶硅太阳电池基本结构示意图

同图 3.9 中的常规 Al 背场晶硅太阳电池相比，PERC 电池的不同之处在于 Al 背场被做成了局域性的，即在保证可以将电流有效取出的前提下，尽可能减少 Al 电极接触在电池背表面的面积，由此减小了由金属电极接触引起的复合。在背表面没有电极接触的其他区域，通过高性能钝化层进一步降低表面复合速率，目前通用的钝化层为 AlO_x/SiN_x 叠层。经此改进的 PERC 太阳电池，由于背表面复合速率的降低使晶硅太阳电池可以获得更高的开路电压，短路电流也会略有提升。PERC 晶硅太阳电池的转换效率一般可达到 22% 以上。如果去除钝化层后面的 Al 电极，即把 Al 电极同样制作成如电池前表面的栅线结构，则电池背表面也能接收入射光线，这便成为可双面发电的 PERC 太阳电池。但由于接触面积的减少会引起电池串联电阻增大，从而导致填充因子下降，背面栅线的遮光率不能做的像前表面一样小，并且入射光线在背表面产生的光生载流子离前表面 p-n 结较远，PERC 双面太阳电池一般具有较低的双面率，即背表面转换效率与前表面转换效率的比值较小。

3. PERL 晶硅太阳电池

PERL 晶硅太阳电池全称为 Passivated Emitter and Rear Locally Diffused 太阳电池，是 1990 年新南威尔士大学在 PERC 电池结构和工艺的基础上进一步改进而成的，其基本结构示意图如图 3.11 所示。同 PERC 相比，改进之处在于在背面金属电极接触区引入了扩散的重掺杂（p^+）背场，这靠在电池背面的接触孔处采用 BBr_3 定域扩散实现。该重掺杂背场层的效果要比 Al 背场的效果好很多：一方面可以改善金属背电极与电池之间的欧

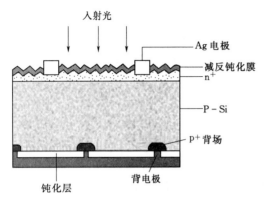

图 3.11 PERL 晶硅太阳电池基本结构示意图

姆接触；另一方面能够提高电池的开路电压。新南威尔士大学在实验室开发的 $4cm^2$ 的 PERL 晶硅太阳电池转换效率已经达到了 25%，但采用的绒面结构为光刻倒金字塔、减反射膜为 MgF_2/ZnS 双叠层、前后表面钝化层为高温热氧化生成的二氧化硅，这与产业化 Al 背场晶硅太阳电池相比工艺成本增加很多。并且由于这种电池所采用的选区定域扩散实现的工艺步骤更为烦琐，成本较高。截至目前，该太阳电池结构还没有形成产业化制备技术。

4. PERT 晶硅太阳电池

PERT 晶硅太阳电池全称为 Passivated Emitter and Rear Totally Diffused 太阳电池，是新南威尔士大学在 PERL 电池结构和工艺的基础上提出的改进，其基本结构示意如图 3.12 所示。同 PERL 相比，改进之处在于在背面钝化层之下的硅片表面扩散制备了一层 p 型的轻掺杂扩散背场，这个扩散背场一方面可以进一步降低背表面的复合；另一方面可以减小空穴横向传输的电阻，如图 3.12（a）所示。为了低成本高性能地实现 PERT 太阳电池结构，产业上通常采用 n 型硅片，并去除了背表面金属接触区的选区定域重扩散步骤，这便是 n-PERT，如图 3.12（b）所示。目前，n-PERT 太阳电池转换效率也已经能够达到 22% 以上。背表面掺杂背场层的存在使得同 PERC 相比，n-PERT 可以采用更大的背金属电极间距，少子寿命更长的 n 型硅片也保证了背表面吸光产生的光电流有更高的取出效率，由此使得 n-PERT 太阳电池更加适合双面应用的开发，其可以具有非常高的双面率。

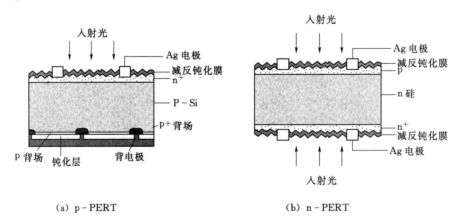

（a）p-PERT　　　　　　　　　　（b）n-PERT

图 3.12 PERT 晶硅太阳电池基本结构示意图

5. MWT/EWT 晶硅太阳电池

可以看到，前述各种类型的晶硅太阳电池采用的均是上下电极结构，即在电池前表面存在金属栅线，这包括较粗的主栅线和较细的副栅线，由此引起较大比例的遮光损失。为了降低该部分栅线遮光损失，产生了 MWT 晶硅太阳电池，其全称为 Metal Wrap Through 太阳电池，基本结构示意如图 3.13 所示。结构相似的 EWT 晶硅太阳电池，其全称为 Emitter Wrap Through 太阳电池。MWT 晶硅太阳电池的基本特征为在原本需要制作主栅线的位置处通过合适的工艺比如激光在硅片上打孔，使硅片前后表面贯通，之后进行扩散制备发射极。此时硅孔内也会形成一定掺杂浓度的发射极，之后正常制作钝化层和前电极副栅线，需要增加的步骤是在电池背面与硅孔对应的位置印制主栅线，金属电极会填充到硅孔中，并透过硅孔与前表面的副栅线相连接，这样就可以将前表面副栅线收集到的电流引到电池的背面，从而去除电池前表面的金属主栅线，大大降低了遮光率。为防止电池短路，需要在背面 Al 电极的边缘制作隔离槽。由于主栅线的去除，MWT 电池前表面细的副栅线图形化设计更加灵活，电池可以有比较漂亮的外观。

如果采用相同的方法进一步去除前表面细的副栅线，这就是 EWT 电池。与 MWT 电池相比，EWT 电池需要在所有原本需要制作前电极栅线的位置打孔，硅孔的数量更多，尺寸也更小。向这些更小尺寸的硅孔中填充金属电极的难度较大，因此采用提高发射极扩散掺杂浓度的方法来提高硅孔中的电导率。EWT 太阳电池由于完全去除了前表面栅线，可以获得更高的光电流。

6. IBC 晶硅太阳电池

IBC 晶硅太阳电池的全称为 Interdigitated Back Contact 太阳电池，主要由美国 SunPower 公司开发，其结构示意如图 3.14 所示。与 MWT 太阳电池相比，IBC 太阳电池同样将前表面的金属栅线完全去除，即电池的正负电极均置于电池的背面，但并没有在硅片上打孔，因此是完全的背表面太阳电池，即 p-n 结和背场都位于电池背面。因而，IBC 太阳电池通常选用少子寿命更长的 n 型硅片。这种电池的工艺难点在于背表面 p、n 扩散区和正负电极的选区定域制作，工艺步骤较为烦琐，但所实现的电池转换效率很高。SunPower 公司实现的转换效率最高已经达到了 25.2%。

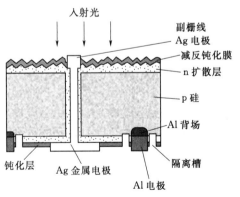

图 3.13 MWT 晶硅太阳电池基本结构示意图　　图 3.14 IBC 晶硅太阳电池结构示意图

7. HIT 晶硅太阳电池

HIT 晶硅太阳电池全称为 Heterojunction with Intrinsic Thin-layer 太阳电池，其基本结构示意如图 3.15 所示，同上述基于扩散工艺制备 p-n 结的各种同质结太阳电池不同，HIT 太阳电池是基于硅薄膜沉积工艺制备 p-n 结的异质结太阳电池。这种电池主要由日本三洋公司（已被松下收购）开发。在 n 型单晶硅片上沉积一层掺 B 的 a‐Si：H(p) 作为发射极，在另一个表面沉积掺 P 的 a‐Si：H(n⁺) 做背表面场，并在掺杂层和硅片之间插入一层极薄的本征非晶硅 a‐Si：H(i) 钝化层来改善异质结界面的质量。由于两层掺杂层很薄，横向电阻很大，其上面需要沉积透明导电薄膜（transparent conductive oxide，TCO）来作为横向收集电流的电极，在 TCO 上再制作金属栅线。这种电池的主要优点在于工艺步骤简单，硅薄膜沉积工艺温度低，制作过程耗能小，同时，异质结特性赋予电池很高的开路电压，电池转换效率高，并能双面发电，可以具有很高的双面率。松下大面积 HIT 太阳电池转换效率已经达到了 24.7%，另一家日本公司钟化（Kaneka）其小面积太阳电池转换效率超过了 25%。但同常规扩散同质结太阳电池相比，因其需要用到 TCO 材料，制造成本相对较高。

8. HBC 晶硅太阳电池

HIT 晶硅太阳电池同样可以采用 IBC 太阳电池的结构来避免前表面的金属栅线遮光，这便形成 HBC 晶硅太阳电池，全称为 Heterojunction Back Contact 太阳电池，其基本结构示意如图 3.16 所示。这种太阳电池将 HIT 太阳电池和 IBC 太阳电池的优点充分结合，同时制备工艺也比常规 IBC 太阳电池简单，从而具有更高的性价比。日本钟化公司采用 HBC 太阳电池结构，已经获得了 26.7% 的转换效率，这是目前所有硅类太阳电池所取得的最高转换效率。

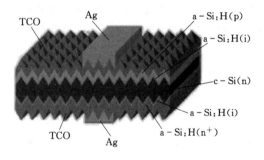

图 3.15　HIT 晶硅太阳电池基本结构示意图

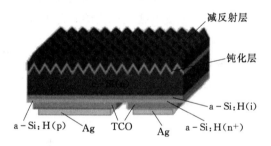

图 3.16　HBC 晶硅太阳电池基本结构示意图

9. 黑硅太阳电池

严格地讲，黑硅太阳电池并不是一种新型太阳电池结构，而只是对晶硅太阳电池表面制绒工艺的改进。如前所述，对多晶硅太阳电池而言，酸制绒所获得的减反射效果并没有单晶硅碱制绒的效果好。特别是在多晶硅片切割采用金刚线切割工艺之后，由于硅片表面变得更加平整，酸制绒效果变得更差，由此，开发新型多晶硅片制绒技术被提上议程。通过在多晶硅表面制备更高性能的减反射绒面结构，使电池表面看上去呈现黑色，即电池表面具有相当低的反射率。具有黑色绒面的晶硅太阳电池就被称为黑硅太阳电池。目前，用来制备黑硅绒面的方法主要包括前面已经提到的干法反应离子刻蚀和湿法金属催化化学腐蚀。

10. 晶硅太阳电池组件

因受电池面积的限制，单片晶硅太阳电池能发出的电量很小，为满足大规模发电的需要，晶硅太阳电池的实际应用需要将很多电池制备成组件，再利用组件构建一定结构的光伏发电系统。伴随晶硅太阳电池技术的不断进步，其组件形式也在不断改进。

晶硅太阳电池组件的基本结构如图 3.17 所示，其串联好的电池片通过 EVA 黏接在前钢化玻璃盖板和 TPT 背板之间，并通过铝合金边框进行固定，并在组件背面安装接线盒。这种传统组件结构对 TPT 背板的耐候性、阻水性具有较高要求。而玻璃比背板在这方面表现出的性能更好，由此诞生了双玻组件，即将太阳电池片直接封装在两片玻璃板之间，不再使用背板和铝边框。玻璃具有更好的耐磨性、绝缘性、防火性、透水率、耐腐蚀等性能，与传统组件相比，双玻组件具有更长的寿命。由于没有铝边框，组件发生 PID 衰减的风险也大大降低。此外，双玻组件适合于采用双面太阳电池进行双面发电。解决好双玻组件的边缘密封，并在提高玻璃强度等性能的同时减少玻璃厚度由此降低组件重量，是推广双玻组件应用所需要解决的关键问题。

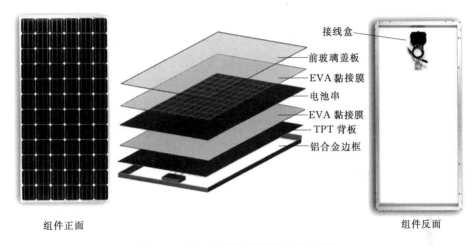

图 3.17 晶硅太阳电池组件的基本结构

提升晶硅太阳电池组件功率输出的一种有效方法是开发叠瓦组件。在传统晶硅太阳电池组件中，电池片之间采用焊带连接，大量焊带的使用增加了组件内部的串联电阻，由此增加了组件的发热损失，同时，电池片之间的间距较大，降低了组件发电的有效面积。叠瓦组件可以有效解决这些问题。常规晶硅太阳电池组件与叠瓦晶硅组件中电池片连接方式对比如图 3.18 所示，首先，叠瓦组件采用更小的电池片串联，一般是 1/4 片电池，这样组件电流减小，在相同电阻上能产生的发热损失降低。其次，电池片之间的连接不再采用焊带，而是直接采用导电胶将两片相邻的电池边缘靠很窄的重叠黏接在一起。一方面电池片之间的间隙被消除，可以充分利用入射的太阳光；另一方面，电池间的导电通道变短，组件内部串联电阻大大下降。结果，相同面积的叠瓦组件相比传统组件有高得多的功率输出。

构建不同功率输出的光伏发电系统需要将晶硅太阳电池组件通过串并联的方式构成组件阵列，再通过逆变器等平衡部件实现功率输出。组件工作时会由于各种原因，比如云层遮挡、不均匀温度分布、不均匀辐照等因素，造成电压、电流之间的差异，从而导致阵列输出的功率小于各个组件最佳输出功率的总和，即产生组件间失配，其表明对组件阵列进行集中式管理会使整个光伏系统的发电性能大打折扣，每块组件的工作情况也无法得知。

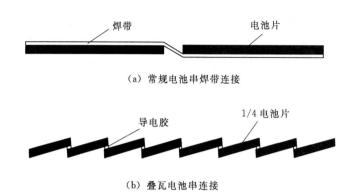

（a）常规电池串焊带连接

（b）叠瓦电池串连接

图 3.18 常规晶硅太阳电池组件与叠瓦晶硅组件中
电池片连接方式对比

为解决上述问题产生了智能组件。智能组件就是在单块组件上直接集成组件实现性能优化，比如具有最大功率点跟踪、组件状态检测、安全保护等功能的电路模块，从而实现光伏组件从被动控制到主动控制的转变。例如，利用智能组件实现功率优化。在不同的失配条件下，智能组件可以对各个组件的输出进行调节，使串联电路的电流和并联电路的电压不取最低值，而是进行相应的优化，使遮挡造成的损失不扩散到整个组串或阵列中，从而提高系统的功率输出。利用智能组件实现组件级监控，可以掌握光伏发电系统中每块组件的工作情况，从而可以快速对其进行故障诊断、系统修复等工作。通过采用智能组件，光伏发电系统的运行将更高效、安全。

对光伏发电系统特别是大型光伏电站而言，如何减少系统中各类平衡部件的用量及其所带来的功率损失，从而降低发电成本十分重要。为此，通过将光伏系统中用到的线缆、汇流箱、逆变器等部件的耐压从 1000V 提高到 1500V，开发 1500V 发电系统变得具有重要意义。目前，传统的 1000V 系统单串组件数量是 22 块，而 1500V 系统可以将数量扩充至 32 块。子串数量减少，逆变器、汇流箱以及直流侧线缆的用量就可以随之减少。此外，直流侧电压由 1000V 升为 1500V，在系统功率不变的情况下，由于电流将下降到原来的 2/3，从而可使在系统电阻上造成的损失变为原来的 4/9，发电量提高。因此，1500V 系统同时具有降本增效的好处，是降低光伏发电系统度电成本的有效途径。但直流侧电压的升高对组件、关键平衡部件等的耐压特性提出了更高要求，系统的安全性和可靠性需要 1500V 系统重点解决。

3.2.1.2 非晶硅太阳电池

1976 年，人们研发出非晶硅（amorphous silicon，a‐Si）太阳电池，并在 1980 年使其实现商业化。非晶硅的禁带宽度为 1.7eV，通过掺 B 或掺 P 可得到 p 型 a‐Si 或 n 型 a‐Si。非晶硅对太阳光的吸收效率，比单晶硅好 40 倍以上。因此只要 $1\mu m$ 厚的非晶硅薄膜，就可吸收照射在它上面 90％的太阳光。这样制作太阳电池时不仅可以使用更少的材料，还可以大大降低成本。

非晶硅太阳电池的外观及其内部晶格原子排列如图 3.19 所示。非晶硅太阳电池是薄膜型太阳电池，可制作成半透明光伏组件用于门窗或天窗。而非晶硅内部原子排列并不十分具有规则性，整体上是杂乱无章的排列，因此非晶硅也被称为无定形硅。在这种状况之下，大部分的 Si 原子还是倾向于跟其他 4 个 Si 原子键结在一起。但它无法维持长距离的规则性，因此会产生许多键结上的缺陷，例如悬挂键（dangling bond）的出现。即部分 Si 原子无法与 4 个邻近的硅原子键结在一起。这些键结上的缺陷，给电子和空穴再结合提供了路径，使得非晶硅太阳电池的电导率及转换效率在长时间太阳光照射下严重衰减。这种现象首先由 Stabler 和 Wronski 发现，称为 S-W 效应，即光致衰减效应。但是，如果在非晶硅沉积过程中，嵌入 5%～10% 的 H 原子，H 原子就可与 Si 原子键结，而去除部分的悬挂键。我们称这种含 H 的非晶硅为 a-Si:H，这对于提高非晶硅太阳电池的效率是相当重要的。目前，非晶硅太阳电池在实验室中稳定的最高转换效率约为 13.6%。在实际生产线上，非晶硅太阳电池的转换效率不超过 10%。

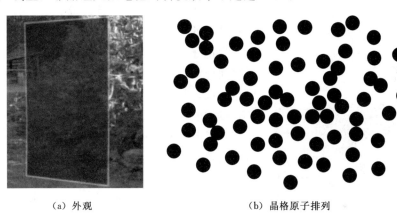

（a）外观　　　　　　　　　　（b）晶格原子排列

图 3.19　非晶硅太阳电池的外观及其内部晶格原子排列

非晶硅太阳电池通常是通过在玻璃基板上沉积一层薄的非晶硅获得的。与晶硅太阳电池相比，可大大减少制作太阳电池所需的材料。尽管非晶硅太阳电池的转换效率不高，但由于非晶硅太阳电池具有制造工艺简单、易大量生产、大面积化容易、可方便地制成各种形状、易与电子器件集成等特点，因此在计算器、手表、玩具等小功耗器件中得到了应用。此外，这种薄膜太阳电池还可以用不锈钢等为衬底制成柔性，从而应用范围更广。

在常规的单晶硅和多晶硅太阳电池中，通常是用 p-n 结结构。由于载流子的扩散长度很长，因此电池的厚度取决于所用硅片的厚度。但对于硅基薄膜太阳电池，所用的材料通常是非晶和微晶材料，材料中载流子的迁移率和寿命都比在相应的晶体材料中低很多，载流子的扩散长度也比较短。因此，如果选用通常的 p-n 结电池结构，光生载流子在没有扩散到结区之前就会被复合。如果用很薄的材料，光的吸收率会很低，相应的光生电流也很小。为了解决这一问题，非晶硅薄膜电池采用 p-i-n 结构或 n-i-p 结构，非晶硅薄膜太阳电池结构如图 3.20 所示。其中，p 层和 n 层分别是 B 掺杂和 P 掺杂的材料，主要用来建立内部电场。i 层则为不掺杂的纯硅，是本征材料，由非晶硅构成。这种结构材料的吸光频率范围约为 (1.1～1.7)eV，不同于晶体硅的 1.1eV。但由于结构均匀度低，因此电子与空穴在材料内部传输的过程中，易因距离过长，而提高再结合几率。为避免此现象发生，i 层不宜太厚，但也不能太薄，因此可采用多层结构堆叠方式设计，以兼顾吸光与光电效率。现在已有发展为 2 个 p-i-n 结甚至 3 个 p-i-n 结的非晶硅太阳电池。

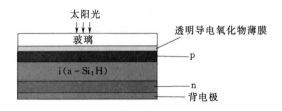

图 3.20 非晶硅薄膜太阳电池结构

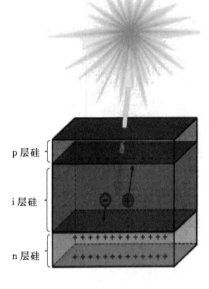

图 3.21 p-i-n 结构非晶硅
太阳电池工作原理

p-i-n 结构非晶硅太阳电池工作原理如图 3.21 所示。当太阳光照射到非晶硅太阳电池表面时，很容易完全穿透 p 层薄膜，因此大部分光子的吸收发生在相对较厚的 i 层薄膜中。当光子被 i 层薄膜吸收时，会产生电子-空穴对的光生载流子，然后在 n 层与 p 层之间导入电场的牵引下，电子与空穴分别扩散至 n 层与 p 层，从而产生光电流，这就是非晶硅太阳电池最基本的发电原理。

为了改善非晶硅薄膜太阳电池的性能，特别是提高转换效率和稳定性，可以通过合金化的形式，比如加入 Ge 制备带隙较窄的 a-SiGe:H 材料，或者通过调节其内部结晶相含量的方式开发纳米晶或微晶硅材料，并采用这些材料组合开发多结叠层的硅薄膜太阳电池。目前，最常见的两种形式是非晶硅/微晶硅双叠层电池结构和非晶硅/非晶硅锗/微晶硅三叠层电池结构。

3.2.1.3 化合物类太阳电池

硅类太阳电池高度发展的同时，一系列化合物半导体类太阳电池也迅速发展起来。化合物半导体太阳电池由两种及以上的半导体元素构成。目前主要有Ⅲ-Ⅴ族化合物（GaAs）太阳电池，Ⅱ-Ⅵ族化合物（CdS/CdTe）太阳电池，三元（Ⅰ-Ⅲ-Ⅵ族）化合物（$CuInSe_2$：CIS）太阳电池等。

1. Ⅲ-Ⅴ族化合物（GaAs）太阳电池

GaAs 是太阳电池中一种重要的化合物材料，为直接带隙半导体。目前，GaAs 等Ⅲ-Ⅴ族化合物半导体材料制成的太阳电池在宇宙空间领域已得到广泛的应用。由于 GaAs 太阳电池耐辐射性、温度特性较好，因此也适用于聚光发电。GaAs 太阳电池实验室最高转换效率已达到 28.9%。

目前，Ⅲ-Ⅴ族化合物太阳电池的制备方法主要有液相外延技术、金属有机化学气相沉积法（metal organic chemical vapor deposition，MOCVD）、分子束外延技术等。为了进一步增加Ⅲ-Ⅴ族化合物太阳电池的转换效率，各种 GaAs 同质外延和异质外延技术自 20 世纪 80 年代有所发展，如在 GaAs 上外延 GaAs、$Al_xGa_{1-x}As$、$Ga_xIn_{1-x}P$，或者在

Ge 衬底、GaSb 衬底上外延 GaAs 薄膜。另外，InP、ZnSe 薄膜材料在太阳电池中也得到了研究和应用。因而，GaAs 太阳电池的结构从简单的 p-n 结单结电池，发展到叠层电池（GaInP/GaAs、GaInP/GaAs/Ge、GaInP/GaAs/GaInNAs/Ge 等），以及廉价的 Si 和 Ge 衬底上的 GaAs 电池、聚光电池等。目前，InGaP/GaAs/InGaAs 三结太阳电池的光电转换效率已达到 44.4%，GaInP/GaAs/GaInAs/GaInAs 四结聚光电池的光电转换效率更是达到了 45.7%。GaAs 单结太阳电池及其叠层电池的光电转换效率是所有类型太阳电池中最高的。

多结太阳电池的结构设计以及外延材料的生长是 GaAs 电池制备中非常重要的环节。外延材料的生长主要采用 MOCVD 技术，多结电池结构多采用 $GaInP_2$/GaAs/Ge 级联式。以 $GaInP_2$/GaAs 双结电池为例，如图 3.22（a）所示，电池由宽禁带的顶电池、隧道结和窄禁带的底电池三部分依次串联而成。顶电池用于吸收太阳光谱中的短波部分，底电池用于吸收太阳光谱中的长波部分，隧道结用于对各子电池进行电流匹配。在图 3.22（b）中，与图 3.22（a）中电池相比，其在结构上进行了改进：首先，在保证 FF 无损失的情况下，减少栅线接触面积，即降低其占电池总面积的比例；其次，采用较高质量的 AlInP 窗口层作顶电池上表面的钝化层。这是由于太阳光的短波部分主要在顶电池的表面被吸收，如果顶电池窗口层的质量较差，则器件在蓝光尾部波长范围内的量子效率会降低，这大约会造成顶电池 10% 的电流损失；最后，采用背电场（back surface field，BSF）层作顶、底子电池的背面钝化层。因为电池中的界面复合会减小基区的载流子浓度，导致电池暗电流增大，所以采用 BSF 钝化层来减小界面复合，提高入射光子的利用率。

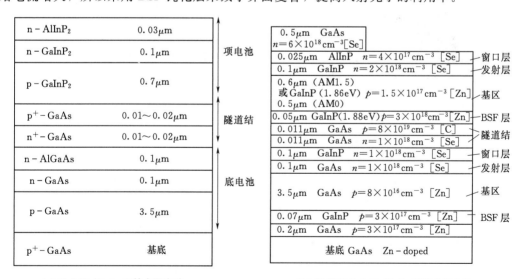

（a）$GaInP_2$/GaAs 双结太阳电池　　（b）改进型 $GaInP_2$/GaAs 双结太阳电池

图 3.22　NREL 公司制造的双结太阳电池结构

与前述硅类太阳电池相比，GaAs 太阳电池具有的显著特点：①GaAs 具有最佳的禁带宽度 1.42eV，与太阳光谱匹配良好，光电转换效率高，是很好的高效太阳电池材料；②由于禁带宽度相对较大，可在较高温度下工作；③GaAs 材料对可见光吸收系数高，使绝大部分的可见光在材料表面 2μm 以内被吸收，电池可采用薄层结构，相对节约材料；

④高能粒子辐射产生的缺陷对 GaAs 中的光生电子-空穴复合的影响较小，因此电池的抗辐射能力较强；⑤较高的电子迁移率使得在相同的掺杂浓度下，材料的电阻率比 Si 的电阻率小，因此由电池体电阻引起的功率损耗较小；⑥p-n 结自建电场较高，因此光照下太阳电池的开路电压较高。GaAs 的单结和多结太阳电池具有光谱响应性好、空间应用寿命长、可靠性高的优势，尽管成本较高，但在空间电源方面有较大的应用。

GaAs 基系太阳电池也有其固有的缺点：①GaAs 材料的密度较大（5.32g/cm³），为 Si 材料密度（2.33g/cm³）的两倍多；②GaAs 材料的机械强度较弱、易碎；③GaAs 材料价格昂贵，约为 Si 材料价格的 10 倍。因此 GaAs 基系太阳电池尽管效率很高，但由于以上这些缺点，多年来一直得不到广泛应用，特别是在地面领域的应用很少。此外，InP 基系太阳电池的抗辐照性能比 GaAs 基系太阳电池好，但转换效率略低，而且 InP 材料的价格比 GaAs 材料更昂贵。因此，长期以来对单结 InP 太阳电池的研究和应用较少。但在叠层电池的研究开展以后，InP 基系材料得到了广泛的应用。用 InGaP 三元化合物制备的电池与 GaAs 电池相结合，作为两结和三结叠层电池的顶电池具有特殊的优越性，并在空间能源领域得到了日益广泛的应用。

2. Ⅱ-Ⅵ 族化合物（CdTe/CdS）半导体太阳电池

Ⅱ-Ⅵ 族化合物半导体材料及其太阳电池器件近年来也得到了广泛的关注。其中 CdTe 薄膜的禁带宽度为 1.45eV，其太阳电池理论转换效率达到 29% 左右，实验室转换效率达到 22.1%，是一种高效、稳定且相对低成本的薄膜太阳电池材料。CdTe 太阳电池结构简单，容易实现规模化生产，是近年来国内外太阳电池研究的热点之一。

虽然 CdTe 在常温下是相对稳定和无毒的，但是 Cd 和 Te 有毒，在实际制备 CdTe 薄膜时，并非所有的 Cd²⁺ 都会沉积成薄膜，也会随着废气、废水等排出，对人、动物和环境具有致命的影响。另外，地球上的 Cd 和 Te 资源十分有限，特别是稀有元素 Te，这也潜藏一个成本问题。尽管具有这些弱点，CdTe 电池的低成本、高效率还是非常吸引人们的注意。目前，研究者正致力于努力改善薄膜材料的质量，提高光电转换效率，降低生产成本。除了提高电池的稳定性之外，着重研究纳米 CdTe/CdS（大面积阵列纳米晶粒构成的 CdTe/CdS）太阳电池等新材料和新结构。随着实验室和工业界研究的不断进展，CdTe 太阳电池有希望进一步成长。

CdTe 与 GaAs 材料一样，非常接近光伏材料的理想禁带宽度，其光谱响应与太阳光谱几乎相同。但是，随着温度的变化，禁带宽度会发生变化，其变化系数为（2.3～5.4）×10⁻⁴eV/K。CdTe 材料具有很高的光吸收系数，在可见光部分，其光吸收系数在 10⁵cm⁻¹ 左右，因此只需要 1μm 厚度的薄膜，便可以吸收 90% 以上的太阳光。CdTe 电池通常采用异质结结构，如常用的 CdTe/CdS 异质结太阳电池结构如图 3.23 所示。因此在制备 CdTe 材料时，常常是在 CdS 等薄膜材料上直接沉积制备。在制备工艺中，元素的扩散、界面的性质也是不得不考虑的问题。否则容易引起太阳电池性能的下降。

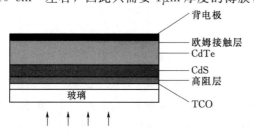

图 3.23　CdS/CdTe 异质结太阳电池结构

CdTe 薄膜材料可以用多种方法制备，如真空蒸发法、化学气相沉积法、近空间升华法、电化学沉积法、喷涂热分解法、物理气相沉积法、金属-有机化学气相沉积法、分子束外延法等。实际工艺中，制备 CdTe 薄膜最常用的技术是近空间升华法和电化学沉积法，前者的在线生长速率快，后者可以大面积生长。

CdS 也是一种重要的太阳电池材料。CdS 是直接带隙的光电材料，能带宽度为 2.4eV 左右，其吸收系数较高，为 $10^4 \sim 10^5\,cm^{-1}$，主要用作薄膜太阳电池的 n 型窗口材料，可以和 CdTe、$CuInSe_2$ 等薄膜材料形成性能良好的异质结太阳电池。CdS 材料很少单独作为太阳电池材料。但是，制备 CdS 薄膜多采用化学浴方法，溶液中存在大量的 Cd^{2+}。在电池加工和失效后，需要回收处理。该因素成为其大规模工业应用的最大障碍。

3. 三元化合物 $CuInSe_2$（CIS）太阳电池

自 20 世纪 70 年代，人们就开始关注三元化合物太阳电池。由于三元化合物太阳电池所使用的 $CuInSe_2$ 是直接带隙半导体，与间接带隙硅半导体相比，光吸收系数较大，因此可作为薄膜太阳电池的材料。通常可采用较低的温度形成 CIS 薄膜，从而可以使用较低成本的衬底。自 CIS 太阳电池被研究以来，其转换效率逐渐提高。目前，小面积 CIS 太阳电池的转换效率为 18.8%，大面积达到 12%～14%，但其转换效率会随太阳电池面积的增加而下降，这是由于 CIS 太阳电池的制造技术尚未十分成熟。

为了最优吸收太阳光谱，太阳电池材料的最佳带隙应约为 1.45eV，但是 $CuInSe_2$ 薄膜材料在室温下的带隙只有 1.04eV，并不是最好的带隙结构。因此，人们在 CIS 材料中掺入一定浓度的 Ga，即 $CuInSe_2$ 材料中 1%～30% In 被 Ga 原子替代，制备成 Cu(InGa)Se_2（CIGS）薄膜材料。CIGS 材料属于 I-III-VI 族四元化合物半导体，具有黄铜矿结构，为直接带隙半导体材料，可以使禁带宽度在 1.02～1.68eV 之间变化，以吸收更多的太阳光谱。

CIGS 太阳电池典型结构如图 3.24 所示。除玻璃或其他柔性衬底材料以外，还包括底电极 Mo 层、CIGS 吸收层、CdS 缓冲层（或其他无镉材料）、i-ZnO 和 Al-ZnO 窗口层、MgF_2 减反射层以及顶电极 Ni-Al 等七层薄膜材料。其中，Mo 背接触层是 CIGS 薄膜太阳电池的最底层，它直接生长于衬底上。背接触层必须与吸收层有良好的欧姆接触，尽量减少两者之间的界面态，并且不发生化学反应，与衬底之间有良好的附着性，同时要有优良的导电性能。CdS 缓冲层在低带隙的 CIGS 吸收层和高带隙的 ZnO 层之间形成过渡，减

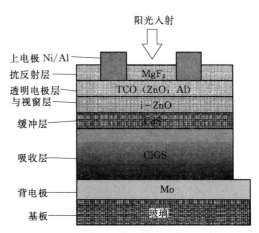

图 3.24　CIGS 太阳电池典型结构

小了两者之间的带隙台阶和晶格失配，调整导带边失调值，对于改善 p-n 结质量和电池性能有重要作用。此外，其还能够防止射频溅射 ZnO 时对 CIGS 吸收层的损害。ZnO 窗口层包括本征氧化锌（i-ZnO）和铝掺杂氧化锌（Al-ZnO）两层。它既是太阳电池 n 型

区与 p 型区 CIGS 组成异质结成为内建电场的核心，又是电池的上表层，与电池的上电极一起成为电池功率输出的主要通道。CIGS 薄膜太阳电池的顶电极采用真空蒸发法制备，一般为 Ni-Al 栅状电极。Ni 能很好地改善 Al 与 ZnO：Al 的欧姆接触，还可以防止 Al 向 ZnO 中的扩散，从而提高电池的长期稳定性。此外，太阳电池表面的光发射损失约为 10%。为减少这部分光损失，通常在 ZnO：Al 表面上用蒸发或者溅射方法沉积一层减反射膜。对其要求一般为：为降低反射系数的波段，薄膜应该是透明的；能很好地附着在基底上；要有足够的机械性能，不受温度变化和化学作用的影响。目前，CIGS 薄膜电池中广泛采用 MgF_2 减反射膜。

经过研究发现，利用 CIGS 薄膜作为吸收层，能够大幅度提高太阳电池的效率。此外，CIGS 薄膜太阳电池抗辐照能力强，电池稳定性好，基本不衰减，弱光特性好，用作空间电源有很强的竞争力，因此有望成为新一代太阳电池的主流产品之一。目前，在国际上已经形成了 Cu(In、Ga)(S、Se) 生产线。但是，由于 CIS(CIGS) 薄膜材料是多元组成的，元素配比敏感，多元晶体结构复杂，与多层界面匹配困难，使得材料制备的精度要求、重复性要求和稳定性要求都很高，因此材料制备的技术难度较高。

综上所述，通常的化合物半导体材料都是直接带隙材料，光吸收系数较高。因此，仅需要数微米厚的材料就可以制备成高效率的太阳电池。同时，在微电子工业和研究界中广泛采用的化学气相沉积（chemical vapor deposition，CVD）技术、金属-有机化学气相沉积技术和分子束外延（molecular beam epitaxy，MBE）技术，都可以精确生长不同成分的薄膜化合物半导体材料。为了充分吸收太阳光的能量，人们趋向于选择具有不同禁带宽度的化合物半导体材料叠加，形成高效叠层太阳电池，有望逐步提高其光电转换效率并增加其稳定性。

3.2.1.4　染料敏化太阳电池

1991 年，瑞士科学家 Grätzel 采用多孔纳米结构的 TiO_2 薄膜作为电极材料，在其上涂上适当的染料光敏化剂，达到有效吸收可见光、并将光能转换为电能的目的，从而成功制造出光电转换效率为 7.1% 的太阳电池。这种太阳电池被称为染料敏化太阳电池（dye sensitized solar cell，DSC）。由于 DSC 制作工艺简单，成本低廉，引起各国科研工作者的极大关注，并积极开发其商业应用前景。目前，DSC 的最高光电转换效率为 11.9%。

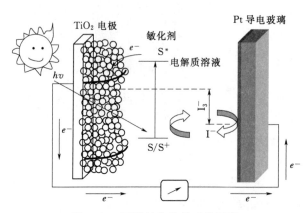

图 3.25　DSC 结构及其工作原理

DSC 一般为"三明治"结构，DSC 结构及其工作原理如图 3.25 所示。其主要的三个组成部分为光阳极半导体薄膜、电解质溶液（I^-/I_3^-）、铂对电极。其中，光阳极半导体薄膜又由透明导电基板、多孔 TiO_2 薄膜及其表面吸附的染料光敏化剂所组成。当太阳光照射到光阳极表面时，染料分子（S）会吸收光子而跃迁到激发态（S^*）。由于激发态不稳定，其释放的电子很快注

入 TiO_2 薄膜的导带上，并扩散进入透明导电基板，电子在基板处被收集后又传输到外部电路中，经过负载到达铂对电极，产生电流。与此同时，被氧化的染料分子（S^*）通过电解液扩散过来的 I^- 还原回到基态（S），使染料分子得到再生，而 I^- 被氧化为 I_3^-。这时电解质溶液中 I_3^- 与到达铂对电极的电子反应，被还原为 I^-，从而完成整个循环过程。接着在光照作用下继续进行下一个循环。这就是 DSC 的工作原理。

DSC 的透明导电基板一般采用掺氟的氧化锡（F - doped SnO_2，FTO），其作用是收集半导体薄膜中的电子，并将其传输到外电路。

DSC 的核心部件是光阳极半导体薄膜材料，其作用是吸附染料敏化剂，并将激发态染料注入的电子传导到导电基底。半导体薄膜材料主要采用 TiO_2，此外还可以选用 ZnO，SnO_2、Nb_2O_5、In_2O_3、$SrTiO_3$ 及 NiO 等。TiO_2 为宽带隙半导体材料（禁带宽度约为 3.2eV），无毒、价格低廉、容易获取。多孔 TiO_2 薄膜是由许多纳米级 TiO_2 粒子及孔洞所形成，比表面积较高，使其能够有效吸附单分子层染料，更好地利用太阳光。并且其与导电基底应有很好的电学接触，使载流子在其中能有效地传输，保证大面积薄膜的导电性。半导体薄膜材料在导电玻璃表面的沉积一般可采用旋转涂布法（spin coating）、浸渍法（dip coating）、提拉法、电镀法（eletrophoresis）、丝网印刷法（screen printing）等。

由于 TiO_2 是宽带隙半导体材料，只有波长低于 388nm 的紫外光才足以将电子由 TiO_2 的价带激发到导带，但紫外光仅占太阳光能的 6% 而已。而染料能够将 TiO_2 的吸收波长扩大到可见光区，因此扮演着光敏化剂的角色。染料光敏化剂是影响 DSC 电池对可见光吸收效率的关键因素，其性能的优劣直接决定 DSC 电池的光利用率和光电转换效率。因此，所选取的染料要对可见光有良好的吸收率，并能够紧密吸附在 TiO_2 表面，不易脱落。其氧化态及激发态要具有高稳定性及活性等。目前应用的染料中，以钌-吡啶配合物（Ru - bipyridine complex）最为普遍。这种染料可以吸收很宽的太阳光谱，具有优良的光电化学性质及高稳定性的氧化态。此外，还可以采用有机染料以及自然界中普遍存在的染料如叶绿素、卟啉等。总之，染料负责吸收入射的太阳光，并利用所吸收的光能来促进电子的转移反应。

电解质的氧化还原反应对于整个 DSC 的完整运行及染料的再生有着很重要的影响。电解质的选择，需要考虑其氧化还原电势，且其氧化还原反应必须是可逆的，而且不能对可见光有明显的吸收。在 DSC 中，最常被使用的是 I^-/I_3^- 电对，是因为他们的电化学电势非常适合重新还原处于氧化态的染料，而且能够提供最佳的 DSC 动力学性质。

由于制作工艺简单、无需使用昂贵的设备；所需材料丰富、成本低、耗能少、品种多样并且对环境影响不大；可使用不同种类的染料，制造出无色或多色彩的商业化产品。近几年来，DSC 的发展前景非常好。但是，如果要在商业化方面获得一定的竞争力，还需进一步提高其稳定性及耐久性，改善整体电池模组的制备工艺过程。

3.2.1.5 钙钛矿太阳电池

钙钛矿太阳电池是由 DSC 演化而来的。其最初应用于液态 DSC，进而发展为固态 DSC，目前发展为多种结构的钙钛矿太阳电池。

钙钛矿型太阳电池同时拥有低成本和高效率两个重要特点，为利用太阳能提供了新途径。2009 年，Miyasaka 研究组首次将钙钛矿引入太阳电池领域，并由钙钛矿材料 $CH_3NH_3PbI_3$ 和 $CH_3NH_3PbBr_3$ 作为光吸收薄膜层，光电转换率达到 3.8%。此后，卤化甲基铵盐型钙钛矿材料在太阳电池领域受到广泛关注，自 2013 年开始迅猛发展，目前钙钛矿型太阳电池认证转换效率已达到 23.3%。钙钛矿型太阳电池性能的进一步提升有望解决太阳电池发展的效率和成本瓶颈，对其进行深入系统的研究具有重大的科学价值和现实意义。作为目前最受关注、最有潜力的太阳电池，对其深入研究也具有重要的战略意义。

钙钛矿太阳电池中，典型的钙钛矿结构化合物可表示成 AMX_3。A 通常为有机铵阳离子（$CH_3NH_3^+$），M 为金属阳离子（主要为 Pb^{2+}，Sn^{2+} 等），X 为卤素离子（Cl^-、Br^-、I^-），其通过强配位键形成网络状的框架结构，简称卤铅铵。卤铅铵钙钛矿具有合适和易调节的带隙（如 $CH_3NH_3PbI_3$ 为 1.5eV，$CH_3NH_3PbBr_3$ 为 2.3eV 等）、较高的吸收系数（大于 $10^5 cm^{-1}$）、优异的载流子传输性能以及对杂质和缺陷的良好容忍度等特性。通过调节钙钛矿材料的组成，可改变其带隙和电池的颜色，制备彩色电池。另外，钙钛矿太阳电池还具有制备工艺简单、可制备柔性、透明及叠层电池等一系列优点。同时，其独特的缺陷特性，使钙钛矿晶体材料既可呈现 n 型半导体的性质，也可呈现 p 型半导体的性质，故而其应用更加多样化。此外，$CH_3NH_3PbX_3$ 卤铅铵钙钛矿材料具有廉价、可溶液制备的特点，便于采用不需要真空条件的卷对卷技术制备，这为钙钛矿太阳电池的大规模、低成本制造提供可能。

钙钛矿太阳电池通常是由透明导电基底、致密层、多孔电子传输层、钙钛矿吸收层、有机空穴传输层、金属背电极组成，如图 3.26（a）所示。电子传输层、钙钛矿吸收层、空穴传输层的材料组成、微结构、性质对钙钛矿太阳电池的光伏性能和长期稳定性有显著的影响。目前，钙钛矿太阳电池有三种主要结构：第一种为介孔型钙钛矿太阳电池。其通常所用介孔层材料为 TiO_2。受到光子的影响，电池会发生激子分离现象，进而形成电子和空穴。受吸光材料的影响，TiO_2 会不断地筛选电子，并将其传至 FTO 表面。此外，在传输层的作用下，空穴可直接接到电极上。第二种为平板型钙钛矿太阳电池。该类型的钙钛矿太阳电池主要朝着低温制备的方向发展，具有成本低等优点。该电池在光照的作用下会产生电子-空穴对，进而使电子更加活跃。当电路接通后，电子-空穴对会快速移动，产生电流，进而充分发挥钙钛矿太阳电池的作用。第三种为柔性钙钛矿太阳电池。截至 2015 年，全球对柔性钙钛矿太阳电池的研究中，主要采用了原子层气相沉积的制造方式，

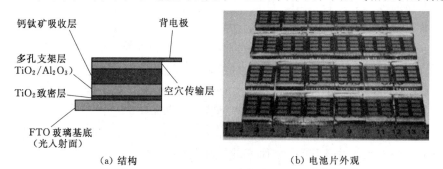

（a）结构　　　　　　　　　　　　　（b）电池片外观

图 3.26　钙钛矿太阳电池结构及电池片外观

这在一定程度上使电池的制造效率提升到了 12.2%。

钙钛矿太阳电池的结构及工作原理如图 3.27 所示。卤铅铵钙钛矿化合物 AMX$_3$ 在光照下吸收光子，其价带电子跃迁到导带，接着将导带电子注入 TiO$_2$ 的导带，再传输到 FTO 导电基底。同时，空穴传输至有机空穴传输层，从而使得电子-空穴对发生分离。当接通外电路时，电子与空穴的移动将会产生电流。其中，致密层的主要作用是收集来自钙钛矿吸收层注入的电子，从而导致钙钛矿吸收层电子-空穴对的分离。钙钛矿吸收层的主要作用是吸收太阳

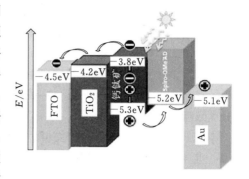

图 3.27　钙钛矿太阳电池的结构及工作原理

光产生的电子-空穴对，并能高效传输电子-空穴对，使得电子、空穴到达相应的致密层和有机空穴传输层。有机空穴传输层的主要作用是收集与传输来自钙钛矿吸收层注入的空穴，并与致密层一起共同促进钙钛矿吸收层电子-空穴对的电荷分离。

目前，钙钛矿太阳电池发展现状良好，但仍有若干关键因素可能制约钙钛矿太阳电池的前景。首先，是电池的稳定性问题，钙钛矿太阳电池在空气环境中不稳定，效率衰减较严重。其次，钙钛矿吸收层中含有可溶性重金属铅，易对环境造成污染。再次，现今钙钛矿材料制备应用最广的为旋涂法，但是旋涂法难于沉积大面积、连续的薄膜，因此还需对其他方法进行改进，以期能制备高效大面积的钙钛矿太阳电池，便于今后的商业化生产。最后，钙钛矿太阳电池的理论研究还有待加强。

3.2.1.6　有机聚合物太阳电池

有机太阳电池的研究开始于 1959 年，最初为简单的三明治结构，目前已经发展到本体异质结共混型聚合物太阳电池。有机太阳电池的结构对其性能的影响很大，电池对光的吸收、电池内激子的产生与分离、电子和空穴的传输等都受到电池结构的影响。因此，设计合理的有机太阳电池结构，可以提升电池的性能。本体异质结结构大大增加了给受体的接触界面，有效提高了激子的分离效率，使光电转换效率进一步提高，从而开辟了聚合物太阳电池的研究方向。目前，聚合物太阳电池的实验室光电转换效率已经达到 15%。

聚合物太阳电池的结构主要有单层聚合物太阳电池、双层聚合物太阳电池（p-n 异质结结构）、本体异质结聚合物太阳电池这三种，如图 3.28 所示。后来又出现了反向结构

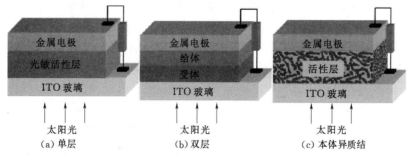

图 3.28　聚合物太阳电池的几种结构

聚合物太阳电池以及叠层聚合物太阳电池。目前，本体异质结结构已成为聚合物太阳电池的主流。对于本体异质结聚合物太阳电池的结构主要有 ITO 阳极、PEDOT：PSS 阳极修饰层、本体异质结活性层、LiF 阴极修饰层和铝阴极。其电子给体（donor，D）和电子受体（acceptor，A）材料紧密接触相互渗透形成互穿网络状连续结构，因此这种结构最大的优点是增大了给体/受体材料的接触面积。同时，在本体异质结结构的活性层中，大多数激子在扩散长度内都能到达给体/受体界面并在那里发生电荷分离，从而大大提高激子的分离效率。

本体异质结聚合物太阳电池的结构和工作原理如图 3.29 所示，在本体异质结太阳电池中，首先入射光子被活性层给体和受体材料吸收产生激子（束缚态的电子-空穴对）。这些激子扩散到给受体的界面处后，在给受体电子能级差的驱动下，激子发生电荷分离产生受体最低未占分子轨道（lowest unoccupied molecular orbital，LUMO）能级上的电子和给体最高占据分子轨道（highest occupied molecular orbital，HOMO）能级上的空穴（给体中激子将电子转移到受体的 LUMO 能级上、空穴保留在给体的 HOMO 能级上；受体中的激子将空穴转移到给体的 HOMO 能级上、电子保留在受体的 LUMO 能级上）。分离后的电子和空穴在器件内建电场的作用下在活性层中分别沿受体和给体传输到阴极和阳极并被两电极所收集，形成光电流和光电压。这就是本体异质结聚合物太阳电池的工作原理。本体异质结结构能够解决有机半导体材料中激子扩散距离短的问题，且能获得较高的光电流。

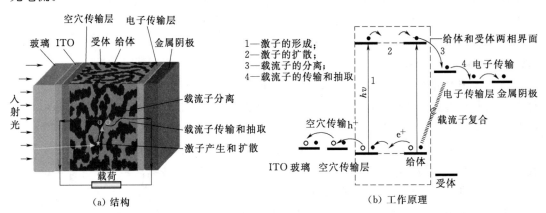

图 3.29　本体异质结聚合物太阳电池的结构和工作原理

但是，与传统的无机太阳电池相比，有机太阳电池还存在许多不足，尤其是稳定性和使用寿命是目前亟须解决的难题。在今后的研究中，在窄带隙、高电导率的新型有机半导体材料的基础上，对电池的结构进行优化仍是需要解决的问题。随着人们对有机太阳电池研究的不断深入，具有新型结构特征的有机太阳电池将会不断问世，新的应用价值也会不断涌现。

3.2.1.7　量子点太阳电池

量子点（Quantum Dots，QDs）是指半径小于或接近激子玻尔半径的零维半导体纳米晶，通常由Ⅱ-Ⅵ族、Ⅳ-Ⅵ族或Ⅲ-Ⅴ族元素组成。其独特的性质源于材料的量子效应，即当颗粒尺寸进入纳米量级时，尺寸限域将引起库伦阻塞效应、尺寸效应、量子限域效应、宏观量子隧道效应和表面效应等。量子点材料体系具有与宏观体系不同的低维物性，展现出许多不同于宏观体材料的物理化学性质，因而可以成为实现新型概念太阳电池的重要结构之一。目前，主要有量子点敏化太阳电池、量子点聚合物杂化太阳电池、量子点肖特基及耗尽异质结等几种结构的量子点太阳电池。量子点敏化太阳电池的最高效率目前达到了 11.3%。

量子点敏化太阳电池的结构及工作原理类似于 DSC。如图 3.30 所示，其主要由导电基底材料（透明导电玻璃）、宽带隙氧化物半导体纳米多孔薄膜、量子点、电解质和对电极组成。在光照下，量子点吸收能量大于其禁带宽度的光子后从基态跃迁到激发态，处于激发态的电子迅速注入宽带隙纳米半导体的导带，随后扩散传输到导电基底通过外回路到达对电极。处于氧化态的量子

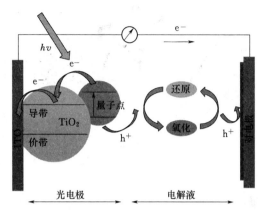

图 3.30　量子点敏化太阳电池结构及其工作原理

点被电解质中的还原剂还原再生，而电解质中的氧化剂在对电极接收电子被还原。以上便是电池工作时电子的一个循环过程。但在这种理想的电子传输之外，电池实际工作时还存在着限制电池性能提升的电子反向复合过程。

综上所述，太阳电池的类型层出不穷，各有特色。可以预见，太阳电池的效率将会越来越高、成本逐渐降低、结构不断成熟、技术工艺手段也将不断进步。如果能够合理利用每种太阳电池的功能、结构，则能够更广泛地发挥太阳能光电转换的效用。

3.2.2　太阳电池应用

理论上讲，无论是固体、液体还是气体都有一定的将光转换为电的能力，但转换的能力差别很大，可能差几个、几十个或几百个数量级。在固体中，半导体光电转换能力最强。人们把利用固态半导体材料将太阳辐射光直接转换为电能的器件称为太阳电池，其是太阳能发电的重要部件。它完全依靠内部固态半导体特有的量子效应原理实现光转换为电，没有任何活动部件，并以分散电源系统的形式向负载提供电能，这个过程被称为光伏发电。光伏发电就是将半导体材料制成太阳电池、封装成组件，由若干组件与储能、控制部件等构成转换太阳辐射能为电能的供电系统以向负载提供电力的过程。目前，太阳能光伏发电系统的应用已经非常广泛，遍及各个方面。如住宅用电、产业制造、建筑物供电、宇宙探索、海洋开发、通信、道路管理、汽车供电、防灾、农业及发电站等。

光伏发电的历史是从人们发现半导体材料的光电效应开始的。1800 年，人们发现当光照射在半导体上时会出现电动势的现象，即光电效应。1876 年到 20 世纪中期，英国科学家亚当斯等开始研究硒半导体材料，并最终利用其较弱的光电效应获得了 1% 左右的光电转换效率。1954 年，美国贝尔实验室的 Chapin 等研制出世界上第一个可实际应用的硅太阳电池，其光电转换效率达到 6% 左右，随后又很快达到 10%，从此带动了国际上对太阳能光伏发电的研究热潮。与此同时，各种类型的薄膜太阳电池研究也发展起来。但是，

由于当时太阳电池的成本太高，较常规电力要高 1000 倍以上，因此太阳电池仅能用于对成本不敏感的太空卫星和航天器上。此外，又由于太阳电池能长期在大范围阳光强度和温度下工作，具有可靠性高、效率高、寿命长和抗辐射性能良好等优点，使得它作为一种较为理想的空间电源获得了人们的青睐。20 世纪 50 年代以后，人造卫星、航天飞机、空间站及太空飞行器等开始利用太阳电池作为主要电源。航天事业的发展大大促进了太阳电池材料和器件技术的进步及光伏产业的发展。我国在 2013 年 6 月发射的以太阳电池为主要动力源的神州十号宇宙飞船如图 3.31 所示。其太阳电池翼共有 8 块电池板，一边各 4 块，发电功率为 1800W，转化效率达到 26% 左右，处于国际领先水平。如果该技术能够继续发展，并进一步降低成本，那将会极大地改变我们的生活。同时，我国已经在 2016 年第四季度发射神州十一号宇宙飞船，光伏发电技术在空间的应用将更进一步。

图 3.31　我国发射的以太阳电池为主要动力源的神州十号宇宙飞船

　　20 世纪 70 年代，石油危机、环境污染日趋严重，这使得人们清楚地认识到地球上化石燃料的储量和供给的有限性以及使用化石燃料对地球环境的危害性。世界各国开始大力研究各种太阳电池，从此拉开了太阳能光伏发电大量应用的帷幕。光伏发电在地面的应用主要集中在照明、通信、交通、光伏建筑一体化等领域中。经过多年的研究、开发，目前光伏发电技术成本逐步下降，性能也逐渐提高，基本达到了应用普及的阶段，并开始建立太阳能电站，实现并网发电。可以说，光伏发电的应用数不胜数，已经逐步走进了人们生活的方方面面，并发挥着越来越大的作用。

　　1. 民用太阳能光伏系统

　　太阳电池在收音机上的首次使用，开启了太阳电池在民用方面的应用。随着半导体的发展，电子产品的耗电功率实现大幅度下降，非集成电路晶硅电池实现低成本制造，太阳电池又在计算器、钟表等电子产品方面发挥作用。太阳能计算器如图 3.32（a）所示，其一般采用非晶硅太阳电池为独立的系统。对液晶显示的计算器来说，由于耗电较少，因此太阳电池在荧光灯光线照射下所产生的电力就足以满足其需要。太阳能钟表如图 3.32（b）所示，太阳能钟表一般在公园以及其他公共场所可以看到。白天太阳电池所产生的电力直接驱动太阳能钟表，并将剩余电力通过蓄电池存储起来。晚上传感器感知太阳电池的输出降低使蓄电池向太阳能钟表供电，以保证太阳能钟表的准确性。其他应用还有太阳能灯、太阳能玩具以及各类太阳能充电器。太阳能灯是一种利用太阳能作为能源的路灯，只要阳光充足就可以就地安装，不受供电线路的影响，不用开沟埋线，不消耗常规电能，是一种绿色环保型产品，太阳能灯如图 3.32（c）所示。在家电领域，还出现了太阳能电扇、太阳能电视、太阳能电话、太阳能换气扇等产品。为了保证供电的安全稳定性，太阳能供电系统通常都会配备蓄电池。对于较小的负载，如太阳能庭院灯，可以使用镍氢或镍镉电池。对于较大的负载，如太阳能光伏彩电系统，则可以使用铅酸蓄电池。光伏家电产品通常用电功率以及用电量较小，功率一般在 300W 以下。如果用电负荷功率太大就会大大增加蓄电池和组件的用量，导致光伏家电的成本上升，无形中降低了光伏家电产品的性价比。

（a）太阳能计算器　　　　　　　（b）太阳能钟表　　　　　　（c）太阳能灯

图 3.32　太阳电池的民用应用

2. 交通运输方面的应用

近年来，为了克服常规能源短缺和环境污染问题，太阳能电动自行车、汽车、游艇甚至太阳能小型飞机等相继出现，并且发展前景十分广阔。

太阳能电动车通过太阳电池发电装置进行驱动，如图 3.33（a）所示。其外观与公园的电瓶车一致，可搭乘 6 名乘客。但是时速最高只有 48km/h，持续行驶时间约 1h，可作为学校内的通勤交通工具。这种太阳能电动车相对校内其他普通通勤车的优点为省力、舒适、安全、环保且节能。太阳能游艇如图 3.33（b）所示，2008 年 7 月在珠海诞生了第一艘我国制造的太阳能游艇。其为全球第一款投入市场的太阳能游艇，此前世界上其他国家的太阳能游艇只是作为科研实验用途。这艘游艇的关键部分为太阳风帆，作用是获得直接的和间接的太阳光，并作为风帆，它通过计算机控制，在两个轴上都能旋转，通过改变角度以增加太阳电池获得的能量。由太阳电池组件获得的能量可以储存在铅酸蓄电池中。这艘太阳能游艇最大的优势为绿色环保，它在迈阿密的国际游艇展上吸引了人们的关注，但是其运行速度还需进一步改进。

（a）太阳能电动车　　　　　　　　　　　　（b）太阳能游艇

图 3.33　太阳电池的交通运输应用

此外，太阳电池系统作为航标灯和铁路信号灯的电源已经使用多年，并且效果良好。一般将太阳电池与高亮度光伏系统，如自发光式道路指示器、方向指示灯以及障碍物指示灯等组合构成交通指示用照明电源。由于交通标志可能设置在建筑物上或一些偏僻的地方，因此会出现照射时间短、有时只能接收散乱光的情况。因此，设计太阳电池的容量时，应比通常的独立型系统大 5～10 倍。另外由于指示灯使用的场所较多还应满足强度、耐腐蚀等要求。

3. 传播通信方面的应用

太阳能光伏电源系统在工业领域最成熟的应用体现在通信领域。其可作为偏远地区电视差转机、载波电话设备、小型无线电通信机、无人值守微波中继站、士兵 GPS、光缆维护站、广播、通信等的电源系统。在通信机电源中，从规模方面看更有前景的是微波通信，特别是许多微波、光缆通信网的中继站大部分设置在沙漠或者山间僻地，很多是无人站，这使得微波通信的应用范围变得十分广泛。太阳电池在传播通信方面的应用如图3.34 所示，河坝管理遥测仪系统的无人无线中继站电源使用太阳电池也比较多。此外，太阳能光伏系统还可作为信号转换器进行使用，可以利用硅电池频率响应时间短的特点制成光电开关，还可利用光电流与光照面积和辐照度均呈线性关系制成各种灵敏器件。与其他光电器件比较，采用硅电池制备的器件其优点为：与光电管相比，体积和质量都较小，且不怕强光，不需外接电源；与光敏电阻和硒光电池相比，不易老化，光电积分灵敏度高；与光电二极管和光电三极管相比，价格较低，线路简单；与其他所有光电器件相比，寿命都更长，可达 10～20 年。

(a) 光缆通信中继站　　　　　　　　　　(b) 遥测仪系统无人中继站

图 3.34　太阳电池在传播通信方面的应用

4. 农林牧业方面的应用

太阳能光伏系统在缺少交流电源的农牧林业地区非常重要。主要应用方式有农林牧业灌溉用光伏水泵，防止草原退化、适用于划区轮牧的电围栏电源，消灭害虫、保护农作物及森林的黑光灯电源，阴极保护等。

光伏水泵系统示意图如图 3.35 所示。太阳电池组件直接带动水泵工作，通常不需要蓄电池。对于大型光伏水泵，通常备有逆变器，首先将太阳电池组件的直流电变为交流电，然后用交流电机带动水泵工作，这样可以与常规供电互补。单独的光伏水泵系统对水泵的要求较高。因为太阳电池价格较高，设计的太阳电池组件功率不能太大，所以对水泵的要求为耗电低、效率高，电机与水泵往往是一体的。从近些年光伏水泵的发展来看，尽管太阳电池组件成本较高，光伏水泵系统一次性投资偏大，但是它的运行费用低，维修少，使用寿命比较长，通常来说比小型柴油机抽水更合算。特别是对于太阳辐射强的干旱地区，发展光伏水泵具有良好的前景。

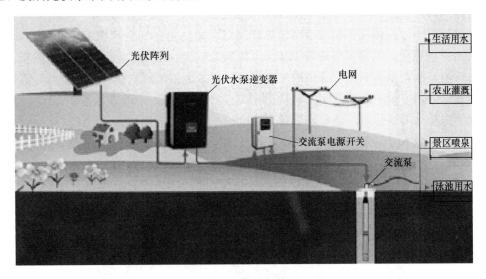

图 3.35 光伏水泵系统示意图

5. 光伏建筑一体化

在 20 世纪 80 年代，光伏的地面应用除了大量作为独立电源系统外，已经开始进入联网家用和商业建筑领域。进入 90 年代以后，随着常规发电成本的上升和人们对环境保护的日益重视，一些国家纷纷实施、推广太阳能屋顶计划，比较著名的有德国的"十万太阳能屋顶计划"、美国的"百万屋顶太阳能计划"以及日本的"新阳光计划"等。光伏发电与建筑物集成化的概念也在 1991 年被正式提出，并很快成为热门课题。这不仅开辟了一个光伏应用的新领域，而且意味着光伏发电开始进入在城市大规模应用的阶段。

光伏建筑一体化有两种方式，具体如下：

（1）建筑与光伏系统相结合（building attached photovoltaic，BAPV）。这种方式是将平板光伏组件安装在住房或建筑物的屋顶或外墙，与建筑物相结合，其引出端经过控制器及逆变器与公共电网相连接，由光伏方阵及电网并联向用户供电，这就组成了户用并网光伏系统，在这里光伏组件可以作为独立电源供电或者以并网的方式供电。由于其全部或基本不用蓄电池，造价大大降低，并且除了发电以外还具有调峰、环保和代替某些建材的多种功能，因而是光伏发电步入商业应用并逐步发展成为基本电源之一的重要方式。

（2）建筑与光伏器件相结合（building integrated photovoltaic，BIPV）。光伏与建筑相结合的进一步目标是将光伏器件与建筑材料集成化。一般来说，建筑物的外墙采用涂料、瓷砖等材料，有的还采用价格不菲的幕墙玻璃，其功能仅仅是保护和装饰。若能将屋顶及向阳的外墙甚至窗户材料都用光伏器件来代替，则既能作为建筑材料又能发电，可谓一举两得。当然，对光伏器件来说，同时还应具备建筑材料所要求的绝热保温、电气绝缘、防水防潮，与建筑材料有相同的机械强度，还要考虑安全可靠、美观大方、便于施工等因素。显然，光伏器件如能代替部分建筑材料，则可进一步降低光伏发电的成本，有利于推广应用，可见光伏发电存在着十分巨大的潜在市场。例如，变换组件边框的型材即成为一种屋瓦型太阳电池组件，铺盖于屋顶上，可省去普通屋瓦。可挠性树脂材料为基底的大面积柔性薄膜电池组件，可随意剪裁成所需尺寸，铺设于各种建筑物屋顶，既可发电，又可防雨。墙体式组件可代替普通玻璃幕墙，也可安装在高速公路边，与隔音墙成为一体。光伏建筑一体化体现了创新性建筑设计理念、高科技和人文环境相协调的美学理念。就目前而言，尽管光伏器件与建筑相结合可能降低一些应用成本，但与常规能源相比，费用仍然较高，这也是影响光伏应用的主要障碍之一。但依然可以预计，光伏与建筑相结合是未来光伏应用中最重要的领域之一，其前景十分广阔，有着巨大的市场潜力。2010 年上海世博会场馆光伏建筑一体化系统如图 3.36 所示。

图 3.36　上海世博会光伏建筑一体化系统

6. 光伏电站

光伏电站是太阳能光伏发电应用的主要形式之一。我国西部的无电地区，在很大程度上依赖于光伏电站提供的电能。光伏电站的大小一般可根据实际的用电需求和安装地点的实际情况确定。光伏电站安装灵活、快速、运行可靠，加之相对成熟的遥测遥控技术，使得人们在很远的地方也可以对电站的运行进行监测和控制，免去了很多麻烦。虽然光伏电站初期投资相对较大，但其运行和维护费用很低，其价格和环保优势在使用的过程中会逐渐得以体现。

国内比较集中的大型光伏电站建在青海省，其创造了世界上目前最大的光伏电站并网系统工程、在世界范围内首度实现千兆瓦级光伏电站并网等多项"世界之最"，是目前世界上最大规模的光伏发电基地。

7. 空间光伏电站

1968 年格拉塞博士提出了空间太阳能发电站方案。这一设想是建立在一个极其巨大的太阳电池阵的基础上，由它来聚集大量的阳光，利用光电转换原理达到发电的目的，其产生的电能将以微波形式传输到地球，然后通过天线接收经整流转变成电能，送入供电网。自 20 世纪 70 年代后期起，美国宇航局等机构对这种电站进行方案筛选和设计实验，且小规模的地面实验已经获得成功。由于太空里可以连续接收太阳能，不受季节、昼夜变化等的影响，接收的能量密度高，是地面平均光照功率的 7～12 倍，同时可以稳定地将能量传输到地面，基本不受大气影响，因而这种空间电站的发电效率远高于地面太阳能电站。目前美国、俄罗斯、日本、中国等国都在开展这方面的研究。空间光伏电站设想如图

3.37 所示。

由上可知，光伏发电存在的特点为：不需燃料费用；可设置在负荷所在地就近为负荷提供电力，无需运输，使用方便；无可动部分，寿命长，发电时无噪声、无机械磨损，管理、维护简便，可实现系统自动化、无人化；可将太阳能直接转换成电能，不会产生废气、有害物质等；太阳电池的出力随入射光、季节、天气、时刻等的变化而变化，夜间不能发电；所产生的电是直流电，并且无蓄电功能；发电成本相对稍高。

图 3.37 空间光伏电站设想

3.3 太阳能光伏发电系统

太阳能发电分为光热发电和光伏发电。太阳电池经过串联后进行封装保护可形成大面积的太阳电池组件，再配合功率控制器等部件就形成了光伏发电系统，光伏发电系统将太阳光伏电池产生的直流电能转化为满足负载要求或和电网电压、频率、相位都相同的交流电能。太阳能光伏发电系统一般由太阳电池阵列、控制器、储能单元、直流/交流逆变器等部分组成，其系统组成如图 3.38 所示。

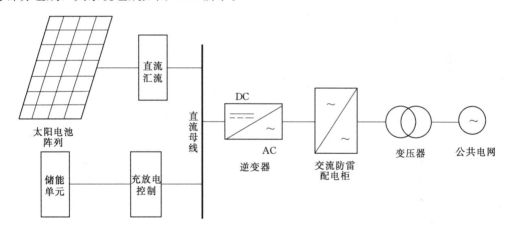

图 3.38 光伏发电系统结构图

3.3.1 太阳电池、组件及方阵的概述

太阳电池单体是光电转换的最小单元，太阳电池可以有效吸收太阳能，并将其转化成电能，一般用半导体硅、硒等材料制备。单体电池尺寸从 $1 \times 1 cm^2$ 至 $15.6 \times 15.6 cm^2$，输出功率由数十 mW 至数 W，它的理论光电转换效率为 25% 以上，实际已达到 22% 以上。太阳电池片分为晶硅类和非晶硅类，其中晶硅类电池片又可以分为单晶电池片和多晶电池片，由于技术成熟性和价格的优势，世界范围内光伏利用主要以晶硅类太阳电池为主。目

前常用的单晶太阳电池片尺寸多为 1.03cm×1.03cm、1.25cm×1.25cm、1.50cm×1.50cm 和 1.56cm×1.56cm，多晶太阳电池片尺寸多为 1.25cm×1.25cm 和 1.56cm×1.56cm。

　　太阳电池单体由于功率容量的限制一般不能单独作为电源使用，将太阳电池单体进行串并联封装后，就成为太阳电池组件，其功率一般为几 W 至数百 W，是可以单独作为电源使用的最小单元。太阳电池组件经过串并联并装在支架上，就构成了太阳电池方阵，可以满足负载所要求的输出功率，太阳电池、组件和阵列之间的关系如图 3.39 所示。

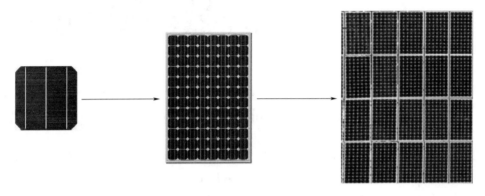

图 3.39　太阳电池、组件和阵列之间的关系

　　一个太阳电池只能生产约 0.5V 的电压，远低于实际应用所需的电压。为了满足实际应用的需要，需把太阳电池连接成组件。太阳电池组件包含一定数量的太阳电池，这些太阳电池通过导线连接。由于单片太阳电池片的电流和电压都很小，把它们先串联获得高电压，再并联获得高电流后再输出。电池串联的片数越多电压越高，面积越大或并联的片数越多则电流越大，但是目前光伏组件内太阳电池主要以串联为主，如图 3.40 所示。太阳电池组件在使用过程中，如果有一片太阳电池单独被遮挡，例如被树叶鸟粪等遮挡，此片太阳电池在强烈的阳光照射下就会发热损坏，于是整个太阳电池组件损坏。这就是所谓热斑（热岛）效应。为了防止热斑（热岛）效应，一般是将太阳电池倾斜放置，使树叶等不能附着，同时在太阳电池组件上安装防鸟针。对于大功率的太阳电池组件，为防止太阳电池在强光下由于遮挡造成其中一部分得不到光照而成为负载，并产生严重发热受损现象，最好在太阳电池组件输出端的两极并联一个旁路二极管，旁路二极管的电流值不能低于该块太阳能组件的电流值。

　　2017 年，主流的 60 片多晶和单晶电池组件功率已分别达到 265W 和 280W，使用 PERC 技术的单晶和采用黑硅技术的多晶电池组件功率则可达到 290W 和 270W，n 型硅 PERT 电池、异质结电池则可达到 290W 和 305W，未来十年，随着技术的进步，各种电池组件基本上以每年一个档位（5W）的速度向前推进。60 片组件仍然是市场主流，市场占有率达到近 65%，但 72 片组件功率较大，可节省安装空间，有利于在场地较为平缓的地区使用，预计未来这两种组件仍将共存。其他应用于特殊场合的定制化组件也会受到重视。

　　太阳电池阵列的基本电路是由太阳电池组件集合体的太阳电池组件串、防止逆流元

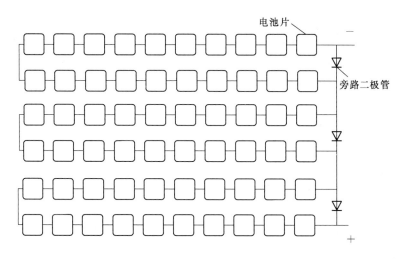

图 3.40 太阳能组件内电池片的连接

件、旁路元件和接线箱等构成的。太阳电池组件串是指由太阳电池组件串联构成的太阳电池阵列，该电路满足所需输出电压的电路。在电路中，各太阳电池组件串通过防止逆流元件相互并联连接。光伏阵列的任何部分不能被遮阴，如果有几个电池被遮阴，那么它们便不会产生电流且会成为反向偏压，这就意味着被遮电池消耗功率发热，久而久之形成故障。但是有些偶然的遮挡不可避免，因此需要用旁路二极管起保护作用。如果所有的组件并联，就不需要旁路二极管，如果有组件串联，就需要加上旁路二极管，太阳电池阵列中的旁路二极管和阻塞二极管如图 3.41 所示。

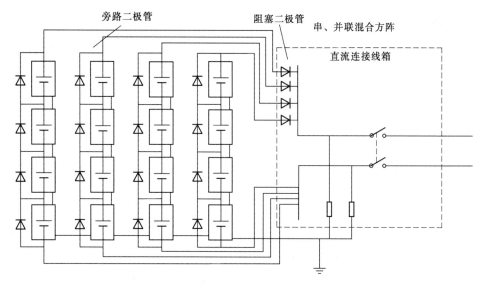

图 3.41 太阳电池阵列中的旁路二极管和阻塞二极管

阻塞二极管是用来控制光伏系统中电流的，任何一个独立光伏系统都必须有防止从蓄电池流向阵列反向电流的方法或有保护失效单元的方法。如果控制器没有这项功能，就要用到阻塞二极管，图 3.41 中，阻塞二极管既可在每一并联支路中，又可在阵列与控制器之间的干路上，但是当多条支路并连接成一个大系统，则应在每条支路上使用阻塞二极管以防止由于支路故障或遮蔽引起的电流由强电流支路流向弱电流支路的现象。在小系统中，干路使用一个阻塞二极管就足够，不要两种都用，主要原因是二极管的压降会带来系统的功率损失。

3.3.2　储能蓄电池

电能存储，即通过一定其他形式的能量载体，将电网中的电能存储起来，在能量释放时直接导入负荷或者引入电网中。这些储能形式有机械储能、电磁储能、化学储能、相变储能等。而对于并网光伏发电系统来说，储能单元的引入可以减小可再生能源间歇性、波动性的影响，促进其大规模并网发电；对于独立光伏发电系统来说，系统输出功率随太阳辐射强度的变化而变化。太阳辐射强度受气候、昼夜和季节等因素影响较大。白天太阳辐射强度大的时候，太阳电池输出功率大；阴雨天或夜间太阳辐射强度很小，太阳电池输出功率也很小或者没有功率输出。因此，储能环节对于独立光伏发电系统的运行起着至关重要的作用。目前光伏发电系统中储能部件一般采用蓄电池。

蓄电池在独立光伏发电系统中有以下主要作用：

（1）储存能量，为负载提供可持续供电电源。由于白天和黑夜的交替出现以及阴雨、大雾等天气条件的限制，太阳光的照射强度变化较大，同时辐射也不连续。因此当白天太阳光强度较大，光伏电池阵列产生的电能大于负载消耗的要求时，蓄电池将剩余的电能储存起来，用来在夜晚没有光照或者阴雨天光照较弱时使用，因此蓄电池的一个重要作用就是储存能量。

（2）稳压和钳位作用。由于太阳光辐射强度、环境温度时常发生变化，光伏电池的工作特性受其影响，致使负载不能稳定工作在最佳工作点附近，从而降低了系统的工作效率。如果利用蓄电池给负载供电，则对太阳电池和负载起到了隔离作用，消除了电压变化对负载的影响，使负载稳定在最佳工作点附近，从而提高了整个系统的效率。

（3）提供启动电流。由于很多电机类设备在启动时需要大的启动电流，通常是额定工作电流的 5～10 倍，然而受到最大短路电流和太阳光辐照强度的限制，光伏电池阵列可能无法满足负载对于启动电流的需求。这就要求蓄电池在短时间内提供大的启动电流给负载。

在光伏电站使用环境中，光照条件好时（白天），太阳电池组件接收太阳光，输出电能，一部分直流和交流负载工作，另一部分供给蓄电池充电；光照条件不好时（夜晚或阴雨天），太阳电池组件无法工作，蓄电池组供电，供给直流或交流负载，蓄电池处于循环状态，因此，在这种使用环境下，蓄电池的寿命为循环寿命。应用于光伏系统中的蓄电池工作条件和蓄电池应用在其他场合的工作条件不同。其主要区别可以概括为以下几点：

（1）充电率非常小，由于成本、位置空间等问题，太阳电池投入数量会受到很大的限制，为了保证电力系统的正常使用，提供给蓄电池的充电电力往往变得十分有限，平均充电电流一般为 0.05C10A～0.1C10A，很少达到 0.1C10A（C 为蓄电池容量）。

（2）放电率非常小，太阳能系统设计时需要考虑到最大负载容量、最长后备时间，配置的蓄电池容量较大，而实际使用过程中负载相对设计负载小得多。

（3）由于受到自然资源的限制，蓄电池在有日照时才能充电，即充电时间受到限制。

（4）不能按给定的充电规律对蓄电池进行充电。

根据上述分析，满足光伏应用要求的蓄电池类型繁多，目前光伏发电系统中常见的蓄电池类型性能比较见表 3.1。

表 3.1　　　　　　　　　　　光伏发电系统中常见的蓄电池类型性能比较

	阀控铅酸电池	全钒液流电池	钠硫电池	磷酸铁锂电池
现有应用规模等级	千瓦级到兆瓦级	5kW～6MW	100kW～34MW	千瓦级到兆瓦级
适合的应用场合	大规模削峰填谷、平抑可再生能源发电波动	大规模削峰填谷、平抑可再生能源发电波动	大规模削峰填谷、平抑可再生能源发电波动	可选择功率型或能量型，适用范围广泛
安全性	安全性可接受，但废旧铅酸蓄电池严重污染土壤和水源	安全	不可过充电；钠、硫的渗漏，存在潜在安全隐患	需要单体监控，安全性能已有较大突破
能量密度	30～50W·h/kg	—	100～700W·h/kg	120～150W·h/kg
倍率特性	0.1～1C	1.5C	5～10C	5～15C
转换效率	＞80%	＞70%	＞95%	＞95%
寿命	＞300 次	＞15000 次	＞2500 次	＞2000 次
成本	700 元/(kW·h)	15000 元/(kW·h)	23000 元/(kW·h)	3000 元/(kW·h)
资源和环保	资源丰富；存在一定的环境风险	资源丰富	资源丰富；存在一定的环境风险	资源丰富；环境友好
兆瓦级系统占地	150～200m²/MW	800～1500m²/MW	150～200m²/MW	100～150m²/MW
关注点	一致性、寿命	可靠性、成熟性、成本	安全、一致性、成本	一致性

下面对不同蓄电池的性能进行分析：

（1）阀控式铅酸蓄电池。阀控式铅酸蓄电池已有 100 多年的使用历史，非常成熟。以其材料普遍、价格低廉、性能稳定、安全可靠的特性而得到非常广泛的应用，在已有的储能电站中，铅酸电池依旧被采用。但铅酸电池也有致命的缺点，主要就是循环寿命很低，在 100% 放电深度（depth of discharge，DOD）下，一般为 300～600 次。其次比能量也较小，需要占用更多的空间，充放电倍率也较低，再者，在电池制造、使用和回收过程中，铅金属对环境的污染不可忽视。

（2）全钒液流电池。全钒液流电池是一种新型的储能电池，其功率取决于电池单体的面积、电堆层数和电堆串并联数，而储能容量取决于电解液容积，两者可独立设计，比较灵活，适于大容量储能，几乎无自放电，循环寿命长。全钒液流电池目前成本非常昂贵，尤其是高功率应用。只有推进产业化，才能大幅度降低成本，另外还要提高全钒液流电池的转换效率和稳定性。

（3）钠硫电池。钠硫电池作为新型化学电源家族中的一个新成员出现后，已在世界上许多国家受到极大的重视和发展。钠硫电池比能量高，效率高，几乎无自放电，可高功率放电，也可深度放电，是适合功率型应用和能量型应用的电池。但是钠硫储能电池不能过充与过放，需要严格控制电池的充放电状态。钠硫电池中的陶瓷隔膜比较脆，在电池受外力冲击或者机械应力时容易损坏，从而影响电池的寿命，容易发生安全事故。还存在环境影响与废电池处置问题。

（4）磷酸铁锂电池。对于锂电池，目前可应用于电力用途的只有磷酸铁锂电池，在此我们所涉及的锂电池仅针对于磷酸铁锂电池。锂离子电池单体输出电压高，工作温度范围宽，比能量高，效率高，自放电率低，在电动汽车和静态储能应用中的研究也得到了开展。初始投资高是影响锂离子电池在静态储能中广泛应用的重要因素之一；深度放电将直接降低电池的使用寿命，限制了锂电池在充电电源随机性较大场合的应用；采用过充保护电路或均衡电路，可提高安全性和寿命。目前磷酸铁锂电池由于成本低、安全可靠和高倍率放电性能受到关注。

从初始投资成本来看，锂离子电池有较强的竞争力，钠硫电池和全钒液流电池未形成产业化，供应渠道受限，较昂贵。从运营和维护成本来看，钠硫电池需要持续供热，全钒液流电池需要泵进行流体控制，增加了运营成本，而锂电池几乎不需要维护。

3.3.3　太阳能光伏发电系统主要组成

3.3.3.1　太阳能电源系统

太阳电池与蓄电池组成系统的电源单元。同时，蓄电池性能直接影响着独立光伏系统工作特性。

1. 电池单元

太阳电池是光伏系统中最重要的部分，其性能直接影响整个系统的效率。目前商业化程度最高的是硅太阳电池，它们技术成熟、性能稳定、转换效率较高，已很好地实现大规模产业化生产。因此，目前规模较大的光伏发电系统基本上采用单晶和多晶硅太阳电池。太阳电池组件结构如图 3.42 所示。其中太阳能芯片（硅片）是核心。组件的额定功率一般有 180W、200W、250W、280W 等多种规格，组件尺寸约为（1208～1500）mm×808mm×50mm。

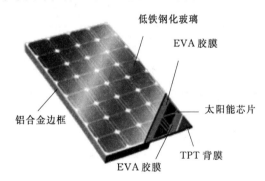

图 3.42　太阳电池组件结构

2. 电能储存单元

光伏发电储能装置是独立光伏发电系统的关键设备之一。太阳电池产生的直流电经过光伏控制器对蓄电池充电，进而储存电能。蓄电池的特性影响着独立光伏系统的工作效率和特性。

蓄电池技术目前已经很成熟，但其容量要受到末端需电量、日照时间（发电时间）的影响。因此蓄电池瓦时容量和安时容量主要由预定的连续无日照时间、负载用电需求决定。

目前在独立光伏发电系统中所用的存储单元主要是铅酸免维护蓄电池，其基本结构如图 3.43 所示。

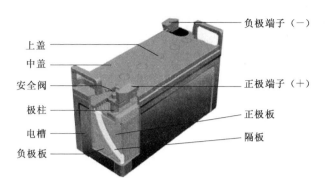

图 3.43 铅酸蓄电池基本结构

常用的免维护铅酸蓄电池标称电压有 2V、6V、12V 等。当标称电压为 12V 的蓄电池处于浮充状态时，端电压可达 13.5V 左右，而当蓄电池放电结束时，端电压可降至 10.5V 或更低。

3.3.3.2 光伏控制器

光伏控制器全称为太阳能充放电控制器，是在独立光伏系统中控制太阳电池组件对蓄电池充电，以及蓄电池给直流负载或交流负载（经由逆变器）供电的自动控制设备，如图 3.44 所示。其作用是控制整个系统的工作状态。在小型光伏系统中，用来保护蓄电池；在大中型系统中，起平衡光伏系统能量、保护蓄电池及整个系统正常运行等作用。在工作时，光伏控制器可以根据蓄电池电压高低，调节充电电流的大小，并决定是否向负载供电，尽可能保持蓄电池处于饱和状态，防止蓄电池过度充电和过度放电。同时，也防止在夜间蓄电池向太阳电池反向充电。除了上述功能以外，在温差较大的地方，光伏控制器还应具备温度补偿功能。

（a）小功率控制器　　　　　　（b）大功率控制器

图 3.44 光伏控制器实物图

光伏控制器的主要技术参数有：

（1）系统电压。系统电压通常有 6 个标称电压等级：12V、24V、48V、110V、220V、500V。

（2）最大充电电流。最大充电电流是指太阳电池组件或方阵输出的最大电流，根据功率大小分为 5A、10A、15A、20A、30A、40A、50A、70A、75A、85A、100A、150A、200A、250A、300A 等多种规格。

（3）太阳电池方阵输入路数。在这方面，小功率光伏控制器一般都是单路输入，而大功率光伏控制器都是由太阳电池方阵多路输入，一般大功率光伏控制器可输入 6 路，最多的可接入 12 路、18 路。

（4）电路自身损耗。电路自身损耗也叫空载损耗（静态电流）或最大自身损耗，为了降低控制器的损耗，提高光伏电源转换效率，控制器的电路自身损耗要尽可能低。控制器的最大自身损耗不得超过其额定充电电流的 1% 或 0.4W。

（5）蓄电池过充电保护电压（high voltage direct，HVD）。蓄电池过充电保护电压也叫充满断开或过压关断电压，一般可根据需要及蓄电池类型的不同，设定为 14.1～14.5V（12V 系统）、28.2～29V（24V 系统）和 56.4～58V（48V 系统），典型值分别为 14.4V、28.8V 和 57.6V。

（6）蓄电池过放电保护电压（low voltage direct，LVD）。蓄电池的过放电保护电压也叫欠压断开或欠压关断电压，一般可根据需要及蓄电池类型的不同，设定为 10.8～11.4V（12V 系统）、21.6～22.8V（24V 系统）和 43.2～45.6V（48V 系统），典型值分别为 11.1V、22.2V 和 44.4V。

（7）蓄电池充电浮充电压：蓄电池充电浮充电压一般为 13.7V（12V 系统）、27.4V（24V 系统）和 54.8V（48V 系统）。

（8）温度补偿：控制器一般都有温度补偿功能，以适应不同的环境工作温度，为蓄电池设置更为合理的充电电压。其温度补偿值一般为 -20～40mV/℃。

（9）工作环境温度：控制器的使用或工作环境温度范围随厂家不同一般为 -20～50℃。

3.3.3.3 光伏逆变器

逆变器是一种将直流电转化为交流电的装置，其硬件结构主要由逆变桥、控制逻辑电路和滤波电路组成。主要功能是将太阳电池或蓄电池输出的直流电逆变成交流电。逆变器一般通过全桥电路，采用正弦脉宽调制（sinusoidal pulse width modulation，SPWM）处理器，经过调制、滤波、升压等过程，得到与负载频率 f，额定电压 U_N 等相匹配的正弦交流电，供系统终端用户使用。

光伏逆变器分为光伏并网逆变器和光伏离网逆变器，分别用于独立光伏发电系统和并网光伏发电系统中。

1. 光伏并网逆变器

光伏并网逆变器也称为功率调节子系统、功率变换系统，其实物如图 3.45 所示。光伏并网逆变器具备控制、保护和滤波功能，同时，最大功率跟踪也是其重要的功能之一。

根据《光伏电站接入电网技术规定》（Q/GDW 1617—2015），光伏并网逆变器应达到以下要求：①具有较高的逆变效率；②具有较高的可靠性，具备输出短路保护、极性接反保护、过热和过载保护以及防孤岛功能等；③具有较宽的电压输入范围，以满足光伏组串输出电压随太阳辐射强度变化，保障稳定的交充电压输出；④输出谐波分量在电网要求的范围之内，达到电网对所并入的电能品质的要求。

2. 光伏离网逆变器

光伏离网逆变器是针对有交流负载的独立光伏发电系统，它将储存在蓄电池中的电能

（a）小功率逆变器　　　　　（b）大功率逆变器

图 3.45　光伏并网逆变器实物图

（直流电）转换成交流电。由于系统没有与电网连接，因此光伏离网逆变器不需要考虑与电网的连接安全问题。

思　考　题

1. 太阳能光电转换的原理是什么？
2. 太阳电池的性能参数有哪些？
3. 掌握各类太阳电池的结构、工作原理及其组成部分的优缺点。
4. 你认为影响太阳电池光电转换性能的最关键因素应该是什么，为什么？
5. 染料敏化太阳电池、有机太阳电池、量子点太阳电池有哪些相似与不同之处。
6. 简述光伏发电系统的基本构成和各部分的工作原理。
7. 什么是光伏发电最大功率跟踪？

参　考　文　献

［1］ 杨德仁. 太阳电池材料［M］. 北京：化学工业出版社，2006.
［2］ 董福品. 可再生能源概论［M］. 北京：中国环境出版社，2013.
［3］ 方荣生，项立成，李亭寒，等. 太阳能应用技术［M］. 北京：中国农业机械出版社，1985.
［4］ 戴松元. 薄膜太阳电池关键科学和技术［M］. 上海：上海科学技术出版社，2013.
［5］ 严陆光，顾国标，贺德馨，等. 中国电气工程大典：可再生能源发电工程［M］. 北京：中国电力出版社，2010.

第4章 太阳能光热电转换原理与技术

太阳能发电主要有两种基本方式，一种是先将太阳辐射能转换为热能，然后再按照某种发电方式将热能转换为电能，即太阳能的光-热-电转换利用，也就是太阳热发电，又称为太阳能热动力发电；另一种是通过光电器件将太阳辐射能（太阳光）直接转换为电能，即太阳能的光电转换利用，也就是太阳光发电。太阳能的光电转换利用在第3章已经进行了详细的阐述，本章主要介绍太阳能热发电技术的相关知识。

4.1 概　　述

根据太阳能转为热能后，热能向电能的转化原理不同，太阳热发电技术又分为两大类型：一类为太阳能直接热发电技术，其能量转换过程为热能直接转换为电能；另一类为太阳能热动力发电技术，其能量转换过程为热能转换为机械能，机械能再转换为电能。

1. 太阳能直接热发电技术

太阳能直接热发电技术是利用温差发电（热电偶）、热离子发电、热电子发电、磁流体发电等原理，将通过聚焦太阳辐射得到的热能直接转换成电能，主要有太阳能热离子发电、热电子温差发电、太阳能磁流体发电，太阳能碱金属发电等几种方式。太阳能热离子发电、热电子温差发电主要问题是单机容量小，太阳能磁流体发电、太阳能碱金属热电转换尚不成熟，还处于原理性探索阶段，要达到规模化实际应用还有待于进一步研究。

2. 太阳能热动力发电技术

太阳能热动力发电技术是采用聚光集热器把太阳辐射能聚焦起来加热水或其他工质，使之产生高温热流体（蒸汽），实现太阳能到热能的转换，高温热流体推动汽轮机、斯特林机等热力发动机，把热能转换成机械能，然后通过发电机把机械能转换成为电能。太阳能热动力发电也称为聚光太阳能发电（concentrating solar power，CSP）。

太阳能热发电的热动力发电技术相对成熟，国内外均建成了具有一定规模的太阳能电站或示范工程。太阳能热动力发电方式主要有塔式太阳能热发电、槽式太阳能热发电、线性菲涅尔太阳能热发电、碟式太阳能热发电、太阳能热气流发电（太阳能烟囱热气流发电）、太阳池热发电以及以制冷剂等低沸点有机工质为工作流体的太阳能低温热发电等几种形式。

不同太阳能热动力发电方式的工作原理基本相同，只是聚集太阳能的方式或采用的工作流体等不同。太阳能热动力发电的基本工作原理为：利用不同形式的聚光器捕获、聚集太阳辐射能，转换为不同温度的热能，并将能量传送至吸热器加热水、气、低沸点工质等产生中高温热流体（蒸汽），然后高温蒸汽驱动不同形式的传统热机（如汽轮机、燃气轮机、斯特林机等）带动发电机发电，将低能量密度、低品位的太阳能转换为高品位的电能，从而实现太阳能的光热电转换过程。

从太阳能热动力发电的工作原理可以发现，太阳能热动力发电与火力发电的热力学原理相同，都是通过不同热机按照朗肯循环、斯特林循环、霍布雷顿循环等热力循环将热能转换为电能，所不同的是驱动不同形式热机发电的高温热流体（蒸汽）的热量不是来自于化石燃料燃烧，而是来自于太阳能。

太阳能热动力发电技术是一门综合性高新技术，日益受到人们的重视，预计在未来在太阳能利用及能源供应领域中将发挥重要作用。

4.2 太阳能热发电系统

太阳能热发电系统由集热系统、热传输系统、蓄热与热交换系统和汽轮机发电系统组成，其组成如图 4.1 所示。

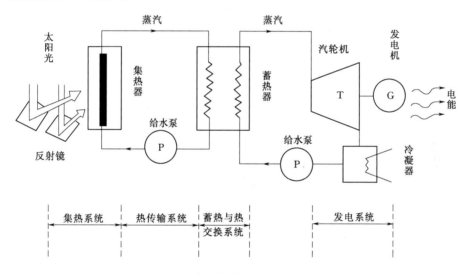

图 4.1 太阳能热发电系统的组成

4.2.1 集热系统

太阳能热发电系统的集热系统主要功能是聚集和吸收太阳辐射能并将其转换为热能。集热系统主要由聚光装置、接收器和跟踪机构组成，是太阳能热发电技术的核心设备。

太阳能热发电系统由于在高温下工作，必须采用聚光式太阳能集热器以提高集热温度，进而提高热发电系统的效率。根据聚光类型，太阳能热发电的聚光器一般分为线聚光集热器和点聚光集热器。其中：线聚光方式有槽式太阳能热发电、线性菲涅尔太阳能热发电的抛物槽式、线性菲涅尔式聚光集热器；点聚光方式有塔式太阳能热发电、碟式太阳能热发电的塔式和碟式聚光集热器。不同类型太阳能热发电聚光集热器的示意图如图 4.2所示。

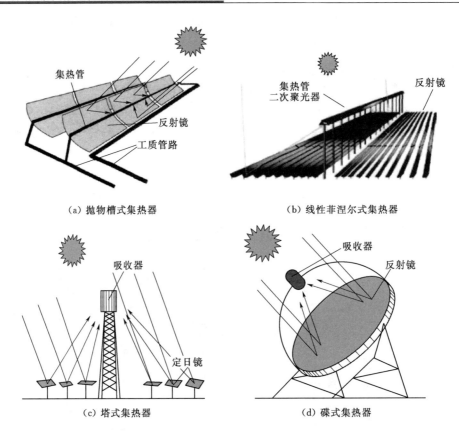

（a）抛物槽式集热器　　　　　　　　　（b）线性菲涅尔式集热器

（c）塔式集热器　　　　　　　　　　　（d）碟式集热器

图 4.2   不同类型太阳能热发电聚光集热器的示意图

大中型太阳能热电站，一般都采用能得到高温热能的聚光系统，一般而言，聚光比越高，工质的温度越高。不同聚光方式的比较见表 4.1。

表 4.1   不同聚光方式的比较

名　称		聚光方法		测光比范围	跟踪方式			聚光形状		
		反射	透过		无	单轴	双轴	点	线	面
平面镜	侧面镜	○		1.5～3.0	○					○
	固定镜	○		20～30		○			○	
	定日镜	○		100～1000			○	○		
单曲面镜	复合抛物面镜	○		3～10			○	○	○	
	槽形抛物面镜	○		10～30			○		○	
	线性菲涅尔	○		10～30			○		○	
复曲面镜	抛物面	○		50～1000			○	○		
	半球	○		25～500			○	○		
	圆形菲涅尔	○		50～500			○	○		
透镜	线性菲涅尔		○	3～50	○	○			○	
	圆形菲涅尔		○	50～1000			○	○		

构成聚光装置反射面的主要部件是反射镜面,反射镜面为将铝、银蒸镀在玻璃上或蒸镀在聚四氟乙烯及聚酯树脂等的膜片。对于玻璃反射镜,既可蒸镀在镜子的正面也可镀在反面。镀在正面时,反射率高,没有光透过玻璃造成的损失,但不易保护,寿命较短;镀在反面时,尽管会有因阳光透过玻璃而引起的一些损失,但镀层容易保护,使用寿命长,因而目前使用较多。使用电抛光或机械抛光的高纯铝作为反射镜面近来有了一些进展,但如何长时间保持表面精度以及使用寿命等问题还未根本解决。

接收器的主要构成部分为吸收体,其形状有平面、线状、点状、空腔结构等。吸收体表面往往涂有选择性涂层以提高吸收效率。

为使聚光器、接收器发挥最大效果,反射镜应配置跟踪太阳的机构。跟踪方式有反射镜绕一根轴旋转的单轴跟踪方式和反射镜绕两根轴转动的双轴跟踪方式。跟踪机构的控制方法主要有两种:①程序控制式,即预先用计算机计算存储设置地点的太阳运行规律,然后依据其程序跟踪太阳;②传感器控制式,即用传感器测量出太阳辐射的入射角度,用步进电机等使反射镜在一定时间内转动一定的角度来跟踪太阳。

4.2.2 热传输系统

太阳能热发电系统的热传输系统,主要是载热流体的输送管道和驱使载热流体流动的动力机械(泵),其基本要求是输送管道的散热损失小和载热流体输送泵的功耗小。

对于分散型太阳能热发电系统,通常要将许多单元的太阳能集热器串联和并联组成太阳能集热器阵列,这样就加长了将各个太阳能集热器收集起来的热能输送给蓄热系统等所需要的输热管道长度,热损失增加;管道长度增加,载热流体在管道内的流动阻力也会增加,在一定程度上也会增加泵的功耗。对于集中型太阳能热发电系统,虽然管道可以缩短,但却需要将载热流体送到塔顶,因而需消耗动力。

太阳能热发电的载热流体需要根据温度、流体特性来进行选择,目前大都采用水、有机流体、熔融盐作为载热流体,有时也选用气体。

为了减少载热流体输送管道的散热损失,通常的方法是在输热管外面加上绝热材料实现保温。保温层的结构一般为:在输热管道外边先包一层厚 $30\sim40$mm 的陶瓷纤维,接着再包一层厚 $15\sim20$mm 的聚氨基甲酸酯海绵。保温层外面包一层防水铝皮,防止保温层脱落,同时防止雨水渗入保温层而实现低保温性能。其他方法是利用热管输送热量,由于热管的热传导率比一般金属大得多,而且结构和材料的选择范围广,因此能够输送温度范围大($200\sim2000$℃)的热能。同时热管输送热量是利用毛细现象,没有泵等耗能部件。

4.2.3 蓄热与热交换系统

由于太阳能受到昼夜、雨雪和云雾等气象条件的影响,具有间歇性和随机不稳定性的特点,无法满足太阳能热发电系统连续供能发电、稳定运行的要求。因此,太阳能热发电系统必须加装蓄热装置与系统,才能符合实际供电需要。

蓄热装置通常是由用真空绝热或绝热材料包覆的蓄热容器构成。根据太阳能收集器得到热能的温度范围,一般把太阳能热发电系统的蓄热、热交换分为以下类型:

1. 低温蓄热

对于一些以平板太阳能集热器收集太阳辐射能和以低沸点工质作为动力工质的小型太阳能低温热发电系统，一般用水蓄热。因为水的比热大，其流动性以及导热系数都非常理想，而且廉价。但水蓄热为显热蓄热，常常造成蓄热装置体积庞大。因此，提出了用水化盐等潜热蓄热作为蓄热装置，水化盐在溶解过程中，同时发生分子分解、脱水等，在 10～60℃温度范围内，每立方米水化盐可储存 40 万 kJ 热量。由于储能密度大，与水蓄热相比，水化盐等潜热蓄热装置的体积可以小 3～10 倍。

2. 中温蓄热

中温蓄热一般指 100～500℃ 范围，通常为 300℃ 左右的蓄热。这种蓄热装置常常用于小功率太阳能热发电站。适宜于中温蓄热的材料有高压热水、有机流体等。在传热蓄热部分使用的有机流体主要有二苯基氧—二苯基族流体、稳定饱和的石油流体、以酚醛苯基甲烷为基的流体等。目前，许多国家已研制成功了有机流体既是蓄热材料，同时也作为载热流体使用的装置系统。

一般而言，即使温度达到 300℃ 时还可以考虑把高压热水用作蓄热材料。这种情况下，高压热水既是热力循环中的工质，又是载热体和蓄热体。带过热器的水—蒸汽锅炉、蒸汽蓄热系统的示意图如图 4.3 所示。由于使用高压热水作为传热、蓄热介质，系统体积庞大，造价昂贵。而且由于压力高，在透平机和透平机组上会出现振动现象，应用较少。

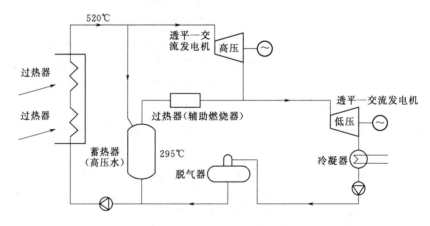

图 4.3　带过热器的水—蒸汽锅炉、蒸汽蓄热系统的示意图

3. 高温蓄热

高温蓄热指 500℃ 左右或高于 500℃ 的高温蓄热装置。适合于作为高温蓄热材料的有钠和熔融盐等。其中，熔融盐作为传热蓄热介质由于其相对于导热油和其他介质有很明显的优势，受到了世界各国研究机构的重视。常用的熔盐种类有碳酸盐、氯化物、氟化物及硝酸盐。熔融盐由于成本低、使用温度高以及在高温时蒸汽压力也很低等优点，成为良好的高温蓄热材料，在意大利、西班牙、美国和澳大利亚等国相关的太阳能热发电设备上已经获得了良好的应用。

4. 极高温蓄热

极高温蓄热是指 1000℃ 左右的蓄热装置。极高温蓄热材料主要为氧化铝或氧化锆耐火球。这种蓄热装置的原理实际上就是冶金工业上应用已久的热风炉，载热介质为环流于耐火球之间的待加热空气或其他气体。按规定时间定时使耐火球释放出热量，加热围绕耐火球逆向环流的压缩空气至900~1000℃后进入燃气锅炉。用耐火球作为蓄热材料的极高温太阳能热发电系统示意图如图4.4所示。

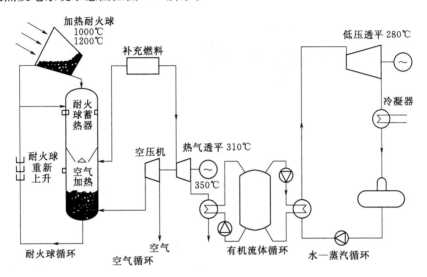

图4.4　耐火球作为蓄热材料的极高温太阳能热发电系统示意图

4.2.4　发电系统

太阳能热发电系统的发电系统与火力发电的发电系统基本相同，主要由动力机和发电机组成。

目前，应用于太阳能热发电系统的动力机有汽轮机、燃气轮机、氟利昂汽轮机、斯特林发动机、螺杆膨胀机等。这些发电系统可根据集热后经过蓄热、热交换系统供给动力机入口介质的温度以及热量等情况进行选择。对于大型太阳能热发电电站，现有的火力发电和原子能发电使用的汽轮机可供选用。对于小型太阳能热发电系统，现有的汽轮机效率比较低，进一步提高汽轮机转速来提高效率往往会受到材料和结构上的许多限制。因此，适合于低温范围的小型太阳能发电系统一般选用氟利昂汽轮机、螺杆膨胀机、斯特林发动机等作为动力机。

斯特林发动机由苏格兰人罗伯特·斯特林于1816年发明而得名的。斯特林发动机具有对各种不同热源适应性好、无废气污效、效率高、噪音低、运转平稳、可靠性高、寿命长等优点，目前在太阳能热发电、太阳能水泵、电站和船舶的主机或辅机等方面获得了某种程度的实际应用，是一种颇有发展前景的热气动力机。经过近年来的发展，斯特林发动机大致有自由活塞式斯特林发动机（图4.5）、运动斯特林发动机、四缸双作用斯特林发动机等多种形式。

斯特林发动机的主要部件有吸收器、加热器、回热器、冷却器、配气活塞、动力活塞和传动机构等。聚焦的太阳辐射，透过石英窗照射到头部加热器上作为加热源，由传动机构输出功率。传动机构装在机箱中，全部机件完全密封。

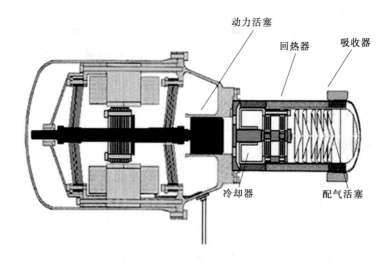

图 4.5　自由活塞式斯特林发动机结构示意图

氟利昂汽轮机是低沸点工质的朗肯循环热动力机（有机朗肯循环）。氟利昂汽轮机发电流程如图 4.6 所示，来自集热系统或蓄热系统的热能进入氟利昂蒸发器中，使加压的氟利昂液体蒸发，氟利昂蒸汽进入氟利昂汽轮机中膨胀、做功，压力大幅度降低后的乏汽进入冷凝器中冷凝、液化，再由泵将液化的氟利昂重新送回蒸发器中蒸发，开始新的循环。一般来说，氟利昂汽轮机的热源温度为 150℃ 左右。如果温度太高，会引起氟利昂工质的分解。

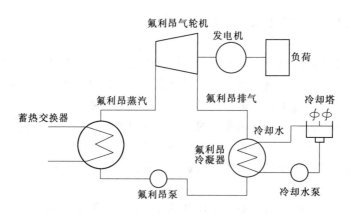

图 4.6　氟利昂汽轮机发电流程图

螺杆膨胀机是用于小型发电装置的一种动力机，近几年来有了一定发展，它的特点是可以带液工作，实现全流膨胀，效率可达 60%～70%。螺杆膨胀机又分为双螺杆和单螺杆膨胀机两种类型，目前，双螺杆膨胀机已有商业化的成熟产品。单螺杆膨胀机还处在研究开发阶段。

聚光式中高温太阳能热发电系统通常有槽式太阳能热发电系统、塔式太阳能热发电系统、碟式太阳能热发电系统和线性菲涅尔热发电系统等几种太阳能热发电系统。

4.3 槽式太阳能热发电原理与技术

4.3.1 原理

　　槽式太阳能热发电系统的全称为槽式抛物面反射镜太阳能热发电系统，其工作原理是：利用槽型抛物面反射镜将太阳光聚焦到一条线上，在这条焦线上安装有管状集热器，集热器对管内的传热工质加热，在换热器内产生过热蒸汽，推动汽轮机带动发电机发电。槽式太阳能热发电系统的特点是聚光集热器由许多分散布置的槽型抛物面镜聚光集热器串、并联组成。载热介质在单个分散的聚光集热器中被加热形成蒸汽汇集到汽轮机，也可汇集到热交换器，把热量传递给汽轮机回路中的工质。槽式太阳能热发电系统的工作原理如图 4.7 所示。

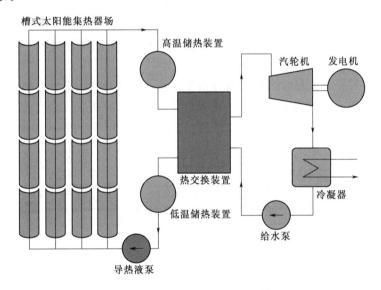

图 4.7　槽式太阳能热发电系统的工作原理图

4.3.2 关键设备及其技术要求

　　1. 槽式聚光集热器

　　槽式聚光集热器是槽式太阳能热发电系统的关键设备。它主要由槽型抛物面反射镜、集热管、跟踪机构组成，实物照片如图 4.8 所示。

　　(1) 槽型聚光反射镜：从几何上看槽型聚光反射镜是将抛物线平移而形成的槽式抛物面，它将太阳光聚焦在一条线上。反射镜一般由玻璃制成，背面镀银并涂保护层，也可用反光铝板制造反射镜，反射镜安装在反光镜托架上。槽式聚光反射镜的聚光比为 10～100 之间，一般在 50 左右。

　　(2) 集热管：集热管安装在太阳光聚焦线上。集热管内有吸热管，用来吸收太阳光以加热内部的传热流体。一般用不锈钢制作，管外有黑色吸热涂层。为了减少散热，集热管

图 4.8　槽式太阳能聚光集热器实物照片

外层装有玻璃套管，玻璃套管与吸热管之间的间隙抽成真空，即必须使用真空管作为吸热器，这是由于槽式聚光集热器的聚光比小，为维持高温时运行效率的原因。高温真空管的制造技术要求高，难度大。目前，只有德国 SCHOTT 等少数几家公司生产的真空管可基本满足槽式聚光集热要求。

　　由于玻璃管与金属吸热管的膨胀系数相差较大，而且两管的温度也不同，玻璃管与金属吸热管间的熔接封装技术很重要，一般采用波纹管制成的膨胀节来过渡。膨胀节装在玻璃管内的称为内膨胀真空集热管，膨胀节装在玻璃管两端外侧的称为外膨胀真空集热管，内膨胀真空集热管与外膨胀真空集热管的结构示意图如图 4.9 所示。

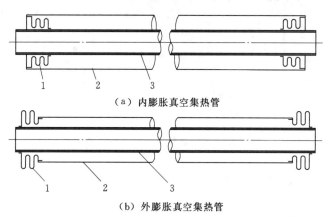

（a）内膨胀真空集热管

（b）外膨胀真空集热管

图 4.9　内膨胀真空集热管与外膨胀真空集热管结构示意图
1—波纹管膨胀节；2—玻璃管；3—金属吸热器

　　槽式聚光集热器的温度为 300～400℃ 左右。

　　（3）跟踪机构：槽式抛物面一般依其焦线按正南北方向摆放，因此其定日跟踪只需一维跟踪。

　　2. 热交换系统与装置

　　槽式太阳能热发电系统的热交换系统由预热器、蒸汽发生器、过热器和再热器、导热液泵、给水泵（工质泵）等装置组成。当导热介质为油类时，采用双回路，即接收器中油类介质被加热后，进入热交换装置中将工质加热产生蒸汽，蒸汽进入发电子系统发电。采用水为导热介质时，水既是导热介质又是做功工质。对于槽式太阳能热发电系统的热交换系统，设计时特别需要注意两点：①注意管道保温，减少管道散热损失，防止导热介质的大幅温度降低；②合理进行管路布置与设计，降低管路的阻力损失，以降低导热液泵的功耗，导热液泵功耗是影响槽式太阳能热发电净效率的一个重要因素。

对于槽式太阳能热发电，可选用的各种工作介质及其特点见表 4.2。

表 4.2 各种工作介质及其特点

导 热 介 质	工作温度/℃	特 点
合成导热油（VP-1/DOW）	13～395	运行温度较高，易燃
矿物油	-10～300	价格便宜，易燃
硅油	-40～400	无毒、无味、价格较贵、易燃
加压水和乙二醇溶液	-25～100	用于工业热过程
水/水蒸气	0～500	需厚壁承压集热管
熔盐	220～500	有腐蚀性，凝固点高，稳定性好
离子溶液	-75～416	热物性较好，价格昂贵

3. 蓄热装置

槽式太阳能热发电带蓄热系统通常有以下形式：

（1）传热流体（heat transfer fluid，HTF）与蓄热材料为不同物质的蓄热系统，称为间接储热系统，双罐式间接蓄热系统如图 4.10 所示。该种蓄热系统一般采用导热油作为传热流体，熔融盐作为显热蓄热材料，导热油与蓄热材料之间有导热油/熔融盐换热器。

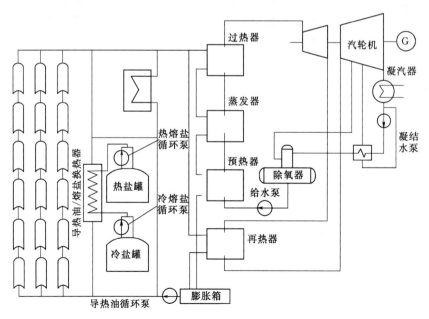

图 4.10 双罐式间接蓄热系统

（2）传热流体与蓄热材料为同一物质的蓄热系统，称为直接蓄热系统。双罐式直接蓄热系统如图 4.11 所示。该种蓄热系统中采用熔融盐既作为传热流体又作为显热蓄热材料，因此这类系统无导热油/熔融盐换热器，这也是直接蓄热系统的优点，由于减少了一个换热环节，避免了因传热流体与蓄热材料之间的不良换热造成的能量损失。

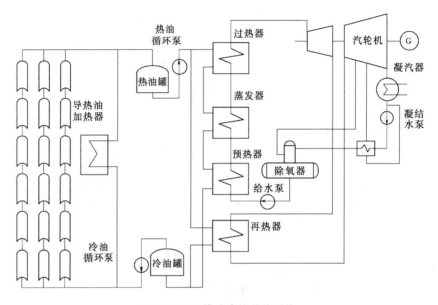

图 4.11　双罐式直接蓄热系统

由于采用熔融盐作为传热工质，适用于 400～500℃ 的高温工况，较高的温度提高了发电系统的效率。其存在的主要问题是：由于传统熔融盐的凝固点通常高于 120℃，采用熔融盐作为传热流体时，需要采用保温和伴热等方法防止因熔融盐凝固使管路堵塞的"冻堵"现象，导致初期投资与运行维护成本增加；加之槽式太阳能热发电系统的集热场采用的是平面布置，管路较长，管内的传热流体不容易排出，使用熔融盐作为传热流体时，"冻堵"是一个必须引起重视的问题。为解决这一问题，低凝固点的熔融盐开发是一个重要方向。

4.3.3　特点

槽式太阳能热发电技术与其他太阳能热发电技术相比，有以下优点：

（1）聚光比相对于塔式系统低得多，吸收器的散热面积也较大，因而集热器所达到的介质工作温度一般不超过 400℃，属于中温聚光式太阳能热发电系统。

（2）系统容量可大可小，槽式太阳能电站的功率为 10～1000MW，与塔式太阳能电站只能是大容量相比具有较好的灵活性和适应性。

（3）聚光集热器等装置均布置于地面上，安装和维护方便，特别是各种聚光集热器可以同步跟踪，使得控制成本大为降低。

（4）抛物面场每 1m² 阳光通径面积仅需要 18kg 钢和 11kg 玻璃，材料消耗最少。

（5）结构紧凑，比塔式和碟式太阳能电站占地面积少 30%～50%。

（6）运行效益高，目前还没有其他太阳能热发电系统比加利福尼亚的槽式太阳能热发电站有更高的年收益。

（7）槽形抛物面太阳能集热装置和环带太阳能集热装置的制造只需要不多的构件。容易实现标准化，适合批量生产以降低成本。

槽式太阳能热发电系统主要缺点是：能量输送过程依赖于管道和泵；输送管路比塔式太阳能热发电系统复杂；输热损失和阻力损失比较大。

4.3.4 槽式太阳能热发电电站建设与发展

由于槽式系统结构简单，温度和压力都不高，技术风险较低，整体投资最少，经济效益最好，因而在聚光式发电中首先实现了商业化并在世界各地得到广泛应用，这类电站分布于阿尔及利亚、澳大利亚、埃及、印度、伊朗、意大利、摩洛哥、墨西哥、西班牙、美国等太阳能资源丰富的国家。最著名的商业化槽式电站是位于美国南加州 Mojave 沙漠地区的 SEGS（solar electric generating systems）系列电站。

1983 年，美国的 Luz 公司与南爱迪生电力公司签署了长达 30 年的购电协议，之后两年，Luz 公司先后投产了 13.8MW 的 SEGS Ⅰ 电站和 30MW 的 SEGS Ⅱ 电站，并成功发电并网。至 1991 年，Luz 公司共建成了 9 座槽式电站，电站规模由 SEGS Ⅰ 的 13.8MW 发展到 SEGS Ⅸ 的 80MW，系列电站总装机容量达 353.8MW。由于技术的不断成熟及规模效应，建站成本也由最初的 4000 美元/kW 降低到 3000 美元/kW。

SEGS Ⅰ 电站的系统示意图如图 4.12 所示。SEGS Ⅰ 系统有 82960m^2 的抛物槽集热开口面积，利用聚集的太阳能来加热一种碳氢基导热油，加热后的导热流体流经一个换热器，产生 3.53MPa、307℃ 的蒸汽，进入过热器升温。过热器由天然气加热，将蒸汽温度加热到 415℃ 后进入常规汽轮机中膨胀做功。系统中有两个 3220m^3 的热、冷导热油蓄热罐，可使系统在满负荷下运行约 3h。

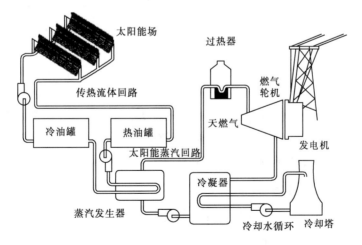

图 4.12 SEGS Ⅰ 电站的系统示意图

SEGS Ⅱ 电站与 SEGS Ⅰ 电站相比，在设计上进行了两点改进：①在系统中增加了一个天然气补燃锅炉，与太阳能集热系统并联布置，汽轮机所需要的蒸汽既可以由太阳能集热场提供，也可以由天然气补燃锅炉供应，形成混合动力系统，实现了全天候运行；②在太阳能集热系统中增加了一个太阳能过热器，使得系统在单纯太阳能利用模式下仅仅依靠太阳能就可以单独运行。

4.4　塔式太阳能热发电系统

4.4.1　原理和组成

塔式太阳热发电系统又称集中型太阳能热发电系统，主要由聚光子系统、集热子系统、蓄热子系统和发电子系统等部分组成。其工作原理为：在很大面积的场地上装有许多台大型反射镜（通常称为定日镜），每台定日镜都各自配有跟踪机构对太阳跟踪，准确地将太阳光反射集中到一个安装在高塔顶部的聚光倍率可超过 1000 倍的接收器上，将聚焦的太阳辐射能转换成热能，再将热能传给工质，经过蓄热环节，再输入热动力机膨胀做功，带动发电机发电。其结构原理如图 4.13 所示。西班牙塔式太阳能热发电 PS10 及 PS20 电站（30MW）镜场照片如图 4.14 所示。

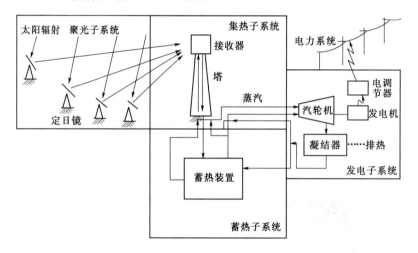

图 4.13　塔式太阳能热发电系统结构原理图

塔式太阳能热发电技术的部分运行参数达到了火力发电水平，可实现高温、大功率发电，装机容量可达到 30～400MW，运行温度可高达到 1000～1500℃。塔式热发电系统整体效率高于槽式系统，适用于大规模的太阳能热发电。

4.4.2　关键设备及其技术要求

1. 反射镜（又称定日镜）及其自动跟踪设备

由于塔式太阳能热发电要求高温、高压，对太阳能辐射的聚焦必须有较大的聚光比；对千百面反射镜要求有合理的布局，使其反射光都能集中到较小的集热器窗口。反射镜的反光率要求在 90% 以上；反射镜表面形状主要有凹面镜和曲面镜两种，目前国内外采用的大多是镜表面具有微小弧度的平凹面镜。镜面材料要求发射率高、质量轻、耐风沙且机

图 4.14　西班牙塔式太阳能热发电 PS10 及 PS20 电站（30MW）镜场

械强度高。

定日镜的跟踪机构要求能够自动同步跟踪太阳，跟踪方式主要有方位—高度俯仰跟踪方式和自转—高度跟踪方式两种。其中：方位—高度俯仰跟踪方式又称传统跟踪方式，是指根据定日镜跟踪太阳视位置的法线运动方程，计算定日镜跟踪太阳视位置的瞬时方位角和瞬时高度角，运行时采用转动基座（圆形底座式）或基座上部转动机构（独臂支架式）来调整定日镜方位变化，同时调整镜面仰角的方式；自转—高度跟踪方式是指采用镜面自旋，同时调整镜面仰角的方来实现定日的运行跟踪。

塔式太阳能集热装置聚光比很高，一般在 300～1500，远高于槽式和线性菲涅尔式太阳能热发电系统。

2. 接收器（太阳能锅炉）

接收器主要有垂直空腔型、水平空腔型、外部受光型等类型。对于垂直空腔型和水平空腔型接收器而言，由于反射镜反射光可以照射到空腔内部，因而可将锅炉的热损失控制到最低限度，其最佳空腔尺寸与场地的布局有关。外部受光型吸收体的热损耗要比上述两种类型大些，适合于大容量系统。对于接收器要求体积小，换热效率高。

3. 蓄热装置

应选用传热和储热性能良好的材料作为蓄热工质。选用水汽系统的优点是具有大量的工业设计和运行经验，附属设备也已商品化。对于高温的大容量系统来说，可以选用钠做热传输工质，它具有优良的导热性能，可在 $3000kW/m^2$ 的热流密度下工作。目前，以熔融盐作为蓄热介质的蓄热技术和系统具有了很大进展。

熔融盐是盐的熔融态液体，以熔融盐作为吸热器工作介质具有以下的优点：①熔融盐价格相对低廉、对环境友好；②以熔融盐为工作介质的吸热系统不用考虑设备的耐压能力；③熔融盐导热系数大，吸热能力强，热稳定性和化学稳定性好，在整个吸热传热循环中不会发生相变，与金属容器的相容性好；④熔融盐能够承受较高的热流密度，吸热器尺寸可适当缩小，节约了初投资；⑤使用熔融盐作为吸热介质，整个热发电系统的吸热和蓄热介质都可以采用熔盐。熔融盐的主要缺点为高温下熔融盐的高温分解和腐蚀问题，此外，熔融盐比较高的凝固点，在塔式发电系统中，也存在发生管路"冻堵"现象的风险。

4.4.3　特点

塔式太阳能热发电技术与其他太阳能热发电技术相比，有以下优点：

（1）塔式太阳能热发电技术是所有太阳能热发电技术中用地最少的技术。

（2）由于接收器散热面积相对较少，对流散热损失小，光热转换效率高。

（3）聚光比大，运行温度高，塔式太阳能热发电的工作介质参数可与高温、高压火力发电站相当，使得其具有较高的热效率，同时亦可比较容易地获得配套设备。

（4）适合高温大规模太阳能发电。由于其聚焦方式为点聚焦，定日镜可以多达 1000 个以上，聚光倍数可以超过 1000，具有比较高的介质温度，不仅可以提高热效率，而且还可以提高发电规模。

塔式太阳能热发电技术的不足是造价非常高。造成造价高的原因主要为：①每个定日镜都需要根据太阳的运动独立调节方位和朝向，所需要的跟踪定位机构多，加之各定日镜的发射光要求都能聚集到较小的集热器窗口上，精度要求高，故而造价高；②定日镜数量多，接收塔一般高达数百米，亦增加了造价。虽然塔式热发电技术不断走向成熟，但造价较高仍是制约其发展的因素之一。

4.4.4　塔式太阳能热发电电站建设与发展

20 世纪 80 年代初，美国在南加州建成了世界上第一座塔式太阳发电系统装置——太阳 1 号（Solar One），该电站采用水—蒸汽系统，发电功率为 10MW。1992 年，太阳 1 号（Solar One）被该改造为太阳 2 号（Solar Two），用于示范熔融盐接收器和熔融盐蓄热系统。蓄热系统的增加，使太阳塔输送电能的负载因子可高达 65%。熔融盐在接收器内由 288℃被加热到 566℃。太阳 2 号（Solar Two）电站系统组成和工作原理示意如图 4.15 所示。

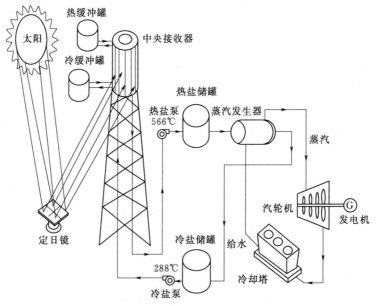

图 4.15　太阳 2 号（Solar Two）电站系统组成和工作原理示意图

目前，在美国加州拉斯维加斯西南部 40mi（1mi≈1.61km）的莫哈韦沙漠建有世界上最大的塔式太阳能热发电电站——艾文帕太阳能发电系统（Ivanpah solar electric generating system，ISEGS）。该电站由美国 Bright Source 能源公司、NRG 能源公司和 Google 公司共同投资建设，项目总计投资达 22 亿美元。总发电量为 392MW，约占全美国太阳能发电总量的 30%；电站 2010 年 10 月开工建设，2013 年 12 月竣工，2014 年 1 月开始运行发电。

电站由 3 座塔式聚光太阳能系统组成，占地面积 14.2 万 km^2；ISEGS 电场共有 175000 套定日镜，总采光面积为 260 多万 m^2。每套定日镜由两块 7ft（1ft＝0.3048m）宽，10ft 高的镜片组成，面积为 15m^2。有 3 座塔式接收器，接收器在 450ft 的电力塔顶端，温度高达 538℃。图 4.16、图 4.17、图 4.18 分别为发电系统、电力塔、定日镜的实景照片。

图 4.16　艾文帕塔式太阳能热发电系统实景

图 4.17　艾文帕塔式太阳能热发电系统电力塔实景

我国的塔式太阳能热发电系统研究较国外稍晚，2004—2007 年河海大学、南京春晖科技公司与以色列魏茨曼科学研究所以及以色列 EDIG 公司合作，进行了 70kW 塔式太阳能热发电系统的研发，该系统由 32 台定日镜组成，每台定日镜面积为 20.25m^2，接收器

图 4.18　艾文帕塔式太阳能热发电系统定日镜实景

效率为 81.2%，接收器的最高出口温度和压力分别为 1000℃ 和 0.4MPa。2012 年 8 月由中国科学院电工研究所在北京市延庆八达岭建设的我国第一个兆瓦级塔式太阳能热发电电站实验成功，该电站包括高约 120m 的吸热塔、1 万 m^2 的定日镜、吸热和储热系统、全场控制和发电等单元，蒸汽温度和压力分别达到 400℃ 和 4MPa，可实现 1.5MW 的汽轮发电机稳定发电运行。使得我国成为继美国、德国、西班牙之后，世界上第四个掌握集成大型塔式太阳能热发电站有关技术的国家。北京市延庆八达岭塔式太阳能热发电电站的镜场实景如图 4.19 所示。

图 4.19　北京市延庆八达岭塔式太阳能热发电电站镜场实景

4.5　碟式太阳能热发电系统

4.5.1　原理与组成

碟式太阳能热发电系统又叫抛物面反射镜/斯特林系统，由许多反射镜组成一个大型抛物面，在该抛物面的焦点上安放面积很小的热能接收器，由聚焦的太阳辐射能转化的热能将接收器内的传热工质加热到 750℃ 左右，驱动斯特林发动机进行发电。碟式太阳能热发电系统一般由旋转抛物面反射镜、接收器、跟踪装置、热功转换装置（通常为斯特林发动机）等组成，其结构示意图如图 4.20 所示。碟式太阳能热发电系统实物如图 4.21 所示。

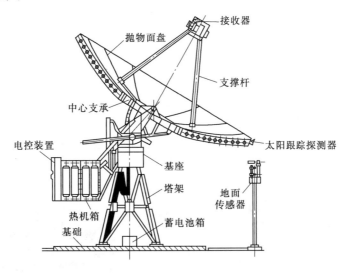

图 4.20　碟式太阳能热发电系统结构示意图

图 4.21　碟式太阳能热发电系统实物

4.5.2　关键设备及其技术要求

1. 碟式反射镜

碟式反射镜可以是一整块旋转抛物面，其结构从外形上看类似于大型抛物面雷达天线，也是由聚焦于同一点的多块反射镜组成的旋转抛物面。聚光镜直径 10～15m。碟式太阳能发电系统的聚焦方式为点聚焦，其聚焦比可高达 500～1000，焦点处温度可达到 1000℃ 以上。整个碟式太阳能发电系统安装于一个双轴跟踪支撑装置上，实现定日跟踪，连续发电。碟式聚光器的类型主要有玻璃小镜面式、多镜面张膜式、单镜面张膜式等。

2. 接收器

碟式太阳能发电系统的接收器，也称为吸热器或吸收器，分为直接照射式和间接受热式两种。直接照射式接收器是将太阳光聚集后直接照射在热机的换热管上；间接受热式接收器则是通过某种中间媒介将聚集的太阳能传递到热机。接收器结构一般为腔式，整个装置安装于抛物面的焦点位置，接收器的开口要求对准焦点。

直接照射式接收器是碟式太阳能发电系统最早使用的太阳能接收装置。直接照射式接收器是将斯特林发动机的换热管簇弯制组合成盘状，聚集后的太阳光直接照射到这个盘的表面，换热管内工作介质高速流过时，吸收太阳辐射的能量，达到较高的温度和压力，从而推动斯特林发动机运转，结构示意和实物照片如图 4.22 所示。

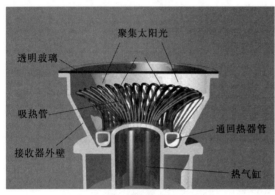

（a）结构示意图　　　　　　　　　　　（b）实物照片

图 4.22　直接照射式接收器结构示意图和实物照片

换热管内高流速、高压力的工作工质一般为氦气或氢气，具有很高的换热能力，故而直接照射式接收器能够实现很高的接收热流密度，可达 $75 \times 10^4 \, \text{W/m}^2$。但是，太阳辐射强度的不稳定性以及聚光镜本身存在的加工精度问题会引起直接照射式接收器换热管上的热流密度存在明显的不稳定与不均匀现象，这种现象会导致多缸斯特林发动机中各气缸温度和热量供给出现不平衡。

间接受热式接收器是根据液态金属相变换热性能机理，利用液态金属的蒸发和冷凝将热量传递至斯特林热机的接收器。间接受热式接收器具有较好的等温性，从而延长了热机加热头的寿命，同时提高了热机的效率。该类接收器的设计工作温度一般为 650～850℃，工作介质主要为在高温条件下具有很低的饱和蒸汽压力和较高的汽化潜热的液态碱金属钠、钾、或钠钾合金。间接受热式接收器包括池沸腾接收器、热管式接收器以及混合式热管接收器等。

（1）池沸腾接收器工作原理为：通过聚集到吸热面上的太阳能加热液态金属池，产生的蒸汽冷凝于斯特林热机的换热管上，从而将热量传递给换热管内的工作介质，冷凝液由于重力作用又回流至液态金属池，即完成一个热质循环，其结构示意如图 4.23 所示。

池沸腾接收器的优点是结构简单、加工成本较低、适应性强、适合于在较大的倾角范围内运行、效率较高等。缺点是工质的充装量较大，一旦发生泄漏将非常危险。此外，液态金属在交变热流密度条件下的沸腾不稳定性、热启动问题以及膜态沸腾和溢流传热等有可能引起传热恶化。

（2）热管式接收器。热管式接收器是在池沸腾接收器的基础上采用毛细吸液芯结构将液态金属均布在加热表面上的一种吸热器。热管接收器的受热面一般被加工成拱顶形，上面布有吸液芯，这样可以使液态金属均匀地分布于换热表面。吸液芯结构可有多种形式，如不锈钢丝网、金属毡等。热管接收器的工作原理为：分布于吸液芯内的液态金属吸收太阳能量之后产生蒸汽，蒸汽通过热机换热管将热量传递给管内的工作介质，蒸汽冷凝后的冷凝液由于重力作用又回流至换热管表面。因液态金属始终处于饱和态，使得接收器内的温度始终保持一致，从而使热应力达到最小。

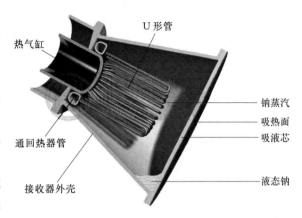

图 4.23 池沸腾接收器结构示意图

某热管接收器的结构如图 4.24 所示，此热管接收器为美国 Thermacore 公司设计制造，容量为 25～120kW，可承受的热流密度为 $30 \times 10^4 \sim 55 \times 10^4 \, \mathrm{W/m^2}$。

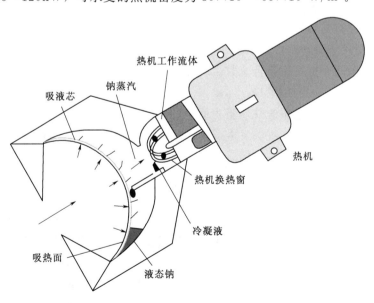

图 4.24 某热管接收器结构图

（3）混合式热管接收器。为使太阳能热发电系统在任何条件下能够连续而稳定地发电运行，就必须考虑阳光不足或夜间运行时的能量补充问题，解决方案基本有蓄热和燃烧两种。在碟式太阳能热发电系统中多采用燃料燃烧的方式来补充能量，即在原有的接收器上添加燃烧系统。混合式热管接收器是在热管接收器的基础上改造，添加了以气体燃料燃烧作为能量补充功能的一种接收器。

3. 斯特林热机

斯特林热机是目前碟式太阳能热发电技术中研究和应用最多的一种热机。它是一种外部供热（或燃烧）的活塞式发动机，以气体为工质，依靠发动机气缸外部热源加热工质按闭式循环的方式进行工作。发动机内部的工质通过反复吸热膨胀、冷却收缩的循环过程推动活塞来回运动实现连续做功。

碟式抛物面聚光镜的聚光比范围可超过 1000，能把斯特林发动机内的工质温度加热到 650℃以上，使斯特林热机正常运转起来。在机组内安装有发电机与斯特林发动机连接，斯特林热机的机械输出有直线运动或旋转运动，带动直线发电机或普通旋转发电机。

斯特林热机一般利用高温高压的氢气或氦气作为工质，其工作过程由两个等容过程和两个等温过程组成，是一种理想的热力循环。斯特林热机热效率比较高，可达 40%。结构示意图如图 4.5 所示。

4.5.3 特点

碟式太阳能热发电系统与其他太阳能热发电系统相比，具有以下特点：

（1）碟式太阳能热发电系统具有聚焦比大，工作温度高，发电效率高等特点。发电效率可高达 30%，发电效率在太阳能热发电系统中位居首位，高于塔式和槽式太阳能热发电系统。

（2）由于聚光集热装置的尺寸限制，碟式太阳能热发电系统的功率较小，一般功率为 10～25kW，更适用于分布式能源系统。碟式太阳能发电系统可以独立运行，可作为无电边远地区的小型电源，也可把数台至数十台碟式太阳能发电装置并联起来，组成小型太阳能热发电电站，用于较大的用电户。

（3）碟式太阳能热发电系统气动阻力低、发射质量小。

（4）碟式太阳能热发电系统的发电成本比较高，因此提高系统的稳定性和降低系统发电成本为今后主要研究和发展的方向。

4.5.4 碟式太阳能热发电电站建设与发展

碟式太阳能热发电技术由于具有最高的能量转换效率，因而具有巨大的发展潜力，在德国、美国、日本、西班牙、澳大利亚等国都先后建立了示范电站，运行良好，已有 7 万多 h 的连续成功运行经验，正处于商业化进程中，已经签订购电协议的碟式太阳能热发电已达 170 万 kW 以上，碟式太阳能热发电系统目前已能够与远离电网的传统分散发电方式相竞争。2003 年中国科学院电工研究所在北京通州区首次采用碟式太阳能聚光技术进行了太阳能热发电试验。碟式太阳能热发电系统的示范装置如图 4.25 所示。

图 4.25　碟式太阳能热发电系统的示范装置

4.6　线性菲涅尔式太阳能热发电系统

4.6.1　原理与组成

　　反射式菲涅尔聚光热发电技术的聚光形式与槽式相近，都属于太阳能反射线聚焦形式，但其聚光方法却与槽式有所不同。反射式菲涅尔聚光热发电技术的原理为：具有跟踪太阳运动装置的主反射镜列将太阳光反射聚集到具有二次曲面的二级反射镜和线性接收器上，接收器将光能转化为热能，并加热接收器内高温高压的水，使水部分汽化，汽水混合物经过汽液分离器将高温高压蒸汽分离出来，高温高压蒸汽推动汽轮发电机发电。线性菲涅尔太阳能热发电系统示意及流程分别如图 4.26 和图 4.27 所示。

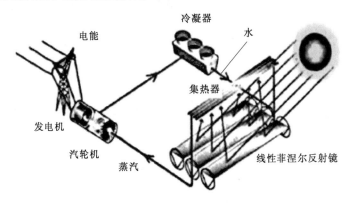

图 4.26　线性菲涅尔太阳能热发电系统示意图

　　反射式菲涅尔太阳热发电技术主要包括聚光集热技术、直接蒸汽生成技术和蒸汽发电技术三部分。反射式菲涅尔太阳能热发电系统按工作功能可以分为太阳聚光镜场和蒸汽发电两部分。蒸汽发电技术采用传统的火力热发电系统模式，可以作为一种发电模块接入太阳光镜场。

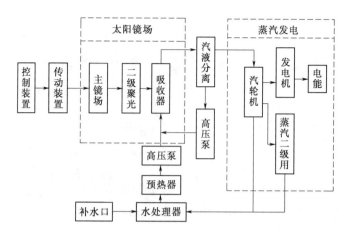

图 4.27　反射式菲涅尔太阳能热发电系统流程图

4.6.2　聚光系统

线性菲涅尔聚光系统由抛物槽式聚光系统演化而来，可设想成是将槽式抛物反射镜线性分段离散化，其示意图如图 4.28 所示。与槽式反射技术不同，线性菲涅尔镜面布置无需保持抛物面形状，离散镜面可处在同一水平面上。为提高聚光比，维持高温时的运行效率，在集热管的顶部安装有二次反射镜，二次反射镜和集热管组成集热器。

线性菲涅尔式聚光系统的一次反射镜，也称主反射镜，是由一系列可绕水平轴旋转的条形平面反射镜组成，跟踪太阳并汇聚阳光于主镜场上方的集热器，经过二次反射镜后再次聚光于集热管。二次反射镜的镜面形状可优化设计成一个二维复合抛物面，其示意图如图 4.29 所示。

电站规模增大到兆瓦级时，电站需要配备多套聚光集热单元。为避免相邻单元

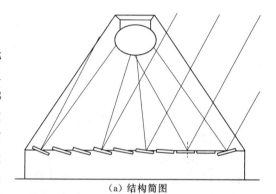

（a）结构简图

（b）实物图

图 4.28　线性菲涅尔式太阳能热
发电的聚光系统示意图

的主镜场边缘反射镜存在相互遮挡的情况，需要抬高集热器的支撑结构，相邻单元间的距离也需增大，因而会造成土地利用率较低。为解决这一问题，研究者们提出了紧凑型线性菲涅尔式反射聚光系统，其示意图如图 4.30 所示，聚光系统的实物照片如图 4.31 所示。

紧凑型线性菲涅尔式反射聚光系统是新一代线性菲涅尔聚光系统，它克服了传统方案中由于镜子阴影造成的系统性能下降问题。在几个接收器的范围内，每个独立的镜面反射器都具有将反射的阳光引导到至少两个其他接收器上的能力，这样就允许阵列密集的排列

图 4.29　线性菲涅尔式太阳能热发电的复合抛物面二次反射镜示意图

图 4.30　紧凑型线性菲涅尔式聚光系统示意图

图 4.31　紧凑型线性菲涅尔式聚光系统实物照片

而不会产生阴影和阻碍阳光，它同时也允许接收器的管道更低。降低反射空间的大小和集热器的高度，提高了土地利用率，也避免了因抬高集热器支撑结构所带来的成本增加。

4.6.3　直接蒸汽生成技术

传统槽式太阳能热发电技术一般采用加热导热油，利用高温导热油换热产生高温高压蒸汽。由于导热油的造价高，影响了整个太阳能热发电的成本。随着高温高压技术和太阳能线聚焦技术的不断发展，人们提出了一种适合线聚焦太阳能热发电形式的蒸汽生成技术。该技术直接使用水作为介质，将水打入水平放置的吸收管内，水吸热直接汽化为高温高压的过热蒸汽，过热蒸汽通过汽轮机转化为机械能，进而推动发电机发电。

对于直接蒸汽式工质加热系统，集热管内的水即为做功工质，避免了采用中间传热工质的各种技术问题，但该技术在蒸发段处存在两相流动的问题。在两相流动的区域，集热管中的温度分布会不均匀，同一根集热管上会出现较大的温度梯度。

参考直接蒸汽的槽式发电系统，直接蒸汽的菲涅尔式聚光集热系统的加热模式有一次通过模式、注入模式以及循环模式三种，如图 4.32 所示。

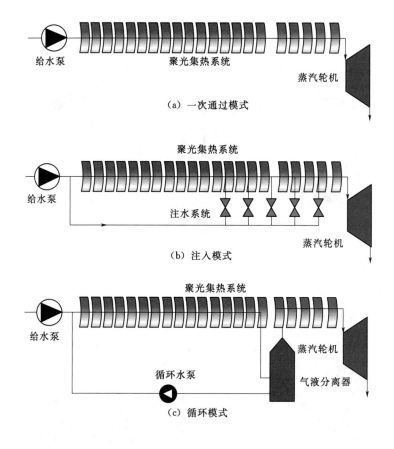

图 4.32　线性菲涅尔太阳能热发电系统的直接蒸汽加热模式

三种加热模式各有优缺点，其中：一次通过模式结构简单，但两相流动问题难以控制；注入模式理论上可对两相流动进行调节，但结构复杂，需要额外增加多个阀门和管道，控制也较为复杂；循环模式采用气液分离器，可较为有效地控制两相流动问题，系统的稳定性最好，但成本也最高。

目前，直接蒸汽模式的一些组件设计较为灵活，可以结合三种加热模式使用。根据上述特点，从系统稳定性和可靠性的角度出发，循环模式实属优选，但需要考虑降低其成本。

4.6.4 线性菲涅尔太阳能热发电系统的技术特点

反射式线性菲涅尔太阳能热发电技术具有以下特点：

（1）和相同线聚焦的槽式太阳能热发电相比，聚光比高，一般在 50～100 之间，是槽式太阳能发电的 4～10 倍。

（2）年平均效率 9％～11％，峰值效率 20％，蒸汽温度可达 250～500℃。

（3）主反射镜采用平直或微弯的条形镜面，二次反射镜与抛物槽式反射镜类似，生产工艺较成熟。

（4）主反射镜较为平整，可采用紧凑型的布置方式，土地利用率较高，每年 1MW•h 的发电量所需土地约为 4～6m²。

（5）反射镜近地安装，大大降低了风阻，具有较优的抗风性能，选址更为灵活。

（6）集热器固定，不随主反射镜跟踪太阳而运动，避免了高温高压管路的密封和连接问题以及由此带来的成本增加。

（7）由于采用的是平直镜面，易于清洗，耗水少，维护成本低。

4.6.5 线性菲涅尔太阳能热发电系统的发展与应用前景

1957 年，Baum 等首次提出了将大型抛物反射镜分割成多个菲涅尔式离散小镜面的设想，以提高反射装置的适应性。20 世纪 60 年代，太阳能利用先驱 Giorgio Francia 首次将 Baum 等的设想付诸实际，在意大利热那亚完成了一个具有双轴跟踪系统的小型样机。

20 世纪 70 年代，对线性菲涅尔聚光系统的设计与性能进行了很多研究，但仅有少数能达到应用水平。70 年代末，FMC 公司为美国能源部详细设计了 10MW 和 100MW 的线性菲涅尔式太阳能热电站，首次将该技术大型化，但由于缺乏经费支持，设计并未付诸实际。

20 世纪 90 年代初期，以色列 Paz 公司设计和开发了具有二次反射镜的线性菲涅尔聚光系统。随后，澳大利亚悉尼大学设计出了紧凑型线性菲涅尔式太阳能聚光系统的雏形，受到研究者们的关注，促进了线性菲涅尔太阳能热发电技术的发展。

进入 21 世纪以来，线性菲涅尔聚光技术得到了大力发展。许多欧美的公司开展了线性菲涅尔式太阳能热发电技术大型化示范工程的研究和建设。表 4.3 给出了全世界范围内，线性菲涅尔式太阳能热发电电站建设与应用情况。

虽然线性菲涅尔式太阳能热发电技术近年来取得很大进展，但总的来说，该技术目前仍处在较为初级的阶段，需要不断对其关键设备与技术进行提升和发展，主要包括以下方面：

（1）对于反射镜，主要是生产更薄或含铁量更少的反射镜衬底，提高镜子的反射率，镜面涂抹防污染和憎水涂层，降低维护和清洗费用。

（2）对于集热管，主要是表面太阳能选择性吸收涂层的改进。目前涂层的吸收率约为 95％～96％，自身发射率在 400℃ 时高于 10％，580℃ 时高于 14％。需要开发能够耐 600℃ 的高温，并且在太阳能光谱范围内的吸收率超过 96％ 自身发射率，在 400℃ 时可降

表 4.3　　　　　　　　　　　　　**线性菲涅尔式太阳能热发电电站建设与应用情况**

名　称	完成年份	地点	工质	规模/MW	主要参数	备注
Solarmundo 所建试验示范工程	2001	比利时列日	水	111	单个集热管单元，长 100m，外径 0.18m，主镜场占地 2500m²，年均效率 10%～12%，峰值功率约为 111MW/1km²（主反射镜场占地）	
MAN Ferrostaal Power Industry 所建实验示范工程	2007	西班牙阿尔梅里亚	水	0.8	单个集热管单元，长 100m，主镜场占地 2100m²，共 1200 个反射镜，25 列，反射镜面总面积 1433m²；蒸汽参数：11MPa，450℃	
AREVA Solar 所建 Kimberlina 示范电站	2008	美国加利福尼亚	水	5	3 个集热管单元，每单元长 385m，主反射镜场对应分 3 个单元，共占地 26000m²，单个镜面宽 2m；蒸汽参数：7MPa，354℃	
NOVATEC 公司所建 PE 1	2009	西班牙穆尔西亚	水	1.4	2 个集热管单元，每单元长 860m，主反射镜场对应分 2 个单元，共占地 1866m²，每单元 16 列镜面，每单元宽 16m，单个镜面 0.75m×5.4m，镜面离地不超过 1.2m，集热管距离主反射镜面 7m；电站最大光学效率 67%；蒸汽参数：5.5MPa，270℃	第一个商业化电站
NOVATEC 公司所建 PE 2	2012		水	30	主反射镜场占地 302000m²	当时世界上最大的商业化线性菲涅尔式太阳能电站

至 9%，600℃时可降至 14% 以下的新型涂层材料。

（3）对于支架和镜架等支撑结构，主要为结构设计和材料选取方面，设计更为合理且经济的支撑结构，选取合适的材料，以降低投资成本。

（4）对于蒸汽参数，目前商业化运行的线性菲涅尔式太阳能热发电电站的蒸汽温度为 270℃，蒸汽参数的提高会直接提高发电系统的热效率，如果能够将蒸汽温度再提升 50℃，则年平均发电效率可从现在的约 10% 提升至约 18%。

（5）对于储热系统，具有储热系统的商业化线性菲涅尔式太阳能电站已被证明是可行的。需要再寻找合适的相变储热材料和开发高比热的直接蒸汽储热技术。

线性菲涅尔式太阳能热发电技术采用紧凑型排列，土地利用率高。由于风阻较小，抗风能力较强，集热系统可放置于建筑物顶部。由于我国太阳能较丰富的地区一般风力也会比较大，尤其是北方地区，因此，线性菲涅尔式太阳能热发电技术在这些地区应用存在一定的优势。

最重要的是，目前影响太阳能热发电技术商业化的一个主要问题是其经济性，即发电成本较高，相对于塔式、碟式太阳能热发电系统造价高很难市场化的问题，线性菲涅尔式太阳能热发电技术建造成本低和运行成本低；而相对于槽式太阳能热发电系统的聚光比低、曲面镜面耐腐蚀性和抗风性能较差等缺点，线性菲涅尔式太阳能热发电技术具有抗风能力强、采用直接蒸汽式工质加热系统、聚光比高等优点，线性菲涅尔式太阳能热发电技术在未来会有广阔的发展和商业化前景。

4.7 其他太阳能热发电技术

4.7.1 太阳能热气流发电技术简介

1. 太阳能热气流发电技术的原理

太阳能热气流发电技术也称为太阳烟囱发电技术。太阳热气流发电系统主要包括烟囱、集热器（集热棚）、涡轮发电机等，其组成原理示意如图4.33所示。其原理是利用太阳能将集热器内的空气加热，热空气由于浮力作用在烟囱内上升，推动风机做功发电。这种发电系统的集热器是由透明材料建造的大棚，因此也称集热棚，棚顶的中央与烟囱相连，棚的四周开放。在太阳的辐照下，棚内的空气被加热上升，推动位于烟囱的风机做功；同时，环境空气被源源不断地吸入棚内，维持系统的循环。整个吸热器实际上就是一个温室，其室内外温差可达35℃，在烟囱内形成的上升气流速度可达15m/s。

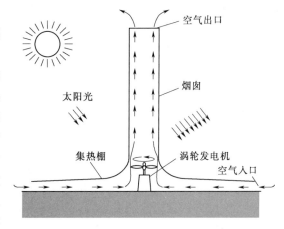

图4.33 太阳能热气流发电系统组成原理示意图

2. 太阳能热气流发电技术的特点

太阳能热气流发电站具有技术简单、材料便宜、易于建造和无污染等优点，且吸热器下面的土地具有很好的蓄热性能，无需额外的蓄热系统。但该技术也存在不少缺点：发电效率低，一般不超过1％；占地面积大，使用材料多；大容量电站需要特别高的烟囱，如一个30MW电站需建造750m高的烟囱。

图4.34 太阳能热气流发电试验电站实物图

太阳能热气流发电系统仍处于研发试验阶段。西班牙与德国合作建设的50kW太阳能热气流发电试验电站实物图如图4.34所示。该电站位于西班牙的Manzanares，烟囱高度为195m，烟囱直径10m，集热棚直径240m，边缘处棚高2m，中间棚高8m。该电站于1982年投入运行，1989年关闭，可靠率超过95％。

4.7.2 太阳能池热发电技术简介

太阳能池热发电技术是基于匈牙利物理学

家 Kalecsinsky 发现的一个物理现象。这个物理现象是：在一些天然的盐水湖中，通常水底的温度高于水面的温度。太阳能池热发电技术的原理就是以太阳能池作为太阳能的储能装置，以太阳能池底的高温盐水为热源，通过热交换器来加热工质，从而驱动热机做功发电。在这一技术中，太阳能池是其核心装置。

太阳能池是一个盐水池，由 3 层不同浓度的盐水构成。上层是很薄的低浓度盐水或清水，称为上对流层，起透光和保温作用，同时可减少外界对底部盐水层的扰动；下层是饱和盐水，称为下对流层，是太阳能池的吸热、蓄热层，其最高温度可超过 100℃；两者之间是非对流层。其浓度自上而下逐渐增加，起到防止上下层池水对流的作用。池的底部一般铺有衬垫及保温层，以防止池水泄漏，减少热损失。

太阳能池发电系统的原理示意如图 4.35 所示，其工作过程为：太阳能池底层温度较高的热水被抽入蒸发器，使蒸发器内的低沸点有机工质蒸发，产生的蒸汽推动汽轮机做功，并带动发电机发电；汽轮机的排气进入冷凝器冷凝为液态，冷凝液通过工质循环泵抽回到蒸发器，形成循环。太阳能池上部温度较低的冷水作为冷凝器的冷却介质。

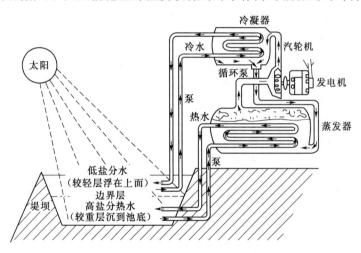

图 4.35 太阳能池发电系统原理示意图

1975 年以色列建造了世界上第一座太阳能池热发电站，发电功率 150kW，1983 年以色列又建造了一座 5MW 的太阳能池发电站，1985 年实现并网发电，以色列曾计划太阳能池发电达到 2000MW，美国也曾计划建设 800～6000MW 的太阳能池电站。但是由于其在经济上很难与常规能源发电竞争，两国先后改变了计划，使得多年来该技术进展缓慢。

太阳能池发电站结构简单、操作方便，适宜在盐湖资源丰富的地区应用，是一种有发展前景的太阳能发电技术。

思 考 题

1. 太阳能热动力发电有哪些方式？工作原理是什么？

2. 太阳能热发电系统有哪些系统组成，各系统的主要设备是什么？

3. 太阳能热发电系统的蓄热系统有哪几种类型，各类型的使用温度范围以及蓄热介质有哪些？

4. 槽式太阳能热发电技术有哪些特点？

5. 塔式太阳能热发电技术有哪些特点？

6. 碟式太阳能热发电技术有哪些特点？

7. 线性菲涅尔太阳能热发电技术有哪些特点？

8. 何谓线性菲涅尔太阳能热发电直接蒸汽生成技术？有哪几种模式？

参 考 文 献

[1] 罗运俊，何梓年，王长贵. 太阳能利用技术 [M]. 北京：化学工业出版社，2009.

[2] 何梓年. 太阳能热利用 [M]. 北京：中国科学技术出版社，2009.

[3] 李启明，郑建涛，徐海卫，等. 线性菲涅尔式太阳能热发电技术发展概况 [J]. 太阳能，2012 (7)：41－45.

[4] 李国栋. 国外聚焦式太阳能发电的进展与实践经验 [J]. 电力要求侧管理，2010，12 (6)：75－78.

[5] 杨敏林，枥晓西，林汝谋，等. 太阳能热发电技术与系统 [J]. 热能功力工程，2008，23 (3)：221－228.

[6] 张耀明，王军，张文进，等. 聚光类太阳能热发电概述 [J]. 太阳能，2006，1：39－41.

[7] 张传强，洪慧，金红光. 聚光式太阳能热发电技术发展状况 [J]. 热力发电，2010，39 (12)：5－9.

[8] 韩雪冰，魏秀东，卢振武，等. 太阳能热发电聚光系统的研究进展 [J]. 中国光学，2011，4 (3)：233－239.

[9] 杜春旭，王普，马重芳，等. 线性菲涅耳太阳能聚光系统 [J]. 能源研究与管理，2010，(3)：7－9.

[10] 熊勇刚，刘玉卫，陈洪晶，等. 太阳能中高温热发电反射式线性菲涅尔技术 [J]. 太阳能，2010，6：31－33.

[11] 季杰. 太阳能光热低温利用发展与研究 [J]. 新能源进展，2013，1 (3)：7－31.

[12] 刘鉴民. 太阳能热动力发电技术 [M]. 北京：化学工业出版社，2012.

[13] 王长贵，崔容强，周篁主. 新能源发电技术 [M]. 北京：中国电力出版社，2003.

[14] 王晓梅. 太阳能热利用基础 [M]. 北京：化学工业出版社，2014.

[15] 罗运俊，李元哲，赵承龙. 太阳能热水器原理、制造与施工 [M]. 北京：化学工业出版社，2005.

[16] 王晓暄. 新能源概述——风能与太阳能 [M]. 西安：西安电子科技大学出版社，2015.

[17] 黄汉云. 太阳能发热和发电技术 [M]. 北京：化学工业出版社，2015.

[18] 王慧，胡晓花，程洪智. 太阳能热利用概论 [M]. 北京：清华大学出版社，2013.

[19] 王新雷，徐彤. 可再生能源供热理论与实践 [M]. 北京：中国环境出版社，2015.

[20] 日本太阳能学会. 太阳能利用新技术 [M]. 宋永臣，宁亚东，刘瑜，译. 北京：科学出版社，2009.

[21] 薛德千. 太阳能制冷技术 [M]. 北京：化学工业出版社，2006.

[22] 何梓年. 太阳能热利用 [M]. 合肥：中国科学技术大学出版社，2009.

[23] 李代广. 太阳能揭秘 [M]. 北京：化学工业出版社，2009.

[24] 施钰川. 太阳能原理与技术 [M]. 西安：西安交通大学出版社，2009.

[25] 伊松林，张璧光. 太阳能及热泵干燥技术 [M]. 北京：化学工业出版社，2011.

[26] 王君一，徐任学. 太阳能利用技术 [M]. 北京：金盾出版社，2008.

[27] 张耀明，邹宁宇. 太阳能热发电技术 [M]. 北京：化学工业出版社，2015.

［28］　尹忠东，朱永强. 可再生能源发电技术［M］. 北京：中国水利水电出版社，2010.

［29］　刘荣厚. 可再生能源工程［M］. 北京：科学出版社，2016.

［30］　David Thorpe, Frank Jackson. 太阳能技术知识读本［M］. 刘宝林，等，译. 北京：机械工业出版社，2014.

第5章　太阳能的其他转换方式与技术

太阳能本质上是一种光能（由不同波长的紫外光、可见光、近红外光的电磁波组成），太阳能转换与利用的方式与技术很多，除广泛应用的光热转换、光伏转换、光热电转换之外，还包括光化学、光生物等其他转换方式以及光能直接利用（例如照明）。人类利用自然界绿色植物光化学或光生物转换的光合作用获取物质资源或能量的历史久远。太阳光能够激发很多化学反应，例如光合成、光分解、光敏化等，这些化学反应均称为光化学转换（photochemical conversion），它可将光能转换为化学能储存在化学键中，或将化学键破坏或激发活性自由基。绿色植物、微生物的自然光合作用（natural photosynthesis）是典型的光化学转换，但由于有生物体参与转换过程，因此称之为光生物转换。光催化分解水制氢属于光化学转换中光分解的一种。光化学转换、光生物转换作为太阳能转换的不可或缺的重要组成部分，在清洁、可持续发展中极具研究开发价值与应用前景，但大部分还处于实验室研发阶段。本章主要以光催化分解水制氢和太阳能光纤光导照明系统为例介绍光化学转换和光能直接利用。

5.1　光催化分解水制氢

5.1.1　光催化分解水制氢介绍

太阳能资源总量巨大，约 10^5 TW，不仅是地球上生物和人类最重要的能量来源，而且是清洁与可持续能源。人类一直在探寻更加廉价有效地利用太阳能的方法。太阳能产生热能、电能与燃料是太阳能利用最重要的三种方式。其中，太阳能发电是当前太阳能利用中技术进步与商业化发展最快的方向之一，包括太阳能光伏发电与光热发电。然而，太阳能发电也存在供求时空不匹配等问题，因此需要发展大规模储能技术；同时由于地球上的化石燃料日益枯竭以及由此带来的环境污染，人类急需开发更加清洁、可持续的替代燃料。近年来，由于化石能源短缺与环境污染问题，研究者认为利用太阳能生产清洁、可再生、可储存、可规模化生产的燃料是一条很好的途径，因此太阳能光化学转换或光生物转换成为研究热点，特别是光催化分解水（photocatalytic water splitting）制氢、光催化还原二氧化碳（photocatalytic CO_2 reduction）、光催化合成燃料与有用化学品等。

模拟自然光合作用的过程，人类可以通过光化学转换将低能量密度的太阳能转换成高能量密度的化学能储存在化学键里，例如 H—H、C—C、C—H、C—O 等，称之为人工光合作用（artificial photosynthesis），包括光催化分解水制氢、光催化还原二氧化碳、光催化合成燃料与其他化学品等。人工光合作用制备氢气、燃料、化学品等如图 5.1 所示，它是解决人类能源危机与环境污染问题的理想途径。氢能属于二次能源，具有高燃烧值（142MJ/kg）、高效率、清洁、可储运等诸多优点。而氢气燃烧生成的水又可以循环用作制氢的原料。因此发展高效、低成本的太阳能大规模制氢技术是当前研究的热点。太阳能制氢有多种途径，包括热化学法制氢和光催化分解水制氢，其中光催化分解水制氢被认为是最便捷、最有前景的方式。

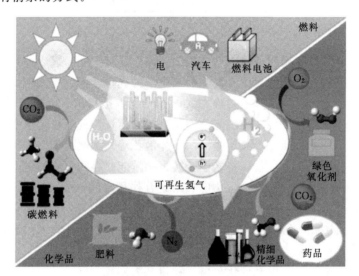

图 5.1　人工光合作用制备氢气、燃料、化学品等

5.1.2　太阳能光催化制氢的方式

太阳能光催化分解水制氢技术始于 1972 年，日本东京大学 Fujishima 和 Honda 等首次报告发现 TiO_2 单晶电极光催化分解水产生氢气和氧气，从而证明太阳能直接分解水制氢的可能性，开辟了利用太阳能光解水制氢的道路。太阳能光催化分解水（photocatalytic water splitting）制氢主要分为两种方式：一种是光电化学（photo electro chemical，PEC）分解水制氢；另一种是直接光催化或光化学（photo chemical，PC）分解水制氢，两者示意如图 5.2 所示。

1. 光电化学分解水制氢

光电化学分解水制氢是通过光电极吸收太阳光能，并将光能转化为电能，再驱动氧化/还原反应，分解水生成氧气和氢气。光电化学池通常以 TiO_2、CdS 等 n 型半导体作为光阳极材料；贵金属为阴极，例如 Pt 作为阴极电催化材料，或 p 型半导体作为光阴极；光阳极与光阴极之间可以分开，也可以背靠背在一起，这样产生三种不同的配置，光电化学池的部件组成示意如图 5.3 所示。

光从较宽带隙的光电极端进入，可以是光阳极，也可以光阴极，光阳极与光阴极之间为欧姆接触，光电化学分解水示意图如图 5.4 所示。在电解质存在的情况下，半导体光阳极吸收光子，价带上的电子被激发跃迁至导带上，流向阴极，水中的氢离子从阴极上接受电子产生氢气；光阳极价带上产生的空穴具有极强的氧化性，将水分子氧化成氧气。

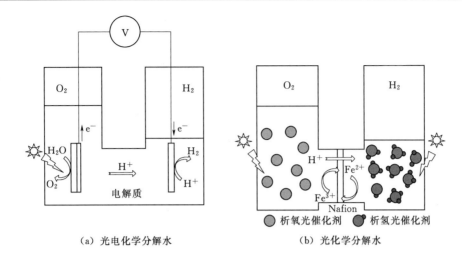

（a）光电化学分解水　　　　　（b）光化学分解水

图 5.2　光电化学分解水与光化学分解水示意图

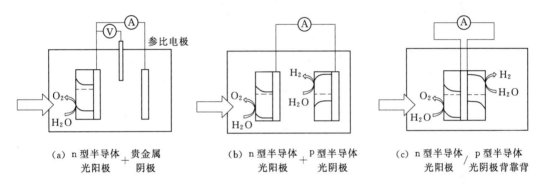

（a）n 型半导体 + 贵金属　　　（b）n 型半导体 + p 型半导体　　　（c）n 型半导体 / p 型半导体
　　　光阳极　　　阴极　　　　　　　光阳极　　　光阴极　　　　　　　光阳极　　光阴极背靠背

图 5.3　光电化学池的部件组成示意图

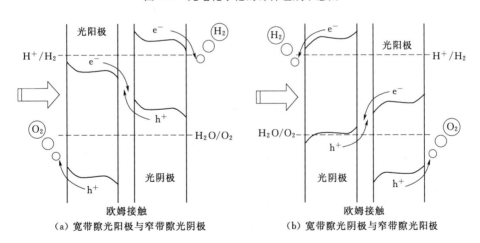

（a）宽带隙光阳极与窄带隙光阴极　　　　　（b）宽带隙光阴极与窄带隙光阳极

图 5.4　光电化学分解水示意图

　　根据光阳极产生的电子是否通过外电路传输到阴极，又分为一步法和二步法。一步法不需将光生电子引出电池，而是在电池的两个电极板上制备催化电极，通过太阳电池产生的电压降直接将水分解成氢气与氧气。近年来多结叠层太阳电池被用于一步法光电化学池制氢。由于叠层太阳电池的开路电压可以超过电解水所需要的电压，而电解液又可以是透光的，因此将这种高开路电压的太阳电池置入电解液中，电解水的反应就会在光照下自发进行。两步法是将太阳能光电转换和电化学转换在两个独立的过程中进行，这样可以通过将几个太阳电池串联起来，以满足电解水所需要的电压条件，例如采用两种聚合物电解质膜作为电解质的 GaP/GaAs/GaInNAsSb 三结叠层光电化学池的太阳能—氢能（solar - to - hydrogen energy，STH）转换效率可以达到 30%。

2. 直接光催化分解水制氢

半导体直接光催化分解水类似于光电化学池，细小的半导体颗粒可以被看作是一个个微电极悬浮在水中，它们像光阳极一样在起作用，不同的是它们之间没有像光电化学池那样被隔开，甚至阴极也被设想是在同一粒子上，水分解成氢气和氧气的反应同时发生。半导体光催化分解水制氢的反应体系大大简化。但光激发在同一个半导体微粒上产生的电子—空穴对极易复合，不但降低了光电转换效率，也影响光解水同时产氢、产氧。直接光催化分解水制氢的形式可以是悬浮颗粒和平板型。其中平板型更加简单方便，例如日本东京大学的 Kazunari Domen 研制了一种 Al 掺杂 SrTiO$_3$ 光催化剂颗粒镶嵌式的平板反应器，面积为 1m^2，实现 0.4% 的太阳能—氢能转换效率，其示意如图 5.5 所示，该反应器原型具有走向实用化的潜力。

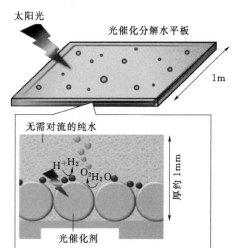

图 5.5　平板型光催化分解水制氢示意图

直接光催化分解水制氢的太阳能—氢能转换效率较低，光电化学池和光伏电池外加电解质（PV＋E）的光催化分解水制氢的太阳能—氢能转换效率较高，但太阳光能量密度低、需要添加大量的电解质与 PH 缓冲剂等因素，限制光伏电池外加电解质方式的大规模推广应用，三种太阳能分解水的示意图如图 5.6 所示。

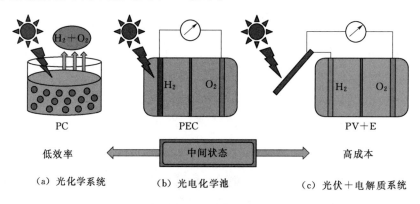

图 5.6　三种太阳能分解水的示意图

5.1.3 太阳能光催化制氢的基本原理

太阳能光化学转换可以将太阳光能储存在化学键里，不但可以光催化分解水制备氢气和氧气；如果有二氧化碳参与反应，还可以驱动更复杂的氧化/还原反应发生，制备其他燃料或有用化学品，其示意如图 5.7 所示。

实际上，太阳能光催化制氢包含两个过程：①光的吸收与受激载流子的产生；②受激载流子驱动催化反应发生。前一个过程依靠半导体吸收光子，产生电子—空穴对（受激载流子），在半导体/电解质或固相结界面处发生分离；这些光生载流子迁移到催化中心，驱动溶液中的氧化/还原反应发生。

光催化分解水的原理如图 5.8 所示，半导体吸收能量大于或者等于禁带宽度（E_g）的光子，激发电子从价带向导带的跃迁，在价带生成空穴 h^+，导带生成电子 e^-，这种光生电子—空穴具有很强的还原氧化活性，在半导体表面驱动还原氧化反应产生氢气和氧气。半导体材料需要满足两个条件：①半导体的禁带宽度必须大于 1.23eV（波长小于 1000nm），为了更好地利用可见光，禁带宽度需小于 3.0eV（波长大于 400nm），考虑到电势的影响，禁带宽度最好大于 1.8eV；②价带和导带的位置要分别同 O_2/H_2O 和 H^+/H_2 的电极电位相适宜，即半导体的价带顶比析氧电位（O_2/H_2O）偏正，半导体的导带底比析氢电位（H^+/H_2）偏负，或者满足其中之一。

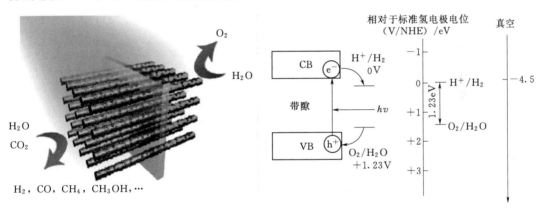

图 5.7　光化学转换合成燃料或化学品示意图　　　图 5.8　光催化分解水的原理图

光催化分解水是个能量增大的非自发过程，不同于能力减小的光催化降解环境污染物。它需要从外界补充能量，水解受到热力学和动力学的限制，水解过程为

$$H_2O \rightarrow H_2 + 1/2O_2 (\Delta G^0 = 238kJ/mol, E = -\Delta G^0/nF = -1.23eV) \tag{5.1}$$

光催化制氢的氧化还原反应主要步骤有：①吸收光子产生激发电荷；②电荷复合和电荷运输/俘获；③半导体表面析氢和析氧反应。光催化制氢的三个步骤如图 5.9 所示。

5.1.4 太阳能光催化制氢的材料体系

选择合适的半导体导带位置和价带位置是实现光解水的基础，部分半导体在 pH 值为 0 电解液中的禁带宽度如图 5.10 所示。目前用得最多的半导体催化剂有氧化物（TiO_2、

SnO_2、$BiVO_4$、In_2O_3、ZnO 等)、硫化物（CdS、ZnS) 等。

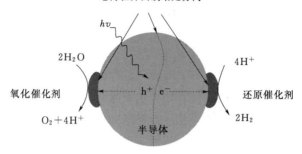

图 5.9　光催化分解水制氢的三个步骤

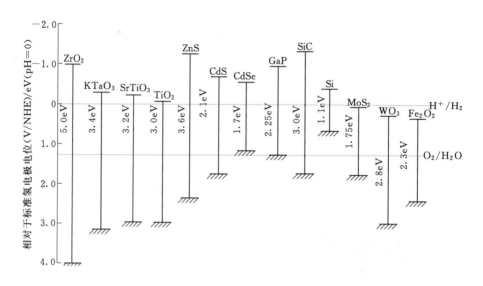

图 5.10　部分半导体在 pH 值为 0 电解液中的禁带宽度

一般选用宽带隙的半导体作为光催化材料，其光响应范围局限于紫外区，但在太阳能光谱中，可见光占据 $40\%\sim50\%$，而紫外光不到 5%，导致量子效率低。为了更加有效利用太阳光，大量关于通过能带调控技术扩宽光的吸收范围的研究正在进行。除了半导体禁带宽度与太阳光谱匹配程度较低之外，影响光解水效率的另一个重要因素是半导体载流子复合率。复合率高导致量子效率低，所产生的激发电荷在半导体内部存在两个竞争过程：①电荷在半导体内部和表面于短时间内发生电荷复合并以热能或者光能的形式释放；②电荷分离并移动到半导体表面进行化学反应。为了避免电荷的复合以及使电荷有效地移动到表面的活性点上进行氧化还原反应，目前有大量的研究和实验以实现电荷的有效分离。很多策略用来增强光催化产氢的活性与提高太阳能—氢能转换效率：调控光催化材料的维度；形成多孔的形貌；裸露活性晶面；构建异质结，例如有机/无机半导体、Z 型体系、负载助催化剂等。尽管如此，目前光催化分解水的太阳能—氢能转换效率仍然很低，需要关注利用半导体设计太阳能分解水产氢高效光催化剂时，半导体的复合、掺杂、镀金属等促进电荷传输的同时，也可能会引起负面效应。M. Gupta 研究表明，水分子在光催化半导体表面的吸附方式及由此引起的水分子与载流子之间的相互作用，在水分解光催化剂整体性能方面，比广泛讨论的半导体/半导体或半导体/金属之间的电荷传输，发挥着更关键的作用；水分子与半导体之间的作用力，受复合光催化剂的多种物理化学性质的综合影响，例如依赖于制备条件的晶粒形貌，掺杂影响晶粒形核，多孔结构影响水分子吸附/脱附的动力学，具体晶面的裸露情况，半导体/半导体或半导体/金属的界面特性等；另外，掺杂引起晶格的杂质原子替代，对于宽带隙的金属氧化物半导体，例如 TiO_2、In_2TiO_5、$InVO_4$、$FeNbO_4$、$GNbO_4$、$GaFeO_3$、$LaInO_3$ 等，会产生量子效应，它与晶格缺陷引起的中间带隙能级有关系，比掺杂对扩展可见光区吸收的影响更重要；分散在 TiO_2 光催化剂表面的金颗粒，除了有等离子效应外，也是独特的反应位置；在特定的光谱重叠条件下，半导体之间的电荷传输可能会引起复合光催化剂分解水光催化活性的淬灭，这些因素在设计高效水分解光催化剂时必须综合考虑。

典型的光催化制氢催化剂材料可分为以下几类：

1. 紫外光响应光催化剂

TiO_2 是典型的紫外光响应光催化剂材料，其中亚稳态晶型的锐钛矿 TiO_2 往往显示出更优越的光催化性能。研究表明，通过 F 离子表面作用，TiO_2 活性面（001）晶面可更多地暴露，从而获得更高的光催化活性。此外，还有以钙钛矿型的 $SrTiO_3$ 为代表的钛酸盐系列；具有共角的 TaO_6 八面体结构的碱金属和碱土金属钽酸盐系列等。Kudo 等研究发现 2wt% NiO 负载的 $NaTaO_3$：La（2%），其紫外光分解纯水的表观量子效率可达到 56%，是迄今为止在紫外光下分解纯水效率最高的光催化剂。

2. 可见光响应光催化剂

通常，半导体的价带能级主要由 O 的 2p 轨道构成，导带能级主要由过渡金属离子的空轨道构成价带能级。进行能带调控，可以使催化响应光谱从紫外光降到可见光。采用的主要方法有：①掺杂过渡金属阳离子以形成新的给体或供体能级；②掺杂电负性比 O 低的元素如 C、N、S、P 等提高价带电位；③用宽窄带隙的半导体形成固溶体来降低禁带宽度。

传统可见光催化剂 CdS 和 CdSe 易被光腐蚀，不稳定，也不环保。TiO_2 的可见光化研究较多，主要可见光化手段为表面贵金属沉积、掺杂（金属掺杂、非金属掺杂）、半导体复合、染料敏化等。光敏化通过添加适当的光活性敏化剂，使其物理或化学吸附于 TiO_2、ZnO 等表面。这些物质在可见光下具有较大的激发因子，吸附态光活性分子吸收光子后，被激发产生自由电子，然后注入半导体的导带上，实现电子和空穴的分离，从而减少了光生电子和空穴的复合，提高光催化活性和光吸收范围。无机敏化剂主要有 CdS、CdSe、FeS_2、RuS_2 等。其中，CdS 或 CdSe 与 TiO_2 复合后能提高电子和空穴的分离效果，扩展光谱响应范围，有效地利用太阳能，从而提高光催化效率。

3. 异质结光催化剂

当不同的半导体紧密接触时，结的两侧由于其能带等性质的不同会形成空间电势差。这种空间电势差的存在有利于电子—空穴分离，可提高光催化的效率。一种典型的 Rh - $SrTiO_3/BiVO_4$ 异质结光催化剂分解水如图 5.11 所示。

4. 助催化剂

助催化剂能降低氧化或还原的过电位；能抑制 H_2 和 O_2 复合生成 H_2O 这一逆过程发生。常见的助催化剂有：贵金属如 Pt、Pd、Ru、Rh、Au、Ir 等；氧化物如 RuO_2、NiO、$Rh_xCr_{1-x}O_3$ 等；硫化物如 MoS_2、WS_2、PdS 等；复合型的如 NiPNiO 和 $RhPCr_2O_3$ 等。

5.1.5　太阳能光催化分解水制氢的溶液体系

要实现高效光催化分解水制氢，还需要根据光催化剂的种类来构建合适的光催化分解水制氢的溶液体系。根据光

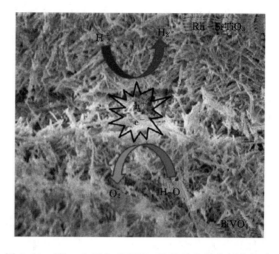

图 5.11　$Rh-SrTiO_3/BiVO_4$ 异质结光催化剂分解水

催化分解水制氢时是否添加牺牲剂及添加牺牲剂的种类，光催化分解水制氢体系可分为不含牺牲剂的纯水体系和 Z 型反应体系以及含有牺牲剂的无机牺牲剂体系和有机牺牲剂体系。

1. 不含牺牲剂的制氢体系

（1）纯水体系。完全分解水光催化制氢的能带要求如图 5.12 所示，在光催化制氢纯水体系中，光催化剂材料表面能够同时产氢和产氧。要实现这一目标，光催化剂材料就必须满足特殊的能带结构要求：同时满足导带电位较 H^+/H_2 电位更负，价带电位较 O_2/H_2O 电位更正。由于硫化物光催化剂中 S_-3p 轨道位置偏高，目前适用于纯水体系产氢的光催化剂主要是氧化物及少数氮（氧）化物。该体系不需要任何牺牲剂就能实现完全分解水同时产氢产氧，成本较低。

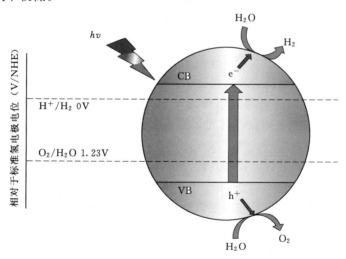

图 5.12　完全分解水光催化剂的能带要求

一些完全分解水光催化剂材料被相继开发出来，主要有 TiO_2、钛酸盐、钽酸盐、铌酸盐等。最近几年，科学家又开发出了几种新的完全分解水光催化剂材料，例如 $Cd_2Ta_2O_7$、$BaZr_{1-x}Sn_xO_3$、$Pt-RuO_2/Zn_2GeO_4$、$SbMO_4$（$M = Nb$，Ta）、$BaZrO_3 - BaTaO_2N$ 等。

　　（2）Z 型光催化分解水反应体系。光催化分解水产氢产氧 Z 型体系示意图如图 5.13 所示，光催化过程可以设计为两步光激发过程，称为 Z 型光催化分解水反应体系。Z 型反应体系由产氢半导体光催化剂、产氧半导体光催化剂以及氧化还原中间体组成。产氢和产氧光催化剂借助两次光激发过程，分别完成光催化分解水产氢和产氧。通过两种光催化材料导带和价带的电位匹配，可以使光催化分解水过程能够连续进行。由于该体系中的两种光催化剂只需分别满足各自的光激发过程，这为材料设计提供了很大的空间。氧化还原对的氧化还原电位位于 H^+/H_2 和 O_2/H_2O 之间，每步的化学转化能要远比总反应的能量（237.2kJ/mol）小，反应比直接光解水要容易得多。如果在双床体系中进行 Z 型反应，使产氢和产氧过程分离，则可以有效抑制光催化过程逆反应的发生。

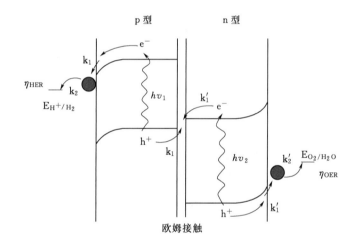

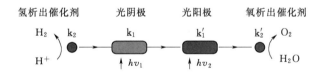

图 5.13　光催化分解水产氢产氧 Z 型体系示意图

2. 含牺牲剂的制氢体系

　　虽然已有多种能够完全分解水的光催化剂材料及体系被开发出来，但是由于受热力学或动力学因素的限制，这类光催化剂材料还为数不多，大部分材料需要在反应水溶液中加入电子给体作为牺牲剂，不可逆地消耗光催化过程中产生的空穴，抑制光生电子—空穴对的复合，进而延长光生电子寿命，从动力学角度改善其光催化性能。另外，由于牺牲剂的分解往往在热力学上比水更容易，因此牺牲剂的引入可以将光催化分解水转化成分解牺牲剂，从热力学上降低对光催化剂氧化还原能力的要求。除此之外，利用空穴牺牲剂体系进行产氢光催化剂的研究和开发，也可以为 Z-scheme 光催化完全分解水体系的构建提供光催化材料的支持。

在光催化分解水产氢时，由于硫化物光催化剂的价带位置和自身的光腐蚀问题，对于该类半导体光催化剂，通常选择 Na_2S/Na_2SO_3、H_2S 等无机物作为牺牲剂来进行光催化产氢。

在光催化分解水制氢体系中，有机化合物（碳氢化合物）也被广泛地用作反应的牺牲剂，因为有机物本身就是良好的电子给体。目前，适用于有机牺牲剂体系的光催化剂主要是氧化物半导体和一些氮化物半导体，常用的有机牺牲剂主要包括甲醇、乙醇等醇类，甲酸、乙酸、草酸等有机酸类和甲醛、乙醛等醛类分子量较小的有机化合物，其中甲醇是应用最广泛的牺牲剂。

5.2　光纤光导照明系统

1. 基本原理

太阳能光纤光导照明系统是用阳光收集器将太阳光收集并通过光纤传输到室内需要照明的地方，光纤光导照明原理如图 5.14 所示。该系统可以发挥光纤柔韧的优势，实现建筑物内部背阴房间的照明。

光是一种频率极高的电磁波，而光纤本身是一种介质波导，其结构是由纤芯和包层构成的同心圆柱体，最外面覆有一层涂覆层或保护套，光纤结构如图 5.15 所示。

图 5.14　光纤光导照明原理

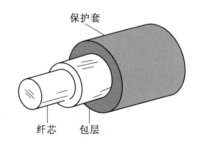

图 5.15　光纤结构

光纤的纤芯和包层的折射率不同，光纤光导照明系统主要依据光纤的全反射原理，即光从光密介质射向光疏介质时，在分界面会同时发生反射与折射现象，如图 5.16 所示，当入射角达到或超过某一角度时，折射光完全消失，只剩下反射光线。

光的反射定律：反射角等于入射角。

光的折射定律：$n_1 \sin\theta_2 = n_2 \sin\theta_1$

其中 n_1 为纤芯的折射率，n_2 为包层的折射率。显然，若 $n_1 > n_2$，则会有 $\theta_2 > \theta_1$。如果 n_1 和 n_2 的比值增大到一定程度，则会使折射率 $\theta_2 \geqslant 90°$，此时的折射率光线不再进入包层，而会在纤芯与包层的分界面上经过（$\theta_2 = 90°$ 时），或者返回到纤芯中进行传播（$\theta_2 > 90°$ 时）。这种现象就是光的全反射现象，如图 5.17 所示，对应于折射角 θ_2 等于 90° 的入射角叫做临界角，可得临界角 $\theta = \sin^{-1}(n_2/n_1)$。

因此，当光在光纤中发生全反射现象时，由于光线基本上全部在纤芯区传播，没有光投射到包层区，大大降低了衰耗。由全反射原理很容易得到光在光纤中的传播路径，如图5.18 所示。

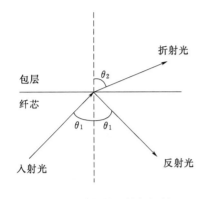

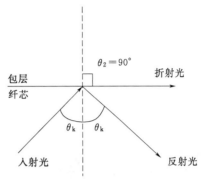

图 5.16　光的反射与折射　　　　　　　图 5.17　光的全反射

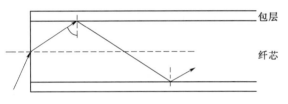

图 5.18　光在光纤中的传输轨迹（阶跃光纤）

光纤的照明方式分为端点发光和体发光两种。从材料角度分，常用的光纤有石英光纤、玻璃光纤和塑料光纤。照明领域里所使用的光纤，大多都是塑料光纤。在不同光纤的材质里，塑料光纤的制作成本最便宜，与石英光纤相比，往往只有 1/10 的制作成本。

而因为塑料材质本身的特性，不论是在后加工还是针对产品本身的可变化性来说，都是所有光纤材质里最佳的选择。因此照明光纤多选用塑料光纤作为传导介质。

照明用光纤主要有石英光纤、多组分玻璃光纤、塑料包层石英芯光纤和塑料光纤。

石英光纤是用纯度特别高的石英玻璃（以 SiO_2 为主要成分）制作的纤维状波导结构。由于石英光纤的商品化、低成本、优异的光传输性能和生物相容性，以及高强度、高可靠性和高激光损伤阈值等诸多优点，使得石英光纤在能量传输，尤其是在工业和医学等领域的激光传输中得到了广泛的应用，这是其他种类的光纤无法比拟的。随着成本的降低和技术的成熟，石英光纤在照明领域的应用也越来越广泛，需求量逐年倍增。

多组分玻璃光纤属于玻璃纤维的一种，直径细、柔软性好、数值孔径大、在可见光和近红外波段有较高的透过率，集多根光纤而制成的传光束具有传光、传感的功能，应用范围广阔。

塑料包层石英芯光纤（plastic‑clad silica fiber，PCS）由于纤芯直接通过熔融石英而无需复杂的化学沉积工艺，因此价格低廉，但其传输性能远不及其他石英光纤，一般限于短程应用。

塑料光纤是用高度透明的聚苯乙烯（poly styrene，PS）或聚甲基丙烯酸甲酯（poly methyl methacrylate，PMMA）制成的。它的特点是制造成本低廉，相对来说芯径较大，与光源的耦合效率高，光功率大，使用方便。

2. 基本组成

一般而言，光纤光导系统由聚光装置、光纤和室内灯具三部分组成。

（1）聚光装置。聚光装置由聚光透镜或凹面聚光镜、太阳光跟踪传感器组成，用来追踪太阳并传递信号至跟踪控制电路，控制电路输出驱动信号驱动相应电机，通过机械传动机构带动聚光装置转动，从而实现跟踪并收集阳光的功能。

（2）光纤。通过全反射原理将收集到的光通过光纤传送到指定的地方。对纤芯的材料而言，必须保证是在可见光范围内，对光能量应损耗最小，以保证照明质量。目前使用的纤芯材料有石英、玻璃和塑料三种，传输效果最好的是石英光纤，价格最低廉的是塑料光纤。

（3）室内灯具。散射光线照射器相当于光源的灯具。一般导入的太阳光从光纤出射端以一定锥角向外扩散，出口端附近亮度很大，出射端的光线可以直接照射到被照物体，但光线所照到的范围有局限，因此通常要为光纤终端装上多种类型的光线照射器：一来可以起到固定和保护光纤终端的作用；二来可以把光线散开。

大型菲涅尔透镜光纤聚光照明系统如图5.19 所示，光纤光导系统运行流程框图如图5.20 所示。

图 5.19　大型菲涅尔透镜光纤聚光照明系统

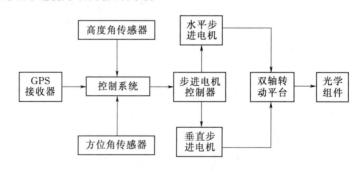

图 5.20　光纤光导系统运行流程框图

3. 光纤照明优点

利用光纤，可自由传送阳光，从理论上讲光线是沿直线传播的，以往通常用镜子反射、透镜折射、管道传送等方式来改变光线的方向，但这些方法都存在传送距离短、损耗多等缺点。利用光纤这种新型的材料，使光线沿着光纤的路径在内部以全反射的方式进行传送，实现了柔性传播，并且设计和施工的自由度较高，可以轻松地把太阳光传送到建筑物内部、背侧、地下室等空间，节约了照明电力消耗。

光电分离提供安全照明，本身不带电，不发热。排除了很多隐患，确保了照明的安全性。

光谱接近自然光，有利于健康。生活中常见的自然光、光纤输出光、LED 灯及荧光灯等几种光源的光谱如图 5.21 所示，可见太阳能光线采光照明系统输出的光最接近自然光光谱。系统导入的太阳光，对人体健康及视力最为有益，不仅能够提升空间的光环境质量，而且还能够提高工作和学习的效率。由于系统排除了大部分红外线，有助于降低夏季空调负荷。实验过程中的地下通道光纤光导系统照明效果如图 5.22 所示。

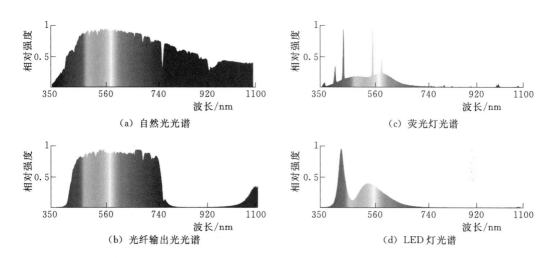

图 5.21　常见光源光谱图

图 5.22　地下通道光纤光导系统照明

光纤光导照明系统利用光纤的全反射原理，将光导入到所需要的地方，实现光的柔韧性传播，实现建筑内部自然采光，突破了传统建筑采光束缚，是一种新颖的太阳能直接利用技术，有助于建筑节能。

思　考　题

1. 请简述光催化分解水制氢的基本原理与过程。
2. 请简述光电化学与光化学分解水制氢原理上的差别。
3. 请简述光催化分解水制氢材料体系选取的要求与策略。

4. 光纤光导照明的原理及组成是什么？

参　考　文　献

［1］　Akira Fujishima，Kenichi Honda. Electrochemical photolysis of water at a semiconductor electrode ［J］. Nature，1972，238：37 – 38.

［2］　Hydrogen production：Photoelectrochemical water splitting ［OL］. https：//www. energy. gov/ee-re/fuelcells/hydrogen – production – photoelectrochemical – water – splitting.

［3］　Dohyung Kim，Kelsey K. Sakimoto，Dachao Hong，et al. Artificial photosynthesis for sustainable fuel and chemical production ［J］. Angewandte International Edition Chemie，2015，54：2 – 10.

［4］　Chong Liu，Neil P. Dasgupta，Peidong Yang. Semiconductor nanowires for artificial photosynthesis ［J］. Chemical Materials，2014，26：415 – 422.

［5］　Hongxian Han，Can Li. Photocatalysis in solar fuel production ［J］. National Science Review，2015，2 (2)：145 – 147.

［6］　Shuilian Liu，Jianlin Chen，Difa Xu，et al. Enhanced photocatalytic activity of direct Z – scheme $Bi_2O_3/g – C_3N_4$ composites via facile one – step fabrication ［J］. Journal of Materials Research，2018. https：//doi. org/10. 1557/jmr. 2018. 67.

［7］　Song Ma，Jun Xie，Jiuqing Wen，et al. Constructing 2D layered hybrid CdS nanosheets/MoS_2 heterojunctions for enhanced visible – light photocatalytic H_2 generation ［J］. Applied Surface Science，2017，391：580 – 591.

［8］　张相辉. 太阳能光催化制氢体系研究进展 ［J］. 河南大学学报（自然科学版），2015，45 (3)：274 – 284.

［9］　Chong Liu，Peidong Yang. Introductory lecture：Systems materials engineering approach for solar – to – chemical conversion ［J］. Faraday Discussions，2014，176：9 – 16.

［10］　Yosuke Goto，Takashi Hisatomi，Qian Wang，et al. A particulate photocatalyst water – splitting panel for large – scale solar hydrogen generation ［J］. Joule，2018，2：509 – 520.

［11］　H. Ahmad，S. K. Kamarudin，L. J. Minggu，et al. Hydrogen from photo – catalytic water splitting process：a review ［J］. Renewable and Sustainable Energy Reviews，2015，43：599 – 610.

［12］　Vincenzo Balzani，Alberto Credi，Margherita Venturi. Photochemical conversion of solar energy ［J］. ChemSusChem，2008，1：26 – 58.

［13］　Zhiliang Wang，Lianzhou Wang. Photoelectrode for water splitting：Materials，fabrication and characterization ［J］. Science China Materials，2018，61 (6)：806 – 821.

［14］　Sheng Chu，Wei Li，Yanfa Yan，et al. Roadmap on solar water splitting：Current status and future prospects ［J］. Nano Futures，1：022001.

［15］　Narendra M. Gupta. Factors affecting the efficiency of a water splitting photocatalyst：A perspective ［J］. Renewable and Sustainable Energy Reviews，2017，71：585 – 601.

第6章 太阳能应用工程

太阳能是一种清洁能源，它的应用已经受到世界各国的重视。在太阳能热利用方面，太阳能热水器技术已经非常成熟，光伏发电技术也成为太阳能利用的新社会热点，太阳能应用领域已从生活热水扩大到泵水、采暖、制冷空调、海水淡化、工业加热、热发电等各个方面，本章主要介绍太阳能热发电、光伏发电、光热利用及太阳能综合利用相关应用工程。

6.1 太阳能热发电工程

太阳能热发电，也叫聚焦型太阳能热发电。它是通过大量反射镜以聚焦的方式将太阳能直射光聚集起来，加热工质，产生高温高压的蒸汽，驱动汽轮机发电的技术。目前典型的工程包括塔式太阳能热发电、槽式太阳能热发电、碟式太阳能热发电以及线性菲涅尔式太阳能热发电工程，本节主要介绍太阳能热发电工程设计中的一些相关技术细节。

6.1.1 塔式太阳能热发电系统

6.1.1.1 定日镜设计

1. 定日镜硬件结构分析

塔式热发电镜场一般规模都比较大，要使得镜场的每一面反射镜都能够反射太阳光并准确聚光，需要每一面反射镜都有一个自动跟踪太阳方位的控制系统和一个聚光位置反馈控制系统，该反射镜面系统也被称为定日镜。

定日镜是塔式太阳能热发电系统的聚光单元，它通过跟踪系统准确地将太阳辐射反射到聚光塔顶的接收器上。反射镜是定日镜的核心组件，用于反射太阳光至设定的目标点。由镜表面形状分，主要有凹面镜和曲面镜。在塔式太阳能热发电中，由于定日镜距位于接收塔顶部的太阳能接收器较远，为了使阳光经定日镜反射后不致产生过大的散焦，把95%以上的反射光聚集到集热器内，目前国内外采用的定日镜大多是镜表面具有微小弧度的平凹面镜，且需要克服由于太阳运动而产生的像差。镜面材料必须质量轻，耐风沙而且机械强度高，主要有两种镜面材料的选型：张力金属膜反射镜和玻璃反射镜。它们的优缺点分别为：张力金属膜反射镜的镜面是用 0.2～0.5mm 厚的不锈钢等金属材料制作而成的，可以通过仅调节定日镜的内部压力调整定日镜的焦点，操作方便，缺点是该种镜面反射率低，且结构复杂；玻璃反射镜，优点是质量轻，抗变形能力强，反射率高，易清洁，通常用湿化学法或磁控溅射法制备玻璃反射镜，底层是玻璃作为沉积镜子的基体，再镀银层作为反射层，铜层用来保护金属银，可以作为过渡层，降低银和保护漆之间的内应力，最后漆层形成保护膜，要求有很好的平整度，整体镜面曲线具有很高的精度，一般加工误差不超过 0.1。

由于大型的太阳能发电站一般建在沙漠里，因此定日镜镜架及基座就须有较好的性能以适应特殊的气候，如机械强度较高以抵御风沙天气，遇紧急情况便于转移等。独臂支架式具有体积小、结构简单、较易密封等优点，但其稳定性差，为了达到高机械强度，防止被大风吹倒，必须耗费大量钢材和水泥材料为其建造镜架和基座，建造费用较高；圆形底座式，稳定性较好、机械结构强度高且运行能耗少，但其结构比独臂支架式复杂，且其底座轨道的密封防沙问题也有待进一步解决。

2. 定日镜跟踪传动机构分析

定日镜的传动方式多采用齿轮传动、液压传动或两者相结合的方式。平面镜位置的微小变化将造成反射光在较大范围的明显偏差，因此目前采用的多是无间隙齿轮传动或液压传动机构。在定日镜的设计中，传统系统选择的主要依据是消耗功率最小、跟踪精确性好、制造成本最低、能满足沙漠环境要求、具有模块化生产可能性等。

跟踪传动方式可分为方位角跟踪方式和高精度传动方式两种。

方位角跟踪方式是指定日镜运行时采用转动基座（圆形底座式）或基座上部转动机构（独臂支架式）来调整定日镜方位变化，同时调整镜面仰角的方式；自旋-仰角的方式是指采用镜面自旋，同时调整镜面仰角的方来实现定日的运行跟踪。

高精度传动方式中，定日镜传动系统设计的特点和原则是输出扭矩大、速度低，箱体要有足够强度、体积小、有良好密封性能、有自锁能力；为保证反射镜长距离上的聚光效果，齿轮传动方式在风力载荷下不晃动；保证设备在沙漠环境中的工作寿命和高的工作精度；在底座上安装了限位开关，限位夹角为 180°。

3. 定日镜及镜场控制目标

定日镜及镜场控制系统的一般技术要求如下：

镜场控制系统接收全场控制系统的指令，控制定日镜移动到指定的位置，指定的位置状态包括紧急避险状态、夜间归位状态、竖直清洗状态、自动跟踪状态、准备好状态、自动校准状态。

紧急避险状态：当遇到大风或通信信号中断等紧急情况时，定日镜垂直方向旋转到镜面与地面夹角 15°左右的位置，方位电机不动。

夜间归位状态：将定日镜旋转至方位初始传感器位置及垂直初始传感器位置，该状态为镜面与地面夹角 10°左右，镜面法线在地面投影为东偏南 10°左右。

竖直清洗状态：该状态应保持镜面与前方通道平行，镜面法线与地平面夹角成 10°左右。

自动跟踪状态：将定日镜光斑投射到吸热器，当图像采集处理系统采集到的整体光斑偏离吸热器时，可以自动调整光斑位置。

准备好状态：将定日镜光斑投射到吸热器左侧或右侧水平方向 20m 的位置。

自动校准状态：程序自动确定（或人为指定）一台需要校准的定日镜，将该定日镜光斑投射到吸热器附近的白板上，通过图像采集处理系统检测光斑中心与白板中心的偏移量，确定跟踪过程中对应的校正量。

4. 定日镜控制方式

定日镜运转目的是跟踪太阳，通过对太阳位置的分析可以看出，通过太阳高度角和方位角就可以实现太阳定位。太阳跟踪系统是一个使光伏板（或者太阳光聚焦反射器或透镜）定向面向太阳的装置，依照定日镜的硬件结构，根据跟踪系统的轴数，定日镜的跟踪方式分为单轴跟踪和双轴跟踪两种。

如果跟踪精度要求不高，可以采用单轴跟踪的方式。单轴跟踪方式有三种，分别是单轴跟踪倾斜布置，东西跟踪；焦线南北水平布置，东西跟踪；焦线东西水平布置，南北跟踪。

双轴跟踪是每个定日镜都可以通过二维独立的控制机构，绕着一个固定轴和与之相垂直的旋转轴旋转，以随时跟踪太阳位置的变化，这种二维控制机构一个方向是绕竖直轴转动；另一个方向是绕水平轴转动，多用于跟踪精度要求较高的场合。

双轴跟踪分为极轴式跟踪和高度角—方位角跟踪两种方式。

极轴式跟踪对应的是太阳的赤纬角和时角变化。定日镜硬件结构中，其中一个轴称为极轴，指向天球的北极，与地球自转轴相平行；另外一个轴与极轴垂直，称为赤纬轴。在正常跟踪太阳的过程中，可以通过程序设置定日镜绕极轴转动的角速度和地球转动的角速度大小相同。定日镜绕赤纬轴转动的方式需要根据太阳赤纬角的变化而变化，一般在一个阶段内太阳赤纬角的变化很小，但随着季节的变化，需要对赤纬角进行调整和修正。这种控制方式的优点在于跟踪方式不是很复杂，但是在硬件结构中，定日镜的重量重心并不通过极轴的轴线，支撑装置设计比较困难，投资相对较高。

高度角—方位角跟踪方式中，硬件结构运动对应的是太阳高度角和方位角的变化，采用的是地平坐标系。定日镜的其中一个轴线垂直于地面，称为方位轴；另外一轴与方位轴垂直，称为俯仰轴。在跟踪太阳的过程中，定日镜根据太阳高度角的变化绕俯仰轴运动，以此改变定日镜的倾斜角；根据太阳方位角的变化绕方位轴变化，跟踪太阳的方位角，这样就可以在理论上达到定日镜法线始终与太阳光线平行的目的。这种设计跟踪精度高，而且定日镜的重心通过垂直轴所在的平面，硬件设计简单，投资较少。

5. 定日镜误差校正

在初步调整后，就可根据光斑能量中心对定日镜进行精确定位，使接收器上的光斑能量中心与接收器窗口的中心重合。镜场设计和定日镜成像光斑对准是塔式太阳能热发电系统整体设计中的关键部分，通过对接收塔上的会聚光斑图像进行分析完成定日镜定位，这可以使接收塔得到较大的太阳辐射能量，也是镜场设计必不可少的基础，一般来说，定日镜目标位置的计算精度要求高于 0.1°。

镜场设计和定日镜成像光斑对准是塔式太阳能热发电系统整体设计中的关键部分。下面介绍一种基于图像分析的误差校正方案。

图像采集设备采集光斑图像，通过图像处理软件分析光斑质量与靶面中心的偏差，将这一偏差反馈到镜场控制软件中，从而校正定日镜的跟踪偏差。该系统由图像采集设备及图形图像处理软件构成，定日镜误差校正系统示意图如图 6.1 所示。

系统中首先使用图像处理软件对图像加以分析，分析方案一般如下：在白板上做图像

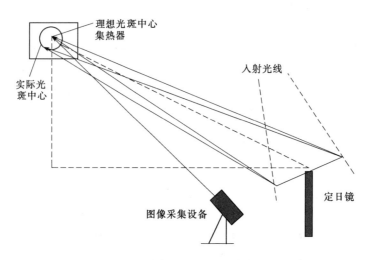

图 6.1　定日镜误差校正系统示意图

标志点，一般在白板的四个角画四个角点，在图像上找到标志点，两个角点间的距离一定，继而确定图像坐标，在指定区域即四个角点围成的区域内，分析光斑，找到光斑的质量中心，记录图像以及定日镜号、采集时间、光斑质量（该图像是否可用）、X 方向偏差及 Y 方向偏差。

　　在对定日镜初步调整后，就可根据光斑能量中心对定日镜进行精确定位，使接收器上的光斑能量中心与接收器窗口的中心重合。

　　系统中反馈信号由图像采集设备和图像处理软件得到。图像采集设备接收到启动信号开始采集接收器上的光斑图像，通过图像处理软件分析光斑质量及光斑中心坐标，并将光斑质量、光斑中心坐标及采集时间发送给镜场控制程序，将光斑中心坐标与靶面中心的偏差作为反馈信号，校正定日镜的跟踪偏差，从而构成一个闭环控制系统。

　　定日镜场控制的基本要求是精确地将太阳光反射到集热器上，结合以上分析，根据时间、日期、经纬度及每台定日镜与塔的坐标关系，分别计算每台定日镜的目标位置。为了消除定日镜由于各种原因造成的跟踪误差，控制系统与图像采集系统通信，经过图像分析获得每台定日镜的跟踪误差，再通过校正装置消除跟踪误差。

6.1.1.2　系统运行模式

　　随着一天中光照强度和气候的变化，塔式太阳能热发电系统会出现不同的运行模式，系统运行模式转换图如图 6.2 所示。

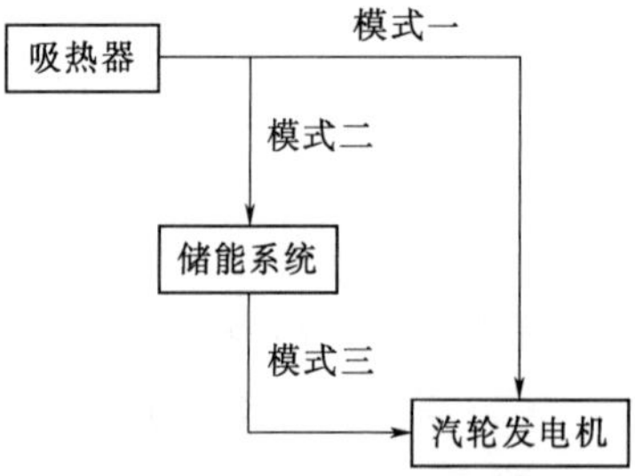

图 6.2　系统运行模式转换图

　　第一种模式：当吸热器吸收的热量足以将过冷水加热为满足汽轮机安全运行的蒸汽品质时，从吸热器出来的过热蒸汽直接进入汽轮机做功。

　　第二种模式：当储能子系统处于蓄热阶段时，吸热器吸收的热量全部进入蓄热器储存。

　　第三种模式：当储能子系统储存的热量能达到汽轮机正常运行所需的最小能量时，储能子系统向外输

148

出热量供汽轮机发电。

实际运行过程中，光照强度是一个渐变量，这就要求三种基本的运行模式互相配合协调运行，来保证汽轮机的正常稳定运行。根据阳光充足与否，塔式太阳能热发电系统还可能出现三种模式的不同组合运行模式。

第四种模式：第四种模式是模式一和模式二的组合，即当光照充足时，吸热器吸收的热量除了足够将过冷水加热为满足汽轮机安全运行的过热蒸汽外，还有多余的热量能进入储能子系统蓄热。此时部分过热蒸汽经过减压后进入汽轮机进行做功，其余进入储能系统蓄热。

第五种模式：第五种模式是模式一和模式三的组合，即当光照不足时，吸热器吸收的热量不足以将过冷水加热为满足汽轮机安全运行的蒸汽品质，且蓄热器储存着一定的热量。此时吸热器工作的同时，储能子系统也开始与凝结水在蒸汽发生器内进行热交换，吸热器与蓄热器共同出力来维持汽轮机的正常运行。

第六种模式：第六种模式是模式二和模式三的组合，即当无光照，且储能子系统储存的热量能达到汽轮机正常运行所需的最小能量时，由于吸热器无法吸收太阳能产生蒸汽，汽轮机的运行完全由储能子系统承担。这种情况下蓄热器内部压力和温度迅速降低，一般只能维持汽轮机工作很短一段时间。

第七种模式：第七种模式是模式一、模式二和模式三的组合，即吸热器吸收的热量不足以将过冷水加热为满足汽轮机安全运行的蒸汽品质，需要蓄热器辅助供能，蓄热器本身储存着一定的热量，同时还从吸热器那里接收一部分热量，共同作用使汽轮机正常运行发电。这种运行模式调节难度较大，在实际电站运行中几乎不发生，因此不在考虑范围内。

6.1.1.3 系统选址与典型运行模式分析

1. 热发电站选址

太阳能资源的分布具有明显的地域性。我国大致上可分为五类地区：Ⅰ类区域，资源丰富带；Ⅱ类区域，资源较丰富带；Ⅲ类区域，资源一般带；Ⅳ类区域，资源可利用带；Ⅴ类区域，资源贫乏带。其中，Ⅰ类区域的全年日照时数最大，年辐射总量高达 $7000 \sim 8000 \mathrm{MJ/m^2}$，相当于 $225 \sim 285 \mathrm{kg}$ 标准煤燃烧所发出的热量。

由于太阳能热电站的定日镜场占地面积较大，因此需要考虑该地区是否有足够空旷、平坦的场地，此外，还要综合考虑该地区的一次能源总量，应当尽量选取一次能源缺乏的省市。

2. 典型运行模式分析

选取拉萨市 5 月份某典型天的太阳辐射照度作为例子加以分析，拉萨市 5 月份某典型天的太阳辐射照度曲线如图 6.3 所示。不同时刻塔式太阳能热发电系统的运行方式各不相同。

早上 8:00 之前，太阳辐射照度在 $500 \mathrm{W/m^2}$ 以下，塔式太阳能热发电系统启动后，吸热器开始吸收太阳能的热量，然后通过热交换器将热量传给蓄热器蓄热。当蓄热器的蓄热量达到蓄热器饱和蓄热的 50% 时，停止蓄热，吸热器吸收的热量供汽轮机发电子系统暖机，设定为 0.5h 左右。暖机结束，吸热器从定日镜场吸收的热量继续输往汽轮机。

上午 9:00 左右，太阳辐射照度达到 $800 \mathrm{W/m^2}$，吸热器从定日镜场吸收的热量逐渐满

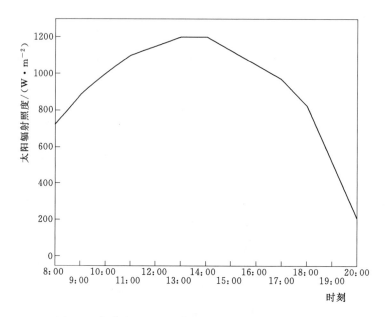

图 6.3 拉萨市 5 月份某典型天的太阳辐射照度曲线图

足汽轮机发电子系统的正常运行,汽轮机在额定功率下工作发电,由吸热器吸收的多余热量开始转入储能子系统蓄热。

到中午 12:00 左右,太阳辐射照度达到 $1150W/m^2$,储能子系统的蓄热量达到饱和,不再蓄热,多余的热量通过减压阀排到大气中,汽轮机仍然以额定的蒸汽品质做功发电。

12:00—16:00 这一阶段,蓄热器一直处于饱和状态,汽轮机连续稳定运行。

17:00 以后,太阳辐射照度降低到小于 $800W/m^2$,吸热器单位时间吸收的太阳光能量明显下降,随着时间的推移,吸热器吸收的热量不足以将过冷水加热为满足汽轮机安全运行的蒸汽品质,汽轮机开始滑压运行。当输入汽轮机的功率下降到额定功率的 90% 时,储能子系统开始工作,蓄热器将热量传给蒸汽发生器产生蒸汽,与吸热器出口蒸汽合并,再进入汽轮机做功,维持其额定功率运行。

19:00 以后,太阳辐射照度低于 $400W/m^2$,聚光集热子系统停止工作,汽轮机的正常运行完全由储能子系统承担。

在 20:00 左右,由于光照强度太低,聚光集热子系统停止运行,储能子系统独立运行,汽轮机所需的蒸汽量完全由蓄热器产生,汽轮机滑压运行,发电功率明显下降;同时蓄热器内部压力和温度迅速降低,在维持汽轮机工作很短一段时间后,储能子系统和汽轮机发电子系统停止运行,一天的运行过程结束。

6.1.1.4 案例

在"十一五"期间,塔式太阳能热发电技术研发被科技部列入 863 计划,牵头承担单位同参与研发的 10 余家单位协同攻关,自主完成了塔式太阳能热发电电站的概念设计、初步设计、施工设计及设备安装和调试工作。建成的兆瓦级塔式太阳能热发电电站位于北京市延庆县八达岭镇,采用水/蒸汽腔体式吸热器,其主要设计参数见表 6.1,总占地面积 80 亩 (1 亩≈$666.67m^2$),于 2012 年成功发电。其实物如图 6.4 所示。

表 6.1		某塔式太阳能热发电电站设计参数表		
地理位置	北纬 40.4°，东经 115.9°	设计点	春分日正午
额定功率	1.0MW	设计点直接辐射值	900W/m²
吸热塔高	118m	吸热器额定流量	8.4t/h
吸热器出口参数	过热水蒸气，25bar，400℃	储热介质	导热油及饱和水
吸热器进口参数	27.5bar，106.6℃	储热容量	额定负荷下汽轮机运行 1h
吸热器开口参数	25m²，倾角为 25°	高温储热温度	350℃
汽轮机进口参数	23.54bar，390℃，可滑压	低温储热温度	240℃
汽轮机额定功率	1500kW	发电机出口	50Hz/10.5kV

图 6.4　某塔式太阳能热发电电站实物图

定日镜场是由 100 面定日镜按照圆弧交错布置方式组合而成，这些定日镜均布置在南北长 300m，东西跨度 250m 的区域范围内。每面定日镜由 64 块小的正方形曲面镜组合形成一个大的反射弧面，其采光面积为 100m²（10m×10m）。定日镜由反射镜、支撑框架、立柱、传动装置以及跟踪控制系统组成。在跟踪太阳的过程中，定日镜采用"方位—俯仰"双轴跟踪方式，方位轴垂直于水平面与地面基础固定，俯仰轴位于水平面上作为从动轴。

水—蒸汽腔体式吸热器系统由蒸发面、过热面、蒸汽汽包、循环泵、给水泵、下降管以及喷水减温器等配套装置构成。

6.1.2　碟式太阳能热发电系统

6.1.2.1　聚光器

碟式太阳能热发电系统包括聚光器、接收器、热机、支架、跟踪控制系统等主要部件。碟式太阳能热发电的效率非常高，最高光电转换效率可达 29.4%。碟式太阳能热发电系统中聚光器负责将来自太阳的平行光聚焦，以实现从低品位能到高品位能的转化。目前研究和应用较多的碟式聚光器主要有玻璃小镜面式、多镜面张膜式、单镜面张膜式等。

1. 玻璃小镜面式聚光器

玻璃小镜面式聚光器将大量的小型曲面镜逐一拼接起来，固定于旋转抛物面结构的支架上，组成一个大型的旋转抛物面反射镜。美国麦道公司开发的玻璃小镜面式聚光器如图 6.5 所示，该聚光器总面积为 87.7m²，由 82 块小的曲面反射镜拼合而成，输出功率为

90kW，几何聚光比为2793，聚光效率可达88％左右。这类聚光器由于采用大量小尺寸曲面反射镜作为反射单元，可以达到很高的精度，而且可实现较大的聚光比，从而提高聚光器的光学效率。

2. 多镜面张膜式聚光器

多镜面张膜式聚光器的聚光单元为圆形张膜旋转抛物面反射镜，将这些圆形反射镜以阵列的形式布置在支架上，并且使其焦点皆落于一点，从而实现高倍聚光。图6.6中的多镜面张膜式聚光器是由16只张膜反射镜组合而成的阵列。

图 6.5　麦道公司开发的玻璃小镜面式聚光器

图 6.6　多镜面张膜式聚光器

图 6.7　单镜面张膜式聚光器

3. 单镜面张膜式聚光器

单镜面张膜式聚光器如图6.7所示，单镜面张膜式聚光器只有一个抛物面反射镜。它采用两片厚度不足1mm的不锈钢膜，周向分别焊接在宽度约1.2m圆环的两个端面，然后通过液压气动载荷将其中的一片压制成抛物面形状，两层不锈钢膜之间抽成真空，以保持不锈钢膜的形状及相对位置。由于两片不锈钢膜可以形成一种不可自行恢复的塑性变形结构，因此很小的真空度即可达到保持形状的要求。由于单镜面和多镜面张膜式反射镜一旦成形后极易保持较高的精度，因此施工难度低于玻璃小镜面式聚光器。

6.1.2.2　跟踪控制系统

1. 太阳跟踪基础

对于地球上的人来说，太阳一直在运动，从来没有固定的位置，而且地球不仅能够绕着太阳在椭圆形轨道上进行公转还能围绕地轴进行自转，从而导致地球表面接收的太阳辐射不同。掌握太阳的运动规律，才能够实现追踪太阳的目标。

为了研究和确定天体在天空中的位置，需要用到天球的概念。天球的半径必须足够大，使得所有的天体都可以被看做是天球上的一个点，天球的诸多要素如下：天顶是通过观察者的垂直轴向上与天球的交点。天底是在天球上与天顶在同一直径上的对应点。天极是地球极轴与天球的交点。垂直圈是通过观察者天顶的天球上的任意一个最大圆。子午圈是经过天极的垂直圆。地平圈是地平面与天球相交的大圆。天球赤道是垂直于地轴的天球大圆。地球赤道是天球赤道在地球上的投影。时圈是经过投影垂直于天球赤道的大圆，也称赤纬圈。平径圈是通过观察者天顶以及太阳的大圆。实际上，这个球体并不存在。各种天体距离我们是如此的遥远，以致地球的直径与其相比微不足道，因此观察者无法感受到不同天体与观察者之间距离上的差异。作为观察者，无论站在地球的任何部位，都像位于这个球体的中心。

　　在赤道坐标系下太阳的运动方式如下。

　　（1）在赤道坐标系下，如图 6.8 所示，QQ' 为天赤道基本圈，P 是天赤道的与地球北极相对的几何北极，习惯上称为北天极。天赤道与过 S_0 太阳点和天极点的半圆 PS_0P' 以及赤经圈或时圈（即经过天极的任何大圆）都垂直，与前者半圆的交点为 B。想要知道太阳 S_0 在哪，必须先明确赤纬角和时角这两个坐标参数。地球中心和太阳中心连线与地球赤道平面的夹角，称为赤纬角，也称太阳赤纬，或者说太阳距离天球赤道的角度。由于地球不停地绕太阳公转，因此一年中赤纬角随时都在变化，太阳赤纬角随季节的变化如图 6.9 所示。时角 ω 以中午时太阳 Q 点为基准，大小是

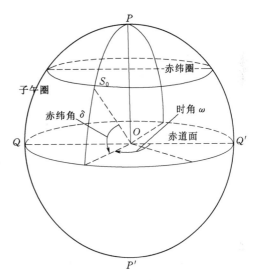

图 6.8　赤道坐标系

15°乘以距离中午的小时数。时角的数值午后为正值，上午为负值，Q 点的逆时针方向为负值，Q 点的顺时针方向为正值。赤纬角用 δ 来代表 OBS_0 弧对应的圆心角，以天赤道为

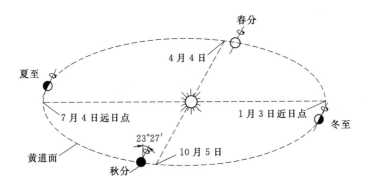

图 6.9　太阳赤纬角随季节的变化

零点，夏至日赤纬角从南天极到北天极按冬至的－23°27′到春秋分的 0 再到夏至日的
23°27′。太阳的位置完全可以由在赤道坐标系下周年运动任意时刻都明确的太阳赤纬角和
太阳时角确定。

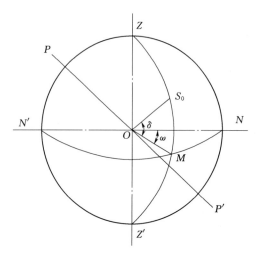

图 6.10　地平坐标系

（2）地平坐标系如图 6.10 所示，这个天球坐标系的基本圈是地平圈即真地平，该天球坐标系的基本点是天底 Z' 和天顶 Z。地平圈与过 S_0 太阳点和天顶 Z 的半圆 ZS_0Z' 及地平经圈（即通过天顶和天底的任何大圆）都垂直，与前者半圆的交点为 M。

想要知道太阳 S_0 在哪，必须先明确高度角和方位角这两个坐标参数。在赤道坐标系中，以太阳赤纬角和时角表示太阳的位置。赤纬角从赤道面起算，向北为正，向南为负，赤纬角的变化范围为 $\pm23°27'$。太阳所在的时圈与通过南北两极的时圈构成的夹角为时角。自天球北极看，顺时针

方向为正，逆时针方向为负，时角表示太阳的方位，天球一天旋转 360°，因此以格林尼治时间，每小时变化的时角为 15°。

太阳高度角随着地方时和太阳赤纬的变化而变化。太阳高度角的计算公式为

$$\sin h = \sin t \sin\delta + \cos t \cos\delta \cos\varphi \tag{6.1}$$

式中　δ——太阳赤纬（与太阳直射点纬度相等）；

$\quad\quad t$——观测地的地理纬度，（太阳赤纬与地理纬度都是北纬为正，南纬为负）；

$\quad\quad \varphi$——地方时（时角）。

根据太阳时角和太阳赤纬角这两个参数可以知道太阳在坐标系中的位置。不同地点的时间不同，会导致太阳时角的不同。因此只有修正了时间之后才能精确地对太阳定位。而太阳赤纬角对于某个固定地方来说是固定的，通过日期就能得出。下面简单介绍时差和太阳时角之间的关系。正午时候的太阳时角为 0°，当太阳转动 15′时对应时间过去 1min，当太阳转动 15°时对应时间过去 1h，当太阳转动 360°即转动一周时对应时间过去 24h。因此可以使用太阳时角来描述太阳围绕地球轴线的运动。

在天球系统中，太阳绕地球旋转，称为太阳视旋转。实际上，地球自转并绕太阳公转，但太阳视旋转却符合人们直观的习惯感觉，即太阳每天从东方升起，在西方落下。太阳绕地轴的每日视旋转运动，用时角 ω 表示。在天球系统中，时角定义为时圈与观察者子午圈之间的角度。为了计时方便，需要提供一种均匀的时间尺度，以假想的"平均太阳"作参考。也就是说"平均太阳"不是沿地球运行的椭圆形轨道运行，而是设想它在一个圆形轨道上运行，即天球赤道。这个平均太阳时间就是钟表时间。所以真太阳时间和平均太阳时间之间有差异，在天文学中，将这个差值称为时差。

真太阳时间 t_s 可表示为

$$t_s = t \pm \frac{L - L_s}{15} + \frac{e}{60} \qquad (6.2)$$

式中　t——当地地区的标准时间，h；

　　L——当地的地理经度；

　　L_s——当地地区标准时间位置的地理经度；

　　e——时差，min。

式中的"±"号，对东半球取"＋"；对西半球取"－"。

一年中不同日期的时差值可查有关手册得到，也可近似表示为

$$e = 9.87\sin 2B - 7.53\cos B - 1.5\sin B \qquad (6.3)$$

$$B = \frac{360(n - 81)}{364} \qquad (6.4)$$

式中　n——一年中某一天的序号。

2. 双轴跟踪设计

追踪太阳在理论上可以根据太阳在坐标系上的位置通过编写程序对其进行定位。但是采用通过程序来追踪太阳的方法，必须对起始位置进行非常准确地定位，而且必须经常靠人工来调节聚光器让它对准太阳，因此有一定的局限性；通过传感器来进行追踪则是利用光敏器件送过来的信号调节聚光器的位置，让太阳与聚光器的中心轴线在一条直线上，即让聚光器正对太阳。通过传感器来追踪太阳这种方法也有一定的局限性，如用传感器反馈的数据进行追踪，必定时间长、反应慢，而且这种方法精度不高，受天气影响相当大，有时会出现误动作，因而不能非常稳定地追踪太阳。

目前常见的跟踪方式是一种综合利用太阳运动规律确定太阳位置（视日运动轨迹跟踪）方式和太阳的实时检测（光电检测跟踪）方式的双轴跟踪设计方案，通过它们的互补实现稳定的太阳追踪。

控制系统框图如图6.11所示，双轴跟踪的作用是使聚光器的轴线始终对准太阳，双轴跟踪分为太阳的方位角跟踪和高度角跟踪。根据绝对时间初步定位太阳的方向，再通过检测太阳相对于碟式聚光系统的相对位置进行PID调节，使得系统更加精确。

太阳高度角和太阳方位角的调节过程：先将绝对时钟太阳高度角或太阳方位角给定值信号传给电动执行机构，然后电动执行机构根据给定信号调节聚光器角度，使其初步转动到大致对准太阳的位置。

细调的过程：通过安装在碟式聚光器上的二维相对位置角传感器检测太相对聚光器的位置，将检测到的聚光器实际位置角度与0°基准值进行比较，将比较得到的信号输送给PID控制器，PID控制器对这个信号进行调节，调节之后再与绝对时钟太阳高度角或太阳方位角给定值信号进行叠加，将得到的信号输送给电动执行机构，然后电动执行机构根据这个信号调节聚光器的角度，使其最终转动到精确对准太阳的位置，接受太阳的垂直照射。

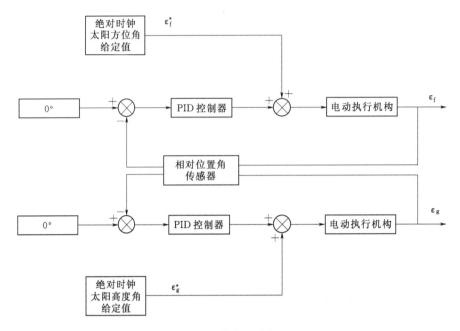

图 6.11　控制系统框图

6.1.3　线性菲涅尔式太阳能热发电系统

6.1.3.1　反射式聚光系统

线性菲涅尔式聚光系统，可以看做是槽式抛物曲面焦距扩大后得来的。线性菲涅尔反射式聚光系统如图 6.12 所示。菲涅尔反射式聚光方式又称为向下反射式聚光方式，采用一列同轴排列的反射镜取代传统意义上的抛物面反射镜，将太阳光首先聚焦在上部的中央反射镜上，再由中央反射镜向下反射，将太阳光聚焦到地面接收器中。由于二次聚焦，保证了较高的聚光比；同时，向下反射的方式不但避免了高塔上安装接收器的风险，也解决了塔顶热量损失大、安装维护成本高等问题。

图 6.12　线性菲涅尔反射式聚光系统

线性菲涅尔反射镜镜场的优化布置是提高系统效率的关键。

线性菲涅尔反射镜镜场设计图如图 6.13 所示，其中 D 为反射镜镜宽度，Q_n 为第 n 块反射镜中心点，S_n 为第 $n-1$ 块反射镜中心到第 n 块反射镜中心的距离，β_n 为第 n 块反射镜的倾角。图 6.13 中复合抛物面聚光器结构设计如图 6.14 所示，复合抛物面聚光器是一种根据边缘光学原理设计的非成像聚光器，只要光线入射角小于其设计值，则可全部反射到接收管上。它由底部的圆渐开线（AFB）和上部的抛物线段（BC、AD）两部分组成。其为轴对称结构，对其进行计算时只需考虑一侧的截面，得到复合抛物面聚光器右半段的参数方程为

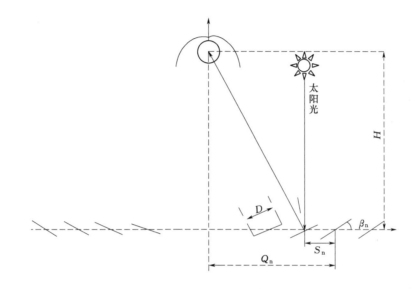

图 6.13　线性菲涅尔反射镜镜场设计图

$$X = r\sin t - I\cos t \tag{6.5}$$

$$Y = -t\cos t - I(t)\sin t \tag{6.6}$$

$$I(t) = \begin{cases} I(t) = (2rf + f^2)^{0.5} + r(t - t_0), t_0 \leqslant t \leqslant \pi/2 + \theta \\ I(t) = \dfrac{2[(2rf + f^2)^{0.5} - rt_0] + r[\pi/2 + \theta + t - \cos(t - \theta)]}{1 + \sin(t - \theta)}, \pi/2 + \theta \leqslant t \leqslant 3\pi/2 - \theta \end{cases} \tag{6.7}$$

$$t_0 = \arccos[r/(r + f)] \tag{6.8}$$

式中　r——接收圆管半径；

f——吸热体到渐开线端点的距离；

θ——入射半角；

t——方位角。

将镜场边缘反射镜反射光线的角度作为最大入射角进行设计。最大入射半角取为 $180°$，主要为了便于增加镜场，扩大口径，增加系统接收太阳光的面积。

镜场优化布置的关键是找出在没有遮挡的

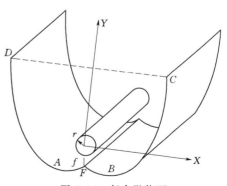

图 6.14　复合抛物面

157

极限情况下，菲涅尔反射镜镜场各参数之间的关系。镜场南北布置，随着单轴跟踪器绕镜场中心东西旋转跟踪太阳，接收装置安装在镜场中心一定高度的支架上。

如图 6.13 所有反射镜的倾斜角不同，相邻反射镜的间距不同，确保了太阳光能够聚焦到接收器上，并且避免了相互遮挡。根据反射定律，可以得出镜场重要参数的表达式为

$$\pi/2 - 2\beta_n = \arctan HQ_n \tag{6.9}$$

$$S_n = D/2 \left[(\sin\beta_n + \sin\beta_{n-1}) Q_n / H + \cos\beta_n + \cos\beta_{n-1} \right] \tag{6.10}$$

$$Q_n = Q_{n-1} + S_n \tag{6.11}$$

其中，$n \geqslant 1$，其初始参数 $Q_0 = 0$，$\beta_n = 0$，$Q_1 = S_1$，根据递推公式即可计算出整个菲涅尔反射镜镜场的参数。

6.1.3.2　机械结构设计

1. 末端损失

在北回归线以北，太阳始终在南方，对于南北向水平放置的菲涅尔反射式太阳能集热系统，末端损失如图 6.15 所示（虚线表示倾斜后）。

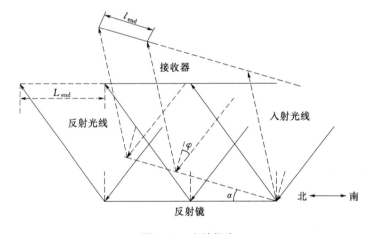

图 6.15　末端损失

入射到反射镜上的光有一部分是损失掉的，被称为末端损失。主要由末端影响因子 Γ 对末端损失进行评价，其表达式为

$$\Gamma = 1 - L_{end}/L \tag{6.12}$$

式中　L_{end}——末端损失长度；

　　　L——接收器总长度。

末端影响因子 Γ 值越大，则末端损失越小。

为了提高末端影响因子 Γ，减少末端损失，如图 6.15 中所示，把反射镜和接收器整体向南倾斜 α 角，则末端损失减少值 ΔL 为

$$\Delta L = L_{end} - l_{end} = H \left[\tan\varphi - \tan(\varphi - \alpha) \right] \tag{6.13}$$

式中　l_{end}——倾斜 α 角后的末端损失长度；

H——接收器距离反射镜的竖
　　直高度；

φ——入射太阳光与竖直面的
　　夹角。

2. 机械结构设计

为了减少末端损失，设计了可以
倾斜一定角度的机械结构，如图 6.16
所示。系统南北放置，绕轴在东西方
向上转动。系统转轴的低端通过铰链
与底架支座链接，转轴的高端与推杆
连接，可以调节倾斜的角度。可根据
不同的季节调节角度，在一定程度上
减少末端损失，提高系统效率。

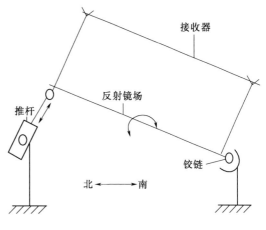

图 6.16　机械结构图

6.2　光　伏　发　电

6.2.1　光伏发电系统

通过太阳电池将太阳能转换为电能并对其进行传输、储存与应用的系统称为光伏发电系统。截止到 2017 年 11 月底，我国光伏发电累计装机容量达到 12579 万 kW，成为全球光伏发电装机容量最大的国家。2017 年 1—11 月，我国光伏发电量达 1069 亿 kW·h，同比增长 72%，光伏发电量占全部发电量的比重同比增加 0.7 个百分点，光伏年发电量首超 1000 亿 kW·h。其中，集中式光伏发电量达 932 亿 kW·h，分布式光伏发电量达 137亿 kW·h。

光伏发电系统按其工作模式分为独立光伏发电系统和并网光伏发电系统两种。

输出端未与市电连接的光伏系统称为独立光伏发电系统，主要应用于一些远离市电供应的地区，如边远山区、牧区、海岛、沙漠等，也用于为通信基站和中继站、气象台站、边防哨所等特殊场所提供基本电力。基于此，独立光伏发电系统的典型特征是备有一定容量的储能单元，其容量大小取决于光伏组件的装机容量和用户的用电情况。独立光伏发电系统主要包含光伏阵列、光伏控制器、蓄电池组、离网逆变器、负载等几部分。其结构示意图如图 6.17 所示。

根据用电负载的特点，独立光伏发电系统可分为直流系统、交流系统和交直流混合系统等。

输出端与市电相连接的光伏系统称为并网光伏发电系统，一般大型的光伏电站即为并网类型，系统将所发电量并入电网，由电网进行管理和支配，可以省去"储能单元"，节省一部分建设成本，因此，并网光伏系统是光伏发电成为电力工业组成部分之一的重要应用模式。根据所并入电网的节点不同，并网光伏发电系统可分为用户侧并网和配电侧并网。其中：用户侧并网是指光伏发电接入电网的节点在电网最低一级变电站的下游，光伏

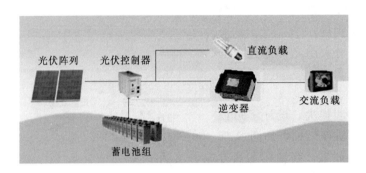

图 6.17　独立光伏发电系统结构示意图

发电输出的是用户直接可用的电压和相位形式，负载可直接用电，不需要再经过任何一级变压器。这种系统的特点是装机容量较小，降低对大电网电力的需求，直接为负载供电；配电侧并网是指光伏发电接入电网中某一级变压器的上游，只有经过变压器降压后，才能提供给用户负载使用。并网光伏发电系统主要包含光伏阵列、并网逆变器、负载、电网等几部分。其基本结构示意如图 6.18 所示。

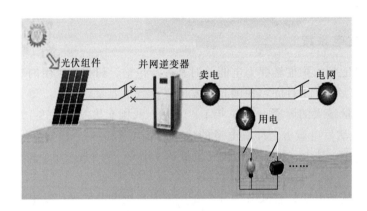

图 6.18　并网光伏发电系统结构示意图

在特殊条件下确定光伏发电系统方案时，可以将用户侧并网、配电侧并网以及光伏离网发电系统组合设计，这样，用户可以根据电网的峰谷电价差来调整自身的发电与用电策略，达到光伏系统经济效益最大化。

6.2.2　光伏发电系统设计

6.2.2.1　容量与发电量的设计

光伏发电系统容量是指系统的装机容量。设计时应计算出系统在全年内能够可靠工作所需安装的光伏组件功率大小，即光伏发电系统装机容量。在建设时应考虑规划占地面积、可利用的有效面积、光伏方阵最佳倾角和前后间距。发电量是指已建设完成的光伏电站正常工作后的年度发电量或运行 25 年的累计发电量，计算时需考虑当地太阳辐射量、气候环境以及系统的综合效率。

1. 系统设计要求

系统设计之前首先需要了解客户需要，如每天负载用电量（决定太阳电池板面积）；负载的性质，包括交流、直流（决定是否需要逆变器），根据天气和周围市电情况，比较用市电还是其他混合动力以尽量降低系统成本。根据工程所在地雷电、周围接地保护措施和泥土电阻等情况，确定是否需要做闪接器保护和是否做独立的接地保护措施。

2. 系统设计思路与步骤

针对不同大小的光伏发电系统，采取不同的设计思路。对于中小规模的光伏发电系统：①确定安装形式，即地面安装还是建筑屋顶或幕墙安装；②确定光伏电站的类型，即并网光伏电站还是离网光伏电站；③进行现场勘查并初步设计，包括电气设计、结构设计、监控设计和施工方案设计，在此基础上与用户交流，确定完善设计方案。而对于大中型并网光伏电站，一般远离用电区域，需要考虑配电侧并网方案。同时，若电站选址在偏远地区，应考虑廉价、性能稳定的光伏组件和无人值守的设计原则，以及考虑带有气象和系统运行自动监测、远程数据传输功能的监测系统。

光伏发电系统的设计可以参考设计步骤流程，如图 6.19 所示。

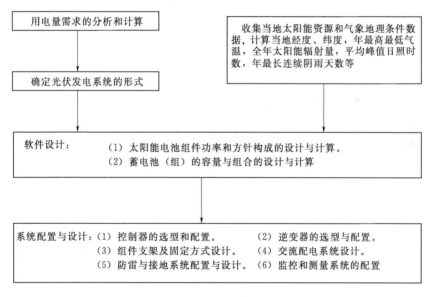

图 6.19　光伏系统的设计步骤流程

下面分析以上流程中的几个主要步骤：

（1）软件设计说明。系统软件设计包括负载功率和用电量的统计和计算、系统容量计算、太阳在方阵倾斜面的辐射量计算、太阳电池组件和蓄电池用量的计算和两者之间相互匹配的优化设计、太阳电池方阵安装倾角设计，系统运行情况的预测和系统经济效益的分析等。其中倾角设计的具体说明如下：

1）倾角的设计应该结合多方面的因素考虑，具体如下：

a. 连续性。在一年中太阳辐射总量大体上是逐月连续变化的，将水平辐射总量较大的连续 6 个月称为"夏半年"，较小的称为"冬半年"，不同的倾角对应不同的辐射量。

b. 均匀性。选择倾角使方阵面上全年接收到的平均日辐射量比较均匀，即"夏半年"与"冬半年"比较接近，以免夏天接收的辐射量过大，造成浪费。

c. 极大性。选择倾角时应尽量使"冬半年"辐射量得到最大（不一定是辐射最弱月得到最大辐射量），同时考虑全年辐射总量不要太小。

不同倾角下斜面上的辐射量数据见表 6.2。

表 6.2　　　　　　　　　　　　不同倾角下斜面上的辐射量数据

倾角/(°)	辐 射 量			倾角/(°)	辐 射 量		
	冬半年	夏半年	年平均		冬半年	夏半年	年平均
12	2.84	4.39	3.61	⋮	⋮	⋮	⋮
13	2.85	4.38	3.62	61	3.04	3.31	3.18
⋮	⋮	⋮	⋮	62	3.03	3.27	3.15
29	3.084	4.222	3.653				

2）本系统在选择系统倾角时与普通的独立系统有所差别。

a. 系统以考虑满足冬夏不同负载为优先，冬天工作 4h、夏天工作 5.5h。

b. 确定本系统最佳倾角为 29°。其中夏半年平均日照时数为 4.222h，冬半年平均日照时数为 3.084h。

c. 选择此倾角在抗风设计方面有较大优势。

d. 此倾角可减少组件的占地面积。

（2）系统容量设计说明。在进行容量设计之前，必须掌握的主要概念和计算方法如下：

1）平均日照时数和峰值日照时数。日照时间是指太阳光在一天当中从日出到日落实际的照射时间。

日照时数是指在某个地点，一天当中太阳光达到一定辐照度（一般以气象台测定的 $120W/m^2$ 为标准）时一直到小于此辐照度所经过的时间，日照时数小于日照时间。

平均日照时数是指某地的一年或若干年的日照时数总和的平均值。例如，某地从 1985—1995 年实际测量的年平均日照时数为 2053.6h，日平均日照时数就是 5.62h。

峰值日照时数是将当地的辐射量折算成标准测试条件，（辐照度 $1000W/m^2$）下的时数。例如，某地某天的日照时间是 8.5h，但在这 8.5h 中不可能太阳的辐照度都是 $1000W/m^2$。而是从弱到强再从强到弱变化的。

例：若测得这天累计的太阳辐射量是 $3600W/m^2$，则这天的峰值日照时数就是 3.6h。

2）太阳电池组件及方阵的常用计算方法为

电池组件的串联数（块）＝系统工作电压×1.43/组件峰值工作电压

其中，1.43 是系数，为太阳电池组件峰值工作电压与系统工作电压的比值。

例：假设某光伏发电系统工作电压为 48V，选择了峰值工作电压为 17V 的电池组件，计算电池组件的串联数＝48×1.43/17＝4.03≈4（块）。

3）与太阳电池组件发电量相关的主要因素。

a. 太阳电池组件的功率衰降。在光伏发电系统的实际应用中，太阳电池组件的输出功率（发电量）会因为各种内外因素的影响而衰减或降低。例如，灰尘的覆盖、组件自身功率的衰降、线路的损耗等各种不可量化的因素，在交流系统中还要考虑交流逆变器的转换效率因素。

因此，设计时要将造成电池组件功率衰降的各种因素按 10% 的损耗计算，如果是交流光伏发电系统，还要考虑交流逆变器转换效率的损失，也按 10% 计算。这些实际上都是光伏发电系统设计时需要考虑的安全系数，设计时为电池组件留有合理余量，是系统年复一年长期正常运行的保证。

b. 蓄电池的充放电损耗。在蓄电池的充放电过程中，太阳电池产生的电流在转化储存的过程中会因为发热、电解水蒸发等产生一定的损耗，因此，蓄电池的充电效率一般只有 90%～95%。

另外，在设计时也要根据蓄电池的不同将电池组件的功率增加 5%～10%，以抵消蓄电池充放电过程中的耗散损失。

4）几个重要计算公式为

a. 电池组件的并联数＝负载日平均用电量/（组件日平均发电量×充电效率系数×组件损耗系数×逆变器效率系数）

b. 电池组件的串联数＝系统工作电压×系数 1.43/组件峰值工作电压

c. 电池组件（方阵）总功率＝组件并联数×组件串联数×选定组件的峰值输出功率

5）蓄电池和蓄电池组的设计方法为

蓄电池容量＝负载平均用电量×连续阴雨天数×放电率修正系数/（最大放电深度×低温修正系数）

其中低温修正系数为 0℃时的容量大约下降到标称容量的 95%～90%，−10℃时大约下降到标称容量的 90%～80%，−20℃时大约下降到标称容量的 80%～60%。

$$蓄电池串联数＝系统工作电压/蓄电池标称电压$$
$$蓄电池并联数＝蓄电池总容量/单串蓄电池容量$$

6.2.2.2 离网系统设计案例

项目名称：西藏拉萨某离网光伏发电项目。

项目地点：西藏自治区拉萨市。经度为 91°02′E，纬度为 29°39′N。

项目要求：380V 三相输出，三相 42kW。每天工作 10h，保证 2 个阴雨天。

参数：每天太阳日照量 6.7kW·h/m²。

项目设计方案：

1. 装机容量

$$光伏组件容量＝负载功率×工作时间×系数/峰值日照时间$$

因此，装机容量＝42000×10×1.9/6.7＝120kW

选取规格为 250‑60P 的光伏组件，需 480 块，10 块一串，共 48 路。

2. 蓄电池容量

蓄电池容量＝负载功率×工作时间×（连续阴雨天数＋1）/[系统电压×蓄电池放电深度 0.7]

选取规格为 12V、600Ah 的蓄电池 270 块，18 串，15 并。

3. 汇流箱

4 进 1 出（输入 10A，输出 40A）12 台；

5 进 1 出（输入 15A，输出 100A）3 台。

4. 控制器

216V　200A　3 台。

5. 直流配电柜

50kW　1 台。

6. 逆变器

三相输出离网逆变器，216 DC50 kW。

7. 交流配电柜

70kW。

6.2.2.3　并网系统设计案例

项目名称：某工业园屋顶并网光伏发电项目。

1. 项目所在地基本信息

（1）项目屋顶光伏发电设施的可使用面积为 14.44 万 m^2。

（2）本项目总装机容量为 20MW。

（3）所在地太阳能资源：年平均气温 21℃。年平均日照时数 2147.6h，太阳辐照量 5822.9MJ/（m^2·a）无霜期 330 天以上，平均降雨量 1500mm 左右。较适宜对太阳能资源的开发与利用。

2. 系统总体方案设计

本项目为并网光伏电站项目。20MW 并网光伏发电系统总体方案如图 6.20 所示。

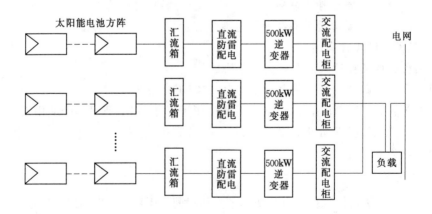

图 6.20　20MW 并网光伏发电系统总体方案

（1）太阳电池组件选型。太阳电池组件是太阳能光伏发电系统的核心部件，其光电转换效率、各项参数指标的优劣直接代表了整个光伏发电系统的发电性能。本方案采用 200W 单晶硅太阳能光伏组件，其主要技术参数见表 6.3。

表 6.3 　　　　　　　　　　　　　200W 单晶硅组件参数表

序号	项　目	参　数
1	峰值功率	$W = 200W$
2	最佳工作点电压	$U_m = 36.0V$
3	最佳工作点电流	$I_m = 5.55A$
4	光电转换效率	$\eta = 16.46\%$
5	开路电压	$U_{oc} = 43.8V$
6	短路电流	$I_{sc} = 6.34A$
7	电流温度系数	$0.045\%/K$
8	电压温度系数	$-0.3\%/K$
9	额定工作温度	$(45+2)℃$
10	最大系统电压	1000V
11	尺寸（宽×长×高）	$1580mm×808mm×40mm$
12	重量（含铝边框）	15kg

（2）光伏并网逆变器选型。光伏并网逆变器是光伏发电系统中的关键设备，对于提高光伏系统的效率和可靠性具有举足轻重的作用。并网逆变器主要性能如下：

光伏并网逆变器输出电压在电网公共连接点（point of common coupling，PCC）处的允许偏差符合《电能质量供电电压偏差》（GB 12325—2008）中的规定，20kV 及以下三相供电电压偏差为标称电压的±7%；220V 单相供电电压偏差为标称电压的+7%和−10%。

光伏并网逆变器与并网同步运行，电网额定频率为 50Hz，光伏并网逆变器输出允许偏差符合《电能质量电力系统频率偏差》（GB/T 15945—2008）中的规定，即偏差限值为±0.5Hz。

光伏并网逆变器工作时不会造成电网电压波过度的畸变，不会注入电网过度的谐波电流。光伏并网逆变器额定输出符合《电能质量公用电网谐波》（GB/T 14549—1993）中的规定，即电压总谐波畸变率限值为：0.38kV 为 2.6%，6～10kV 为 2.2%，35～66kV 为 1.9%，110kV 及 220kV 为 1.5%。

光伏并网逆变器的输出大于其额定输出 20%时，平均功率因数大于 0.85（超前或滞后）。

光伏并网逆变器的效率大于 95%，同时每台逆变器都具有最大功率点跟踪（maximum power point tracking，MPPT）技术。

光伏并网逆变器具有齐全保护功能，具有电网过/欠压保护、过/欠频保护、防孤岛保护、恢复并网保护、过流保护、极性反接保护、过载保护功能，同时具有电网故障自诊断功能及系统故障自诊断功能。

光伏并网逆变器配有先进的通信接口，同时提供太阳能辐射数据采集接口、光伏方阵温度采集接口，大气气流采集接口。

光伏并网逆变器保护功能包括过电流保护，当逆变器工作电流超过额定值 150%时，逆变器能自动保护，当电流恢复正常后，设备能正常工作；短路保护，当逆变器输出短路时，具有短路保护措施，短路排除后设备能正常工作；极性反接保护，输入直流极性相反时，设备能自动保护，待极性正接后，设备能正常工作。

使用寿命不低于 20 年，保质期不低于 2 年。

本项目选择 SG500K3 型光伏并网逆变器，性能参数见表 6.4。

表 6.4　　　　　　　　　　　　SG500K3 型光伏并网逆变器性能参数

序号	项　　目	参　　数
1	最大直流侧电压	880V
2	最大功率电压跟踪范围	450～820V
3	最大直流功率	550kW
4	最大输入电流	1200A
5	最大输入路数	16
6	额定输出功率	500kW
7	额定电网电压	400V
8	允许电网电压	310～450V
9	额定电网频率	50Hz/60Hz
10	总电流波形畸变范围	47～51.5Hz/57～61.5Hz
11	功率因素	<3%（额定功率）
12	最大功率	97.3%（含变压器）
13	欧洲功率	96.7%（含变压器）
14	防护等级	IP20（室内）
15	夜间自耗电	<100W
16	允许环境温度	−25～55℃
17	冷却方式	风冷
18	允许相对湿度	0～95%，无冷凝
19	允许最高海拔	6000m
20	标准通信方式	RS485
21	可选通信方式	以太网/GPRS

（3）防雷方案设计。

1）直接雷。直接雷对安装在户外的光伏组件方阵造成的损害最大。一般建筑顶部都有完善的防雷网。在设计安装组件方阵时应做到：①组件方阵支架可靠接地；②组件方阵低于建筑顶部防雷网；③如果不能低于防雷网，则另外架设防雷网，并且让组件方阵与防雷网支架有足够的安全距离，以免组件方阵被挡光。

2）感应雷。系统遭受感应雷而致损坏的可能性同样非常高。需在系统多处设计安装防雷保护措施：直流侧将采用双重防雷保护，一重保护为在方阵一级防雷汇流箱安装的专用直流涌模块；二重保护为在逆变器输入端安装的专用直流浪涌保护模块。

交流侧则在交流配电并网柜安装专用的交流浪涌防雷模块。

多点防雷技术在与建筑结合的光伏并网系统中的使用将极大提高系统的安全性。

（4）太阳电池阵列及汇流方案设计。

1）太阳电池阵列子方阵设计遵循的原则：①太阳电池板串联形成的组串，其输出电压的变化范围必须在逆变器正常工作的允许输入电压范围内；②每个子方阵的总功率不超过逆变器的最大允许输入功率；③太阳电池板串联后，其最高输出电压不允许超过太阳电池组件自身要求的最高允许系统电压；④各太阳电池板至逆变器的直流部分通路应尽可能短，以减少直流损耗。

2）太阳电池组件的串、并联设计。太阳电池组件串联的数量由逆变器的最高输入电压、最低工作电压以及太阳电池组件允许的最大系统电压所确定。太阳电池组串的并联数量由逆变器的额定容量确定。

本项目所选逆变器的最高允许输入电压为880V，输入电压MPPT工作范围为450～820V。200W单晶硅太阳电池组件的开路电压为43.8V，最佳工作点电压为36V，开路电压温度系数为$-0.33\%/K$。

对于单晶硅光伏电池，工作电压（U_{mp}）的温度系数约为$-0.0045/℃$，折合70℃时的系数为0.8，开路电压（U_{oc}）的温度系数约为$-0.0034/℃$，折合$-10℃$时的系数为1.12。

依据串联数最小值 $n_1 = U_1/U_{mp} = 450/36 = 13$

串联数最大值 $n_2 = U_2/U_{oc} = 820/43.8 = 18$

本项目全部为固定倾角安装的单晶硅太阳电池组件，共20MW。

综合以上分析，本方案选择17块组件串联，电池组串的输出电压为612V，此电压值大于逆变器的初始工作电压450V，逆变器可以启动，最大开路电压744.6V小于逆变器侧最大工作电压，系统可以正常工作。根据17串为一光伏阵列，系统由5883个光伏方阵构成。经汇流后进入直流汇流箱，通过逆变器转化为交流电升压并入电网。

3）光伏阵列汇流设计。为了减少直流侧电缆的接线数量，提高系统的发电效率，该并网光伏发电系统需要配置光伏阵列汇流装置，该装置就是将一定数量的电池串列汇流成1路直流输出。

本项目根据光伏系统的特点，设计了具有16路光伏阵列汇流的汇流箱，该汇流箱的每路电池串列输入回路配置了耐压为1000V的高压熔丝和光伏专用防雷器，并可实现直流输出手动分断功能。

单晶硅组件每16个光伏方阵配汇流箱1个，8个汇流箱输出至一个总的直流汇流柜，由此连至逆变器SG500KTL。总计需要16路汇流箱368个，8路直流汇流柜46个。

3. 系统发电量计算

（1）并网光伏系统效率计算。并网光伏发电系统的总效率由光伏阵列效率、功率调节器效率、交流并网三部分组成。

光伏阵列效率 H_p：光伏阵列在1000W/m² 太阳辐射强度下，实际的直流输出功率与标称功率之比。光伏阵列在能量转换过程中的损失包括组件的匹配损失、不可利用的太阳辐射损失、MPPT精度等，按效率小于95%计算。

功率调节器转换效率 H_i：功率调节器输出的交流电功率与直流输入功率之比，按效率小于94%计算。

温度系数 H_t：按小于95%计算。

灰尘损耗系数 H_d：按小于97%计算。

线路损耗系数 H_c：按小于98%计算。

系统总效率＝$H_p \times H_i \times H_c \times H_d \times H_t$＝95%×94%×95%×97%×98%＝80.64%

（2）光伏阵列倾斜面表面的太阳能辐射量计算。从气象站得到的资料均为水平面上的太阳能辐射量，需要换算成光伏阵列倾斜面的辐射量才能进行发电量的计算。

对于某一倾角固定的光伏阵列，所接受的太阳辐射能与倾角有关，较简便的辐射量计算经验公式为

$$R_\beta = S[\sin(\alpha + \beta)/\sin\alpha] + D \tag{6.14}$$

式中　R_β——倾斜光伏阵列面上的太阳能总辐射量；

　　　S——水平面上太阳直接辐射量；

　　　D——散射辐射量；

　　　α——中午时分的太阳高度角；

　　　β——光伏阵列倾角。

计算不同倾斜面的太阳辐射量，经过计算比较本项目最佳倾角为35°。

$$日发电量 = R_\beta P_m H_p H_i H_c H_d H_t / h_o \tag{6.15}$$

式中　R_β——太阳能总辐射量；

　　　P_m——组件最大功率；

　　　H_p——光伏阵列效率；

　　　H_i——功率调节器效率；

　　　H_c——线路损耗系数；

　　　H_d——灰尘损耗系数；

　　　H_t——温度系数；

　　　h_o——平均日照时数。

根据太阳辐射能量、系统组件总功率、系统总效率等数据，可预测并网光伏发电系统的年总发电量。（系统的总效率约80.64%，25年输出衰减为10%～15%）

综上所述，本项目预计年发电量测算见表6.5。

表6.5　　　　　　　　　　　　　本项目发电量测算表

年数	倾斜面年平均日照时间/h	本年度为上一年度发电的比例	系统转换率/%	系统容量/W	水平面年平均日照时间/h	年发电量/(MW·h)
第1年	4.19	1	80.64	20000000	3.65	24651.23
第2年	4.19	0.994	80.64	20000000	3.65	24503.32
第3年	4.19	0.994	80.64	20000000	3.65	24356.30
第4年	4.19	0.994	80.64	20000000	3.65	24210.16
第5年	4.19	0.994	80.64	20000000	3.65	24064.90
第6年	4.19	0.994	80.64	20000000	3.65	23920.51

续表

年数	倾斜面年平均日照时间/h	本年度为上一年度发电的比例	系统转换率/%	系统容量/W	水平面年平均日照时间/h	年发电量/(MW·h)
第 7 年	4.19	0.994	80.64	20000000	3.65	23776.99
第 8 年	4.19	0.994	80.64	20000000	3.65	23634.33
第 9 年	4.19	0.994	80.64	20000000	3.65	23492.52
第 10 年	4.19	0.994	80.64	20000000	3.65	23351.57
第 11 年	4.19	0.994	80.64	20000000	3.65	23211.46
第 12 年	4.19	0.994	80.64	20000000	3.65	23072.19
第 13 年	4.19	0.994	80.64	20000000	3.65	22933.76
第 14 年	4.19	0.994	80.64	20000000	3.65	22796.15
第 15 年	4.19	0.994	80.64	20000000	3.65	22659.38
第 16 年	4.19	0.994	80.64	20000000	3.65	22523.42
第 17 年	4.19	0.994	80.64	20000000	3.65	22388.28
第 18 年	4.19	0.994	80.64	20000000	3.65	22253.95
第 19 年	4.19	0.994	80.64	20000000	3.65	22120.43
第 20 年	4.19	0.994	80.64	20000000	3.65	21987.70
第 21 年	4.19	0.994	80.64	20000000	3.65	21855.78
第 22 年	4.19	0.994	80.64	20000000	3.65	21724.64
第 23 年	4.19	0.994	80.64	20000000	3.65	21594.29
第 24 年	4.19	0.994	80.64	20000000	3.65	21464.73
第 25 年	4.19	0.994	80.64	20000000	3.65	21335.94
总计						573883.93

总体上,本项目总装机容量为 20.00MW,首年发电量约 24651.23MW·h,项目 25 年累计发电量约为 573883.93MW·h,年均发电量约为 22955.36MW·h。

6.2.3 大型光伏发电系统工程施工工艺和方法

对于具体的光伏电站项目,施工之前需制定相应的工程施工方案,制定质量保证措施,做好施工准备,最后组织工程施工。

6.2.3.1 施工工艺流程

光伏发电系统施工工艺流程如图 6.21 所示。

6.2.3.2 施工方法

1. 施工准备

熟悉与工程有关的技术资料,如施工及验收规范、技术规程、质量检验评定标准以及制造厂提供的资料。

编制施工方案。在全面熟悉施工图纸的基础上,依据图纸并根据施工现场情况、技术力量及技术装备情况,综合作出合理的施工方案。

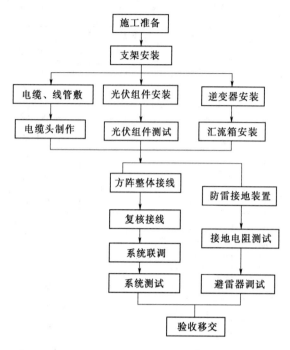

图 6.21　光伏发电工程施工工艺流程图

委托当地的热镀锌配件生产厂家根据加工图纸对支架采用工厂化加工，热镀锌防腐处理，并喷涂白色面漆。在批量生产前先对支架进行放样安装，无误后方可大规模制作。

2. 支架安装

复核基础前后底座标高，不符合要求的应采取相应措施进行处理。

支架采用先组合框架后组合支撑及连接件的方式进行安装。

螺栓的连接和紧固按照厂家说明和设计图纸上要求的数目和顺序穿放。不得强行敲打，不得气割扩孔。

支架安装完毕后，支架安装的垂直度和角度应符合下列规定：

（1）支架垂直度偏差每米不大于±1°，支架角度偏差度不大于±1°。

（2）支架安装的允许偏差应符合表6.6 中的规定。

表6.6　　　　　　　　　　　　　支架安装的允许偏差表

项　目		允许偏差/mm
中心线偏差		≤2
垂直度（每米）		≤1
水平偏差	相邻横梁间	≤1
	东西向全长（相同标高）	≤10
立柱面偏差	相邻立柱间	≤1
	东西向全长（相同轴线）	≤5

3. 电池板安装

安装步骤包括：

（1）电池板进场检验。

（2）电池板安装。

（3）电池板调平。

4. 逆变器安装

逆变器基础施工完毕，达到设备安装的硬化要求后，将逆变器由载重汽车运至现场，利用吊车通过逆变器顶端的吊孔将逆变器吊装至基础上。

按照设计图纸和逆变器电气连接的要求进行电气连接，并标明对应的编号。在电气连接前用万用表确认光伏阵列的正负极。

5. 汇流箱安装

在阳光下安装接线时，应遮住太阳能光伏电池板，以防光伏电池的高电压电击伤人。

安装时，把可拆卸活动安装板分别插入箱体底部的安装板插座中，并用两个螺钉固定，再用膨胀螺丝固定到安装位置。

将光伏防雷汇流箱接入光伏发电系统中后，将防雷箱接地端与防雷地线或汇流排进行可靠连接，连接导线应尽可能短直，且连接导线应是截面积不小于 $16mm^2$ 的多股铜芯。接地电阻值应不大于 4Ω，否则，应对地网进行整改，以保证防雷效果。安装完成检查无误后方可投入使用。

输入端位于机箱的下部，注意与光伏组件输出正极的连线位于底部左侧，而与光伏组件输出负极的连线位于底部右侧，用户接线时需要拧开防水端子，接入连线至保险丝插座，然后拧紧螺丝，固定好连线，最后拧紧外侧的防水端子。

输出包括汇流后直流正极、直流负极与地，上面备有四个端子供选择，接地线为黄绿色。用户接线时需要拧开防水端子，然后接入连线，拧紧螺丝，固定好连线，最后拧紧外侧的防水端子。

6. 电缆、线管敷设及电缆头制作

(1) 电缆、线管敷设。通过现场调查，规划出电缆敷设路径，电缆沿最短路径敷设，以缩短电缆长度，降低线路损耗。沿规划的电缆敷设路径撒上白石灰，由施工人员人工开挖电缆沟，电缆沟开完深度应保证电缆外皮至地面深度不小于 0.7m。

将电缆穿 RC 线管后敷设入电缆沟内，并在电缆头制作完毕，检查确认无误后，人工回填电缆沟。电缆沟采用原土回填，分层夯实。

(2) 电缆头制作。制作流程：摇测电缆绝缘→剥电缆铠甲，打卡子→焊接地线→包缠电缆、套电缆终端头套→压电缆芯线接线鼻子、与设备连接。

7. 方阵整体接线

各光伏组件的连线严格按照设计安装图分组进行串联连接，分组专人负责。对每组连接进行细化分工，加强自检和互相监督，确保连接无误，不得多接和少接。同时要保证接地可靠。电线接头牢固，不脱线、漏线。购置的专用接插件必须严格按照组装工序合理组合，连接时专用插接件必须接插到位。

对于太阳电池连接线和直流汇流箱的连接，每组串的连接线端头部分按照施工图给出的编号进行标记，并安装接头等连接装置，在汇流箱安装到位进行必要的检查后可以进行连接安装。安装同样采用分组专人负责制，严格按施工图施工，按照先接正极，再接负极的顺序安装。连接时必须先断开汇流箱中的每路空气开关，防止电流下引。

8. 防雷接地装置施工

施工顺序：地沟开挖→接地极安装→接地网连接→设备连接→地沟回填→接地电阻测试。

接地网由接地体和接地扁钢组成。地网分布在场地的四周，接地体采用热镀锌角钢，规格为 $50\times50\times5mm$，长度为 2500mm。一端加工成尖头形状，方便打入地下。

接地扁铁采用 $40\times6mm$ 特镀锌扁钢，接地网埋深 0.8m 并和镀锌扁钢焊在一起，各拐角处应做成弧形。接地扁钢应垂直与接地体焊接在一起，以增大与土壤的接触面积。最后扁钢和立柱的底板采用螺栓连接在一起。接地网焊接完毕后用原土回填。

地沟回填完毕后，用接地电阻测试仪测量接地电阻，接地网的接地电阻不得大于 4Ω。

9. 电池板测试

（1）串联组件连接到系统前的测试。此测试使用数字万用表检查串联组件的开路电压。测量值应等于单个组件开路电压的总和。如果测量值比预期值低很多，按照产品说明书中"低电压故障排除"的说明进行处理。

（2）检查每个串联电路的短路电流。此检查通过将数字万用表连接到串联组件的两端直接测量。注意，电流表的额定刻度应大于串联组件额定电流的 1.25 倍。

（3）低电压故障排除。低电压故障排除用来鉴别正常的低电压和故障低电压。其中：正常低压是指组件开路电压的降低，它是由太阳电池温度升高或辐照度降低造成的；故障低电压通常是由于终端连接不正确或旁路二极管损坏引起的。

10. 复核接线及系统联调

全面复核各支路接线的正确性，再次确认直流回路正负极性的正确性。

确认逆变器直流输入电压极性正确，闭合逆变器直流输入开关。

空载下闭合逆变器交流输出开关，检测并确认交流输出电压值正确。

逐一启动交流负载，直至全部负载工作正常。

系统运行状态调整：全面调试光伏系统运行状态，试验各项保护功能。

11. 系统测试

全面测试光伏系统运行状态，记录系统各部件主要运行参数。

12. 验收移交

依据光伏工程有关验收程序，项目部和业主双方共同复核发电系统及负载运行情况，履行工程验收和移交手续。

6.2.3.3　光伏发电系统组件安装示例

以琉璃瓦斜面屋顶为例，说明太阳电池组件方阵安装方法。

光伏电池组件固定图如图 6.22 所示，可以使用导轨连接设计，使安装更加快捷方便。采用先进的模块化设计，零部件通用配合性好，安装方便。

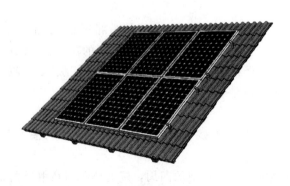
（a）安装效果

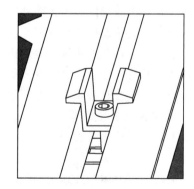
（b）中压块固定细节示意

图 6.22　太阳电池组件固定图

安装的具体过程如下：

（1）屋顶挂钩的位置按照预先设定的位置分布，删除走高的屋顶瓦片，屋顶挂钩安装图如图 6.23 所示。

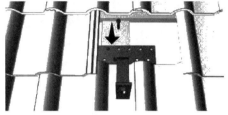

（a）切割拟安装挂钩处的屋顶瓦片　　　　（b）挂钩安装细节

图 6.23　屋顶挂钩安装图

（2）屋顶挂钩要平放好，不能压在瓦片上，屋顶挂钩安装注意点如图 6.24 所示。

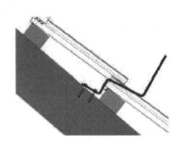
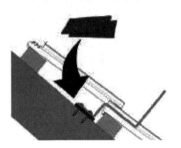

（a）放入挂钩　　　　（b）调整挂钩并固定

图 6.24　屋顶挂钩安装注意点

（3）如果现场条件允许，可以用工具把盖住屋顶挂钩的瓦片多余的部分切割掉，如图 6.25 所示。

（4）重要注意事项为不能用脚踩在挂钩上面，如图 6.26 所示。

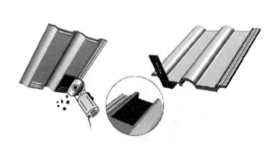

图 6.25　切割多余的瓦片部分　　　　图 6.26　禁用脚踩挂钩

（5）安装在除琉璃瓦外的其他普通瓦房上面时，直接将瓦片切割并保存，如图 6.27 所示。

（6）螺栓、E 型块、轨道的 4 个安装步骤，如图 6.28 所示。即先将 E 型块嵌入轨道卡槽，再拴紧螺栓。

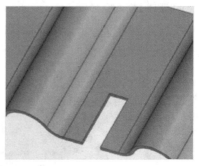

图 6.27 普通瓦覆盖的屋顶安装示意图

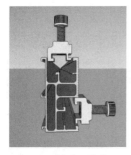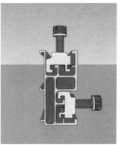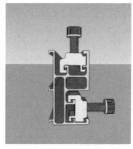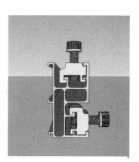

（a）E 型块放入轨道　　（b）E 型块对准轨道卡槽　　（c）E 型块嵌入轨道卡槽　　（d）旋紧螺栓固定 E 型块

图 6.28 螺栓、E 型块、轨道的安装步骤

（7）屋顶挂钩与轨道组合安装，如图 6.29 所示。挂钩与轨道组合安装模块具体过程：用螺栓套入螺丝垫圈（留在螺母侧），穿过屋顶挂钩后对准导轨连接块，旋动螺丝将螺栓锁进导轨连接块，注意需要通过上下调节穿过挂钩的螺栓，找好轨道的最佳高度、倾角和直线度，然后锁紧螺栓，将轨道与挂钩连接固定。

（8）水平边缘的太阳能板在轨道的示意图如图 6.30 所示。

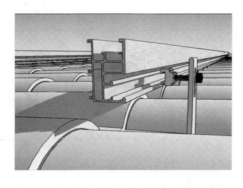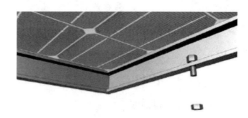

图 6.29 屋顶挂钩与轨道组合安装示意图　　　图 6.30 太阳能板安装在轨道示意图

在模块组装前，硅板底部的铝合金边框已经按标准打好孔（适用于水平边缘导轨的安装），选用合适规格的螺栓穿过边框预留孔锁入轨道，即可将安装在模块边缘的太阳能组件固定在轨道上。

（9）轨道、侧压块与光伏组件组合图如图6.31所示。滑动模组的侧边，用侧压块、螺丝组合来固定边缘模组。

（10）轨道与中压块、光伏组件连接固定示意图如图6.32所示。模组内部的光伏组件，通过中压块、螺丝固定在轨道上。

（11）轨道之间的连接固定示意图如图6.33所示。

图6.31　轨道、侧压块与光伏组件组合图

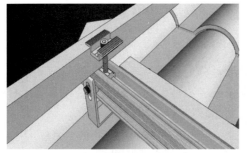

（a）中压块与组件一侧和轨道位置

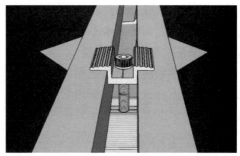

（b）中压块、两侧光伏组件与轨道固定

图6.32　轨道与中压块、光伏组件连接固定示意图

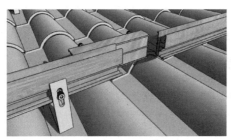

（a）用M8螺丝将轨道连接件锁在一个轨道上

（b）将两根轨道水平对接

图6.33　轨道之间的连接固定示意图

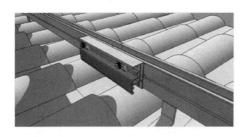

图6.34　轨道连接固定效果图

轨道之间采用一块轨道连接件连接，轨道连接件背面与轨道对接并且相连，用螺丝锁住一个轨道。将另外一根轨道水平地对接过来，两根轨道紧密地嵌接在一起。

两个轨道和轨道连接件一起对接上后，检查水平度和弯曲度，然后用六角固定螺栓锁住，复合轨道的长度不能超过12m。轨道连接固定效果图如图6.34所示。

6.3　光　热　利　用

太阳能热水系统（或工程）是一种典型的光热利用案例。太阳能热水系统是指储热水箱大于 0.6t 的太阳能热水器（储热水箱小于 0.6t 的太阳能热水器称为家用太阳能热水器）。太阳能中央热水系统属于太阳能热水系统（或工程）范畴。

6.3.1　太阳能热水系统分类

太阳能热水系统分类的主要依据有循环方式、系统结构、集热器结构、集热器水箱集成形式、辅助加热设备的配备、工质循环次数以及系统承压状况等。本书主要以前三种情况为例简要介绍太阳能热水系统的分类。

6.3.1.1　按系统循环方式分类

太阳能热水系统按照系统循环方式不同大致可分为自然循环系统、强制循环系统、直流循环系统三类。在我国，家用型太阳能热水器或者小型太阳能热水系统通常采用自然循环方式，而大中型太阳能热水系统通常采用强制循环或者直流循环方式。

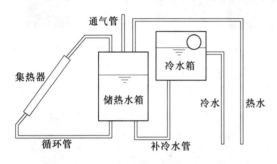

图 6.35　自然循环太阳能热水系统

1. 自然循环太阳能热水系统

自然循环太阳能热水系统依靠集热器与储热水箱水温不同产生的密度差进行温差循环，水箱底部的冷水被不断地经由集热器加热后到达水箱顶部供用户使用。系统通过补水箱与储热水箱之间的水位差形成的压力为储热水箱底部供给冷水，补水箱水位由箱内浮球阀来控制，自然循环太阳能热水系统如图 6.35 所示。

自然循环太阳能热水系统具有结构简单、不需要循环泵等优点，是目前正在大规模使用的一种太阳能热水系统。但是由于水箱必须设置在集热器上方，不利于热水系统与建筑物一体化设计需求，尤其是在坡屋顶很难施工安装。该系统类型仅适合于与对外观要求低的中小型太阳能热水系统。经过理论和实践证明，由于水箱冷水通过集热器的时间刚好为一天的日照时间，因此自然循环太阳能热水系统在白天无法提供足够温度的热水，无法做到 24h 供水需求。

2. 强制循环太阳能热水系统

强制循环太阳能热水系统通过特定条件强制开启循环泵，使循环管中的传热工质被迫循环形成回路，通过集热器中传热工质采集能量达到获取太阳能的目的，强制循环太阳能热水系统如图 6.36 所示。

根据开启循环泵条件和循环传热工质

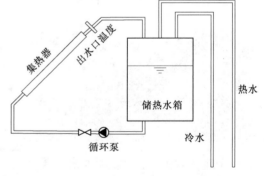

图 6.36　强制循环太阳能热水系统

的不同，强制循环可以分为温差控制直接强制循环系统、温差控制间接强制循环系统、温差控制间接强制循环回排系统、定时器控制强制循环系统、光电控制直接强制循环系统等几类。广泛应用的是温差控制直接强制循环系统和温差控制间接强制循环系统。温差控制直接强制循环系统是将水箱的水作为传热工质通过集热器加热，其优点是无需使用防冻液和热交换器。温差控制间接强制循环系统通常是用防冻液作为采集热量的传热工质，通过热交换器将热量传递给水箱中的热水，其优点是无需对系统单独做防冻措施，不影响系统用水的质量。对用水质量要求较高，且容易出现低温冰冻天气的地方应该选择使用温差控制间接强制循环系统。

3. 直流循环系统

直流循环系统是在自然循环和强制循环基础上发展起来的一种循环方式。定温进水泵直接将冷水压入集热器加热，当集热器温度达到预先设定的值时，开启定温进水泵将冷水压入集热器，将集热器中的热水顶入到储热水箱，当集热器温度低于预设温度下限时关闭定温进水泵，系统完成一次热水采集任务。直流循环太阳能热水系统如图 6.37 所示。

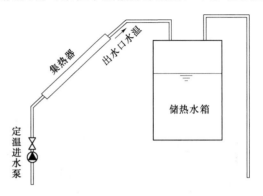

图 6.37 直流循环太阳能热水系统

直流循环太阳能热水系统优点为储热水箱位置无须设置在集热器上方，循环水的压力由定温进水泵产生，因而可以用在大型系统中。冷水通过加热达到设定温度以后才进入水箱，使得系统可以直接产生用户所需温度的热水，有利于实现系统 24h 供水需求。

6.3.1.2 按系统结构差异分类

太阳能热水系统结构设计的差异主要集中系统循环方式、水箱数目、是否为直接加热、是否包含回水回路、是否具有辅助加热设备以及管路的连接方式等几个方面，具体按结构差异分类及特点见表 6.7。

表 6.7 太阳能热水系统按结构差异分类及特点

名称	示 意 图	特 点	使用条件
自然循环单水箱系统	通气管 集热器 热水 储热水箱 循环管 补冷水管	1. 系统没有辅助热源，不需要专业人士维护。 2. 系统采用开式系统，没有安全阀，系统运行可靠。 3. 与外界空气相连，易受污染。 4. 储热水箱高于集热器。 5. 全部依太阳能，供水无保障。 6. 供热系统没有循环管路，不利节水	适用于太阳辐射较好，热水供应规模小，对热水质量以及建筑物一体化设计要求低的场合

名　称	示　意　图	特　　点	使用条件
自然循环双水箱系统	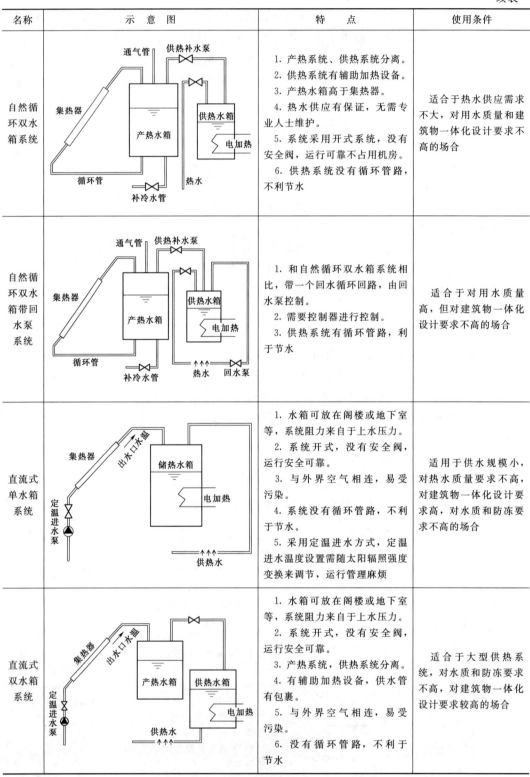	1. 产热系统、供热系统分离。 2. 供热系统有辅助加热设备。 3. 产热水箱高于集热器。 4. 热水供应有保证，无需专业人士维护。 5. 系统采用开式系统，没有安全阀，运行可靠不占用机房。 6. 供热系统没有循环管路，不利节水	适合于热水供应需求不大，对用水质量和建筑物一体化设计要求不高的场合
自然循环双水箱带回水泵系统		1. 和自然循环双水箱系统相比，带一个回水循环回路，由回水泵控制。 2. 需要控制器进行控制。 3. 供热系统有循环管路，利于节水	适合于对用水质量高，但对建筑物一体化设计要求不高的场合
直流式单水箱系统		1. 水箱可放在阁楼或地下室等，系统阻力来自于上水压力。 2. 系统开式，没有安全阀，运行安全可靠。 3. 与外界空气相连，易受污染。 4. 系统没有循环管路，不利于节水。 5. 采用定温进水方式，定温进水温度设置需随太阳辐照强度变换来调节，运行管理麻烦	适用于供水规模小，对热水质量要求不高，对建筑物一体化设计要求高，对水质和防冻要求不高的场合
直流式双水箱系统		1. 水箱可放在阁楼或地下室等，系统阻力来自于上水压力。 2. 系统开式，没有安全阀，运行安全可靠。 3. 产热系统，供热系统分离。 4. 有辅助加热设备，供水管有包裹。 5. 与外界空气相连，易受污染。 6. 没有循环管路，不利于节水	适合于大型供热系统，对水质和防冻要求不高，对建筑物一体化设计要求较高的场合

续表

名称	示意图	特点	使用条件
直流式双水箱带回水系统		1. 和直流式双水箱系统相比，带一个回水循环回路，由回水泵控制。 2. 需要控制器进行控制。 3. 供热系统有循环管路，利于节水	适合于大型供热系统，对水质和防冻要求不高，对建筑物一体化设计要求和用水质量较高的场合
强制循环单水箱直接系统		1. 水箱可放在阁楼或地下室等，系统阻力来自于上水压力。 2. 系统开式，没有安全阀，运行安全可靠。 3. 与外界空气相连，易受污染。 4. 系统没有循环管路，不利于节水。 5. 供水有保障，运行效率较高	适合于对供水规模要求大，对水质和供水质量要求不高，对建筑物一体化设计要求高的场合
强制循环单水箱直接带回水系统		1. 和强制循环单水箱直接系统相比，带一个回水循环回路，由回水泵控制。 2. 需要控制器进行控制。 3. 供热系统有循环管路，利于节水	适合于对供水规模要求大，对水质要求不高，对供水质量和建筑物一体化设计要求高的场合
强制循环双水箱直接系统		1. 产热系统、供热系统分离。 2. 供热系统有辅助加热设备。 3. 热水供应有保证，系统运行有保障。 4. 与外界空气相连，易受污染。 5. 供热系统没有循环管路，不利节水	适合于供水规模大，对水质和供水质量要求不高，对建筑物一体化设计要求高的场合

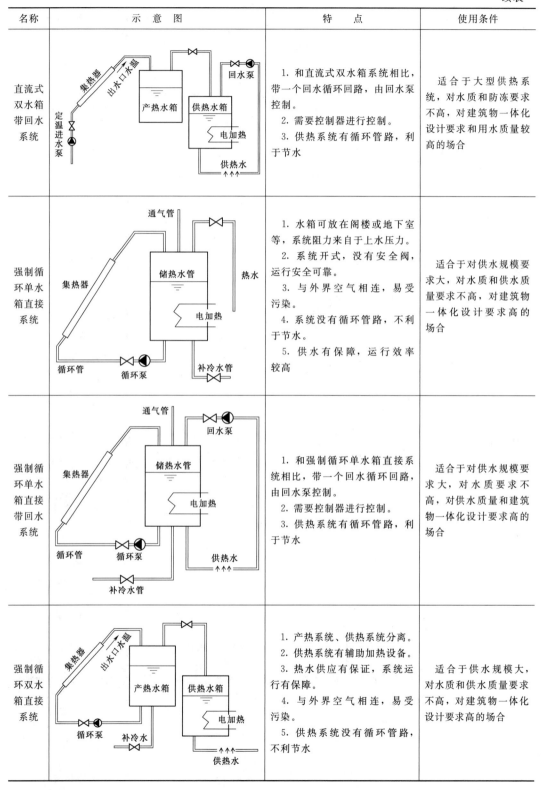

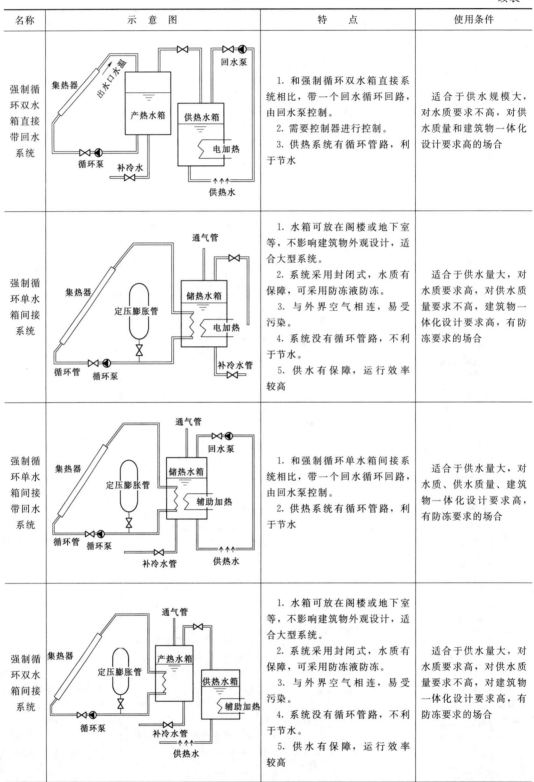

名 称	示 意 图	特 点	使用条件
强制循环双水箱直接带回水系统		1. 和强制循环双水箱直接系统相比，带一个回水循环回路，由回水泵控制。 2. 需要控制器进行控制。 3. 供热系统有循环管路，利于节水	适合于供水规模大，对水质要求不高，对供水质量和建筑物一体化设计要求高的场合
强制循环单水箱间接系统		1. 水箱可放在阁楼或地下室等，不影响建筑物外观设计，适合大型系统。 2. 系统采用封闭式，水质有保障，可采用防冻液防冻。 3. 与外界空气相连，易受污染。 4. 系统没有循环管路，不利于节水。 5. 供水有保障，运行效率较高	适合于供水量大，对水质要求高，对供水质量要求不高，建筑物一体化设计要求高，有防冻要求的场合
强制循环单水箱间接带回水系统		1. 和强制循环单水箱间接系统相比，带一个回水循环回路，由回水泵控制。 2. 供热系统有循环管路，利于节水	适合于供水量大，对水质、供水质量、建筑物一体化设计要求高，有防冻要求的场合
强制循环双水箱间接系统		1. 水箱可放在阁楼或地下室等，不影响建筑物外观设计，适合大型系统。 2. 系统采用封闭式，水质有保障，可采用防冻液防冻。 3. 与外界空气相连，易受污染。 4. 系统没有循环管路，不利于节水。 5. 供水有保障，运行效率较高	适合于供水量大，对水质要求高，对供水质量要求不高，对建筑物一体化设计要求高，有防冻要求的场合

续表

名称	示意图	特点	使用条件
强制循环双水箱间接带回水系统	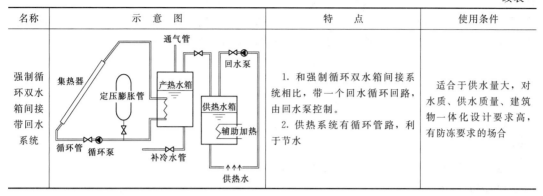	1. 和强制循环双水箱间接系统相比，带一个回水循环回路，由回水泵控制。 2. 供热系统有循环管路，利于节水	适合于供水量大，对水质、供水质量、建筑物一体化设计要求高，有防冻要求的场合

6.3.1.3 按集热器结构差异分类

太阳能热水系统按照其集热器结构不同通常可分为平板集热器系统和真空管集热器系统两类。太阳能中央热水系统的结构设计一般需要满足较高的建筑物一体化设计需求，相比平板型集热器，真空管集热器实现建筑物一体化设计难度较大，目前太阳能中央热水系统大多采用平板型集热器作为自身的集热元件。

1. 平板型集热器

平板型集热器是常见的低温热利用集热器。主要由吸热板、透明盖板、隔热层、外壳等几部分组成。太阳辐射穿过透明盖板照射到吸热板上，吸热板将其转化成热能传递给传热工质，使其温度上升，当吸热盖板温度上升以后，不可避免地加大集热器向四周散热的速率以及经过传导、对流、向外辐射等方式损失热量，进而降低集热器效率，所以平板集热器通常用于低温热利用场合。

（1）平板型集热器有以下优点：

1）平板型集热器为金属管板式结构，构造不复杂，生产成本较低。

2）系统能够承压运行，且耐空晒，使用安全方便。

3）集热效率较高，制备热水能力较大。

（2）平板型集热器有以下缺点：

1）管内容易结垢，导致集热器的热效率降低。

2）白天和夜晚温度差别大时，平板集热器容易出现热水回流现象。

3）在高温段热效率较低，集热器的表面热损失较大，保温能力相对较差。

4）在寒冷的冬季，集热器管道内的水容易冻结，由于水体积膨胀易导致管道胀破，因此需要做好防寒抗冻措施。

2. 真空管集热器

为了减少集热器的传导热损、对流热损、辐射换热的热损，国外很早就已经研制出了真空管集热器，即将吸热体与透明盖板之间的空气抽成真空的太阳能集热器。按照吸热体的材料不同，真空管集热器可以分为全玻璃真空管集热器和热管式真空管集热器。全玻璃真空管集热器主要由内玻璃管、外玻璃管、选择性涂层、弹簧支架、消气剂等部件组成，其性能参数主要取决于玻璃材料、真空度、选择性涂层。玻璃材料选用因素有透射比高、热稳定性好、耐冲压、机械强度高、抗化学侵蚀、易加工等，真空度要求真空管能够长期保持真空，选择性涂层需要具有太阳能吸收比高、发射率低、耐热性能好等特点。热管式真空管集热器主要由热管、金属吸热板、玻璃管、金属封盖、弹簧支架、消气剂等部件构成，其性能参数主要取决于热管、玻璃-金属封接、真空度和消气剂。

（1）全玻璃真空管集热器具有以下优点：

1）真空管结构简单、容易生产。

2）保温时间长，保温性能好。

3）能够在中高温下正常工作，抗低温能力强，还可在寒冷地区的冬天正常工作。

4）工作寿命长，全年皆可运行。

（2）全玻璃真空管集热器具有以下缺点：

1）因真空管形状较细且长，管内部自然循环的阻力较大，热能无法快速由管内的热水输送至水箱。管中温度上升很快，内管外壁的温度差距变小，向管内水的传热量也变小，同时向管外的热辐射增强，导致全玻璃真空管热水器的日平均效率一般仅为 45％左右，日平均效率要比平板型热水器偏低。

2）真空管空晒温度可高达 270℃以上，在这时若突然给集热器通水，真空管会由于温度突变而炸裂。当有一根真空管被破坏，整个集热器就不能照常运行；真空管竖直安装的热水系统中，管内的高温水不可能完全放出，导致系统热水利用率下降，而且严寒地区晚上会冻结。

3）系统无法承压，真空管内部容易结垢。

6.3.2　太阳能中央热水系统结构

太阳能中央热水系统是采用太阳能辐射为主、与辅助热源加热相结合的热水供应系统，其系统结构如图 6.38 所示，它与家用太阳热水器和普通太阳能热水系统相比有以下特点：

（1）储热水箱容积大，水箱设计需求在 5t 以上。要求水箱与集热器分离，通常水箱布置在屋顶或者地平面。

（2）集热板面积大，系统集热板面积一般在 100m² 以上，对系统与建筑物一体化设计要求高，系统设计需要与建筑物完美融合，尽可能不影响建筑物的外观。

（3）用水质量要求高，系统通常运用在大型建筑或者用水密集的地方如酒店、商场、学校等，用户用水需求通常为 24h 恒温供水。

（4）智能化管理，需要专业人员集中管理，对系统的信息化要求高，需要对现场进行实时监控。

（5）效率要求高，对系统的能效要求高。目前提高太阳能热水系统能效的主要方法有：系统部件的选型及其安装工艺的改进；系统结构设计上的改进；系统运行控制方法的优化等。

图 6.38 所示的太阳能中央热水系统，采用双水箱系统，具有"强制循环"和"直流式循环"两种循环控制方式，特别是具有水箱最低水位可配置、集热板组数可配置、恒温供水（回水）控制和多形式辅助加热等功能。

下面对太阳能中央热水系统结构中的双水箱结构以及混合循环结构进一步介绍：

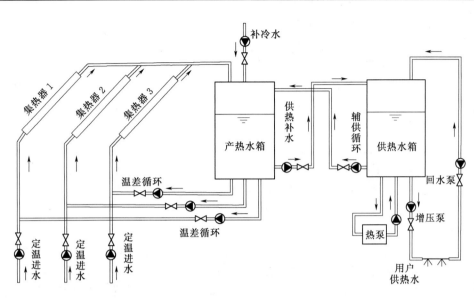

图 6.38 太阳能中央热水系统结构

1. 双水箱结构

系统采用"产热水箱"和"供热水箱"两个水箱作为系统的储热水箱,产热水箱用于收集集热器产生的热水,供热水箱的作用是提供满足用户要求的热水。产热水箱、集热器和循环管路共同构成了产热系统;供热水箱、回水管路和用户管路共同构成了供热系统。产热系统与供热系统分离设计的优点如下:

(1)降低单个水箱容积,减少建筑物对水箱的承载压力,有利于实现大型系统的设计需求。

(2)系统供热部分与产热部分相分离,使系统供水温度与产热系统的运行时间和产热状态无关,供热系统通过辅助加热设备保证供热系统的 24h 恒温供水需求。

(3)产供系统分离后,在 24h 恒温供水前提下,可以通过控制供热水箱的水位高度,减少辅助设备的使用时间,达到节能控制的目的,为后续节能控制的研究提供基础。

2. 混合式循环结构

混合式循环结构综合应用了直流循环和强制循环的技术特点,即采用定温进水和温差循环相结合的循环方式。从表 6.7 中可以看出,定温进水是直流式循环系统的控制方式,温差循环是强制循环系统的控制方式。在储热水箱未满箱时,采用定温进水循环方式获取热水,当储热水箱满箱以后停止使用定温进水功能,转而采用温差循环方式继续获取太阳能的热量,该循环方式的优点如下:

(1)采用定温进水循环方式,系统可以较早地获取用户所需温度的热水,在 24h 恒温供水的需求下,定温循环方式有利于降低辅助热源的使用频率。

(2)由平板集热器的特点可知,集热器的效率随温度的升高而降低,采用定温进水循环方式,集热器直接加热的对象为冷水,集热器工作在低温(冷水管入水水温)到设定温度的范围内,与其他循环相比,具有较高的产热效率。

(3)温差循环方式作为对定温进水循环的一个有效补充,解决了因为储热水箱满箱以后，定温进水循环方式不能继续利用太阳能产热的问题。

6.3.3　太阳能中央热水系统控制方式

太阳能中央热水系统的控制方式主要有定温进水、温差循环、定时补水、供热补水、产供循环、用户增压、辅助加热、回水循环等，其具体控制方式如下：

1. 定温进水

定温进水是获取太阳能的主要循环方式，当集热器出水口温度达到一定设定值 T_0（如 $T_0 = 50℃$）时，定温进水泵开启将冷水泵入集热器中，将集热器中的热水压入产热水箱；当集热器出水口温度降低到一定门限温度值以后将关闭定温进水泵，即集热器完成一次热水采集。

2. 温差循环

当产热水箱满箱以后，定温进水方式已不能再继续获取热水，否则水箱中的水将溢出。此时，系统自动将控制方式转换为温差循环方式，并继续利用太阳能产热。系统执行温差循环的条件：①产热水箱的水位到达设定的最大值；②集热器出水口温度与产热水箱中水温的差值大于预设值。当两个条件都满足时，开启温差循环泵，将产热水箱中温度较低的热水泵入集热器并将集热器中较高温度的热水压入水箱。

3. 定时补水

当产热水箱的水位低于当前时间段设定的最低水位时，定时补水泵开启，直接将冷水泵入产热水箱直到其水位达到该时段的最低水位为止。

4. 供热补水

当供热水箱的当前水位低于当前时间段设定的最低水位时，供热补水泵开启，将产热水箱中的热水压入供热水箱直到供热水箱水位达到该时段的最低水位为止。

5. 产供循环

当产热水箱的温度高于供热水箱的温度，且其温度差达到预设值时，供热补水泵和辅供补水泵同时开启，即产热水箱与供热水箱进行热交换。以提高供热水箱的温度，减少辅助加热设备的使用时间。

6. 用户增压

在用户用水增压时间段时，开启用户增压泵。在用户用水高峰时期，该控制方式可提高系统的供水水压；在非用户增压时间段时，关闭用户增压泵。

7. 辅助加热

辅助加热设备有多种，通常有电加热、空气源热泵、燃气（油）锅炉等。当供热水箱的水温低于用户设定的最低水温时，辅助加热设备开启，对供热水箱中的热水进行二次加热，而当供热水箱的水位下降到最低设定值或水温上升到最低用水温度时关闭。

8. 回水循环

当回水管中的水温低于预先设定值时，系统开启回水循环泵，将供热水箱中的热水压入回水管中，直到回水管中的水温达到预先的设定值。

6.3.4　辅助加热设备类型及其特点

辅助加热设备是太阳能中央热水系统中的重要组成部分，辅助设备的选型直接影响整个系统的节能效果，太阳能中央热水系统的设计应该根据系统所在地的气候、用户的用水需求等选择适合的辅助加热设备。这里重点介绍太阳能中央热水系统的辅助加热设备种类，以及各种辅助加热设备的特点以及运用场合。

1. 常用辅助加热能源及设备

太阳能热水系统常用辅助能源主要有电、燃油、燃气、煤炭、空气或地下水等，常用的辅助加热设备有：电加热器、电锅炉、常规燃油（燃气）锅炉、空气源热泵、水源热泵、地源热泵等，具体如下：

（1）电加热器、电锅炉。用电作为辅助热源，其特点是使用方便，效率高，一般效率在95%～97%，由于电能属于二次能源，通常需要煤、油等常规能源经过一次转换后获得，而一次能源转化成电能的效率很低，所以电辅助加热相比用一次能源加热效率偏低。

（2）常规燃油（燃气）锅炉。常规燃油（燃气）锅炉采用一次能源作为燃料，其运行成本相对较低，相对于普通电锅炉其运行成本可节约20%左右。其转化效率为80%～90%。

（3）热泵。热泵通常指的是空气源热泵、水源热泵、地源热泵等。空气源热泵以大气作为热源，水（地）源热泵将水或者防冻液作为液体工质。通常空气源热泵的性能系数（coefficient of performance，COP）约为3，而水（地）源热泵的COP约为5，虽然空气源热泵的效率相对较低，但是空气源热泵无需用水或者占地，安装方便。

2. 常用辅助加热能源对比

表6.8给出了辅助能源类型对比。

表6.8 辅助能源类型对比

对比量	设备类型				
	燃气锅炉	燃油锅炉	空气源热泵	水（地）源热泵	电加热、电锅炉
热输出	500	500	500	500	500
效率（COP）	90%	90%	300%	500%	95%
能源类型	天然气	柴油	电	电	电
能源热值	35000	42000	3600	3600	3600
热值单位	kJ/m^3	kJ/m^3	kJ/kW	kJ/kW	kJ/kW
每小时能耗量	57.1	47.6	166.7	100.0	526.3
设备运行成本 /（元·h^{-1}）	114.29	333.33	108.33	65.00	342.11
水泵流量 /（m^3·h^{-1}）	24.00	24.00	90.00	190.00	0
水泵效率	0.80	0.80	0.80	0.80	0
水泵运行功率 /kW	0.65	0.65	0.65	0.65	0
水泵每小时成本 /元	1.08	1.08	4.06	8.58	0
每小时运行总成本 /元	115.37	334.42	112.40	73.58	342.11

根据表6.8中数据分析可知：水（地）源热泵运行成本最低，但是需要建筑物周围有水源或者需要占地，且安装成本较高，在有水源或者空间资源的前提下，优先选择水（地）源热泵。

空气源热泵和普通燃油（燃气）锅炉的单位时间运行成本相当，但是普通燃气锅炉单位时间的能耗量远远低于空气源热泵，相比应该优先选择普通燃气锅炉。

在建筑周围没有管道燃气（燃油）供应时，应该优先选择空气源热泵。

燃油锅炉和电加热的成本最高，由于燃油的热值远高于电加热，单位时间的能耗量较低，在有燃油锅炉设备的前提下，可优先选择燃油设备。

电加热与燃油锅炉相比，电加热不用占用机房面积，且设备价格与相对较低，在考虑系统投资成本上可以优先考虑电加热。

6.3.5 太阳能中央热水工程案例1

项目名称：大兴区金融街-融汇太阳能热水工程。

项目地点：北京市大兴区天宫院地铁旁。北纬 $39°48'$，东经 $117°$。

设计时间：2013 年 10 月。

竣工时间：2014 年 6 月。

建筑类型：新建板楼、平屋面。

总建筑面积：$288300m^2$。

总楼栋数量：15。

总户数：3120。

建筑高度：65m。

南向楼间距：60m。

建筑功能：居住生活热水。

项目集热器系统现场图如图6.39所示。项目控制系统现场图如图6.40所示。项目水箱如图6.41所示。

图6.39 项目集热器系统现场图

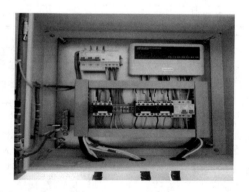

图6.40 项目控制系统现场图

6.3.5.1 系统形式

太阳能系统类型：集中集热—分户计量—分户电辅助加热系统。

辅助能源类型：电热水器。

循环方式：集热器自然循环、供热定温循环。

太阳能热水直接式集中供水系统，24h全日供应热水，集中集热、分户辅热，太阳能贮热水箱换热供水；太阳集热器安装在平屋面上；水箱等设备安装在屋面；辅助热源为分户电热水器。

图 6.41 项目水箱

6.3.5.2 系统特点

（1）无动力循环，既节能环保又降低了运行费用。集热场采用自然循环方式，供水采用自来水顶水出水。全部利用水的自身特性为系统提供动力。整个系统仅有两台水泵，一备一用，用于用户管道的供热循环，水泵起停量很小。无动力循环的集热场循环管路上进上出，减少了集热场管材安装数量，同时伴热带安装量也减少，从而降低了系统的能耗。

（2）分离式顶水出水，具有活水保鲜、保压功能。内置盘管换热器将集热与供热分离，避免集热场循环对水质的污染。且系统一改往常分户换热的设计习惯，设计储热、换热、集热水箱内置盘管，设计盘管和用水管道为一体，盘管内存水量极少，系统设计为自来水顶水出水，保证用户用到的水始终是新鲜的自来水，且热水供应压力来自于自来水顶水出水的压力，冷热水供水压力均衡，热水使用更加舒适、便利。

（3）供热水初始端混水、用水末端辅助加热，保障全天候恒温供水。该系统设计出水端的始发点混水调温，防止出水高温烫伤情况。系统将辅助热源设计在用户用水末端，即在室内匹配经设计人员合理计算的小容积电热水器，最大程度降低室内管路热损失。当出水温度过高时，出水端混水阀混水降温；当分户水箱水温低于用户需要温度时，自动开启电辅助热源。该设计有效地改善了业主用水忽冷忽热以及缺水的情况，达到了高效节水、产水的作用。智能控制全天候恒温供水、即开即热，让用户用水舒适、安全、放心。

（4）谁用热水谁付费的分户计量措施公平合理，解决收费问题。系统计量收费解决方法"谁使用谁买单"。系统共用部分基本没有耗能，业主可以根据自己的需求关闭热水回水循环泵，这样耗能端全部在用户端，用水量由入户水表统计，耗电量就是每家每户的电加热用电量。

（5）防炸管集热器具有低故障率。该系统集热器采用防炸管全玻璃真空管集热器，热水在进入集热器之前提前预热，避免了冷热温差骤变引起的炸管现象。此外由于系统设计简单，设备少，控制点少，因此故障率也低，有效地延长了系统的使用寿命。

（6）建筑一体化设计，合理安全美观。该项目太阳能热水系统设计方案与建筑方案同步进行，土建配合水、电，避雷、防风措施与建筑一体化设计结合，安全可靠。确保太阳能系统与建筑背景融合，整体达到美观、安全的效果。

（7）模块化设备的安装简单便捷。在众多能源中太阳能热水系统因其组件较多，因此安装繁琐、工程量大，无疑会影响工期和造价。该系统中采用工程型模块，根据现场条件设计好安装角度后，自由组合，样板式安装，更加简单便捷，极大程度地提高了安装效率。

6.3.5.3　系统设计

1. 设计依据

（1）文本资料。

1）甲方提供的技术文件说明。

2）本工程建筑设计单位提供的施工图设计资料。

3）《民用建筑太阳能热水系统应用技术规范》（GB 50364—2005）。

4）《建筑给水排水设计规范》（GB 50015—2010）。

5）《建筑工程施工质量验收统一标准》（GB 50300—2013）。

6）《住宅设计规范》（GB 50096—2011）。

7）《建筑物防雷设计规范》（GB 50057—2010）。

8）《屋面工程质量验收规范》（GB 50207—2002）。

9）《压缩机、风机、泵安装工程施工及验收规范》（GB 50275—2010）。

10）《工业设备及管道绝热工程质量验收评定标准》（GB 50185—2010）。

11）《建筑电气工程施工质量验收规范》（GB 50303—2002）。

12）《电气装置安装工程接地装置施工及验收规范》（GB 50169—2006）。

13）《钢结构工程施工质量验收规范》（GB 50205—2001）。

14）《电气装置安装工程盘、柜及二次回路接线施工及验收规范》（GB 50171—1992）。

15）《电器装置安装工程1kV及以下配线工程施工及验收规范》（GB 50258—1996）。

16）《给水排水管道工程施工及验收规范》（GB 50268—2008）。

17）《全玻璃真空太阳集热管》（GB/T 17049—2005）。

18）《真空管太阳集热器》（GB/T 17581—2007）。

19）《太阳热水系统设计、安装及工程验收技术规范》（GB/T 18713—2002）。

20）《智能建筑工程质量验收规范》设计参数（GB 50307—1999）。

（2）气象参数。

年太阳辐照量：水平面5570.481 MJ/m²，40°倾角表面6281.993 MJ/m²。

年日照时数：2755.5h。

年平均温度：11.5℃。

年平均日太阳辐照量：水平面15.252 MJ/m²，40°倾角表面17.217 MJ/m²。

（3）热水设计参数。

最高日热水用水定额：60L/（人·日）。

平均日热水用水定额：30L/（人·日）。

设计热水温度：60℃。

冷水设计温度：10℃。

（4）常规能源费用。

天然气价格：2.28元/m³（2015年价格）。

（5）太阳集热器类型及尺寸。

集热器类型：全玻璃真空管集热器。

集热器尺寸：3310mm×2080mm。

2. 热水系统负荷计算

以项目中 6 号楼为例

（1）用水人数。总住户 108 户，每户以 2.8 人计，总用水人数按 302 人考虑。

（2）系统日热水量计算

1）系统设计日用热水量可表示为

$$q_{rd} = q_r \cdot m \tag{6.16}$$

式中　q_{rd}——设计日热水量，L/日；

　　　q_r——最高日热水用水定额，60L/（人·日）；

　　　m——用水计算单位数，302 人。

则 $q_{rd} = 18120$L/日 $= 1.8$t/日

2）系统平均日用热水量可表示为

$$Q_w = q_{ar} \cdot m \tag{6.17}$$

式中　Q_w——平均日用热水量，L/日；

　　　q_{ar}——日平均用水定额，30L/（人·日）；

　　　m——用水计算单位数，302 人。

则 $Q_w = 9060$L/日 $= 9$t/日

（3）设计小时耗热量计算可表示为

$$Q_h = K_h \frac{m q_r c (t_r - t_1) \rho_r}{T} \tag{6.18}$$

式中　Q_h——设计小时耗热量，kJ/h；

　　　m——用水人数，302 人；

　　　q_r——最高日热水用水定额，60L/人·d；

　　　c——水的比热，4.187kJ/（kg·℃）；

　　　t_r——热水温度，60℃；

　　　t_1——冷水温度，10℃，地下水温度；

　　　ρ_r——热水密度，近似取 1kg/L；

　　　K_h——小时变化系数，$K_h = 4.8$，根据《建筑给水排水设计规范（2009 年版）》

　　　　　　（GB 50015—2003）选取；

　　　T——每日使用时间，24h。

则　　　　　　　　　　　　$Q_h = 758684.4$(kJ/h)

户均小时耗热功率为 2kW。

（4）热水循环流量、设计秒流量计算。

1）全日供应热水系统的热水循环流量可表示为

$$q_x = \frac{Q_s}{c \rho_r \Delta t} \tag{6.19}$$

式中　q_x——全日供应热水的循环流量，L/h；

Q_s——配水管道的热损失，kJ/h，本系统取设计小时耗热量的 5%；

Δt——配水管道的热水温度差，本系统取 5℃。

则 $\qquad q_x = 1812(L/h)$

2）热水供水管的设计秒流量。计算最大用水时卫生器具给水当量平均出流概率为

$$U_0 = \frac{100 q_{rd} \cdot K_h}{0.2 N_g \cdot T \cdot 3600}(\%) \tag{6.20}$$

式中　U_0——生活给水管道最大用水时卫生器具给水当量平均出流概率，%；

q_{rd}——系统设计日用热水量，18000L/日；

K_h——热水小时变化系数，4.8；

N_g——设置的卫生器具给水当量数，81；

T——用水时数，24h；

0.2——一个卫生器具，给水当量的额定流量，L/s。

则 $\qquad U_0 = 6.17\%$

根据 $U_0 = 6.17\%$，查《建筑给水排水设计规范》（GB 50015—2003）附录 E，得系统热水供水管的设计秒流量为 $q = 4.08L/s$。

3. 太阳能集热系统设计

（1）太阳集热器的定位。太阳集热器与建筑同方位，正南；与坡屋面同倾角，12°。

（2）集热器总面积为

$$A_G = \frac{Q_w c \rho_r (t_{end} - t_1) f}{J_T \eta_{cd}(1 - \eta_L)} \tag{6.21}$$

式中　A_G——直接系统集热器总面积，m^2；

Q_w——平均日用热水量，9000L/天；

c——水的比热，4.187kJ/(kg·℃)；

ρ_r——热水密度，1kg/L；

t_{end}——贮水箱内水的终止温度，60℃；

t_1——冷水温度，10℃；

J_T——年平均集热器倾角表面上年平均日辐照量，17217kJ/m^2；

f——太阳能保证率；

η_L——管道及贮水箱的热损失率，0.2；

η_{cd}——太阳集热器的全日集热效率。

1）确定太阳能保证率 f。北京属太阳能资源丰富区，取太阳能保证率 $f = 0.5$。

2）确定管道及贮水箱的热损失率 η_L。由于系统的热水管路和贮热水箱等部件都在室内，环境温度较高，按《民用建筑太阳能热水系统工程技术手册（第二版）》的规定 η_L 取为 0.20。

3）确定集热器全日集热效率 η_{cd}。归一化温差 X 为

$$X = \frac{t_i - t_a}{G} \tag{6.22}$$

式中 t_i——集热器入口温度，$t_i=\dfrac{t_1}{3}+\dfrac{2[f(t_{end}-t_1)+t_1]}{3}-5=21.7℃$；

t_a——北京年平均室外空气温度，$11.5℃$；

G——年平均日太阳辐照度，W/m^2。

其中，
$$G=\frac{J_T}{3.6S_Y} \tag{6.23}$$

S_Y——年平均每日的日照小时数，$7.5h$。

可求得 $G=638W/m^2$。

则归一化温差 X 为 $0.0162m^2·℃/W$。

根据归一化温差查集热器生产厂家提供的集热器效率曲线图，可得 η_{cd} 为 0.4445。

将以上参数带入集热器总面积计算公式，得
$$A_G=153.87m^2$$

集热器的规格为一块 $6.6m^2$，需要 23 块集热器，考虑屋面面积以及集热场水力平衡等因素，实际集热器面积 $138.6m^2$。

（3）集热器间距。太阳集热器在安装时，为充分发挥太阳集热器的效能，要求前后排集热器之间、女儿墙与集热器之间不能相互遮挡。互不遮挡的最小间距可计算得出。

本案例集热器无正前正后布置的情况，因此不用考虑集热器间距问题。

（4）防冻防过热措施。

1）防冻。以水为介质的太阳能集热器在冬季温度可能低于 $0℃$ 的地区使用时需要考虑防冻问题。本系统中循环管道采用温控循环＋伴热带防冻。

2）过热防护。系统设计有防过热系统，当流过盘管换热后的水温过热，则通过恒温阀，将冷热水混合后，达到设定恒温 $50℃$（可调），供入户家电热水器中，防止温度过高造成烫伤。

4. 与建筑结合的设计

主要与建筑方针对设备基础墩、支架预埋、避雷连接、管道预留等施工设计的要求相配合，将太阳能集热器的设计纳入小区的总体设计，把建筑设计、太阳能技术和景观设计融为一体，以确保建筑一体化设计。

5. 防垢、防风、防雷等设计

防垢措施：采用冷水防垢阻垢器装置，不会有水垢产生。

防雷措施：防雷引下线采用镀锌圆钢，将太阳能支架和屋面避雷网做可靠连接。

防风措施：所有楼顶太阳能设备、设施安装均采用结构预留混凝土基础，基础表面预留的预埋铁与设备钢支架焊接牢固，防风等级符合规范要求。

系统寿命：太阳能集热器使用寿命不少于 15 年，储水箱使用寿命不少于 15 年，电气设备使用寿命不少于 8 年。

6. 控制系统设计

（1）循环运行控制。在太阳光照条件下，真空管吸热加热管内的水，集热器内的水温升高，与储热水箱内的水温差距增大。同时集热器内的水由于温度升高、比重减小开始慢慢上升到高位的储热水箱中，而储热水箱内的水由于温度低比重大自然流回处于较低位的集热器内。如此不断循环，使储热水箱内的水温逐渐提高。

（2）太阳能补水控制。太阳能系统为闭式系统，水箱中的水基本处于满水位，当水箱中的水被蒸发一部分，水位低于满水位时，冷水电磁阀启动，系统开始补水，直至水箱水满，冷水电磁阀停止补水。

（3）热水供水控制。水箱内置换热盘管，用户用热水时，冷水流过盘管，并通过盘管瞬间加热成热水，然后依靠自来水的压力供至用水终端。不需要配置热水增压泵。

（4）辅助加热控制。在阴雨天气和冬季气温较低时，此系统不能充分吸收阳光将热水加热，满足不了用户的要求，即水箱内的水温小于设定温度时，用户自家辅助能源自动启动，对通过盘管换热后进入用户电加热器中的水进行二次加热，当电加热器中水的温度大于设定温度时，辅助能源停止运行，保证了热水供应需求的稳定性，实现了太阳能最大化利用。

（5）热水回水控制。系统设计有回水系统，当热水回水管路温度低于设定温度 40℃（可调）时，热水回水泵及回水电磁阀自动开启，将回水管路中的水打回到水箱盘管进行换热，使回水管路中的水温达到设定温度 45℃（可调）时，泵及电磁阀停止。实现系统的 24h 供热水功能。

（6）防高温控制。系统设计有防过热系统，当流过盘管换热后的水水温过热，则通过恒温阀，将冷热水混合后，达到设定恒温 45℃（可调），供入户家电热水器中，防止温度过高烫伤。

（7）防冻控制。当室外管路部分温度低于 10℃（可调）时，电伴热带启动，达到 15℃（可调）时停止。保证管路不被冻死，系统正常运行。

7. 设备选型

（1）储热水箱。按每平方米太阳集热器采光面积对应 65L 储热水箱容积，确定水箱的有效容积为 $V_r = 0.065 A_c = 9 \text{m}^3$。

（2）集热系统循环泵。集热系统自然循环，无须设置集热循环泵。

（3）热水回水系统循环泵。热水系统采用自来水顶水出水，设置热水回水循环水泵，在用户管道温度低于设定值时启动。循环流量为 6t/h，水泵扬程考虑循环水量通过配水管和回水管的水头损失，计算得 $H = 7.8 \text{mH}_2\text{O}$。

6.3.5.4 系统实际使用效果

1. 检测日期

2015 年 6 月 25 日、7 月 5 日、7 月 7 日、7 月 9 日。

2. 检测内容

（1）集热系统得热量。

（2）集热系统效率。

（3）太阳能保证率。

（4）系统总能耗。

（5）储热水箱热损因数。

3. 检测结果

（1）检测期间的试验条件和集热系统得热量、系统常规热源耗能量、集热系统效率、太阳能保证率见表 6.9。

表 6.9 检 测 数 据 表

序号	环境温度/℃	太阳辐照量/(MJ·m⁻²)	集热系统得热量/MJ	系统常规热源耗能量/MJ	集热系统效率/%	太阳能保证率/%
1	32.0	17.00	837.9	0	35.5	44.5
2	35.9	17.21	848.2	8.3	36.8	45
3	30.3	16.90	832.9	4.8	33.5	44.2
4	35.8	17.15	845.3	0	35.9	44.9

（2）储热水箱热损因数检验的数据见表 6.10。

表 6.10 储 热 水 箱 热 损 表

项 目	内 容
开始时间	2015 年 6 月 25 日 20：00
结束时间	2015 年 6 月 26 日 06：00
降温时间/s	36000
环境空气平均温度/℃	30
环境空气平均风速/(m·s⁻¹)	1.9
热水初温/℃	48
热水终温/℃	42.9
热损系数/[W·(m³·K)⁻¹]	1.7

6.3.5.5 系统节能环保效益分析

1. 系统全年保证率

太阳能热水系统全年保证率为

$$f = \frac{x_1 f_1 + x_2 f_2 + x_3 f_3 + x_4 f_4}{x_1 + x_2 + x_3 + x_4} \qquad (6.24)$$

式中 f——太阳能热水系统全年保证率，%；

f_1，f_2，f_3，f_4——各太阳辐照量下的单日太阳能保证率，%；

x_1，x_2，x_3，x_4——各太阳辐照量在北京市气象条件下按照全年内统计得出的天数。

经计算得出，太阳能热水系统全年保证率 f 为 44.62%。

2. 系统全年集热系统效率

太阳能热水系统全年集热系统效率为

$$\eta = \frac{x_1 \eta_1 + x_2 \eta_2 + x_3 \eta_3 + x_4 \eta_4}{x_1 + x_2 + x_3 + x_4} \qquad (6.25)$$

式中 η——太阳能热水系统集热系统效率，%；

η_1，η_2，η_3，η_4——各太阳辐照量下的单日集热系统效率，%；

x_1，x_2，x_3，x_4——各太阳辐照量在北京市气象条件下按照全年内统计得出的天数。

经计算得出，太阳能热水系统全年集热系统效率为 $\eta = 35.5\%$。

3. 系统全年得热量及常规能源替代量

对于短期测试，Q_{nj} 为

$$Q_{nj} = x_1 Q_{j1} + x_2 Q_{j2} + x_3 Q_{j3} + x_4 Q_{j4} \tag{6.26}$$

式中　　　　Q_{nj}——全年内太阳能集热系统得热量，MJ；

Q_{j1}，Q_{j2}，Q_{j3}，Q_{j4}——各太阳辐照量下的单日集热系统得热量，MJ；

x_1，x_2，x_3，x_4——各太阳辐照量在北京市气象条件下按照全年内统计得出的天数。

Q_{tr} 为

$$Q_{tr} = \frac{Q_{nj}}{q \eta_t} \tag{6.27}$$

式中　Q_{tr}——太阳能热水系统全年的常规能源替代量，t；

　　q——标准煤热值，取 $q = 29.307 MJ/(kg)$；

　　η_t——以传统能源为热源时的运行效率。

经计算，本项目全年的常规能源替代量 $Q_{tr} = 1943.2t$。

4. 系统全年二氧化碳减排量

系统全年二氧化碳减排量 Q_{rco_2} 为

$$Q_{rco_2} = Q_{tr} V_{co_2} \tag{6.28}$$

式中　Q_{rco_2}——太阳能热水系统全年二氧化碳减排量，t；

　　Q_{tr}——太阳能热水系统全年常规能源替代量，t；

　　V_{co_2}——标准煤的二氧化碳排放因子，取 $V_{co_2} = 2.47 kg/kg$。

经计算，太阳能热水系统全年二氧化碳减排量 $Q_{rco_2} = 4799.7t$。

5. 系统全年二氧化硫减排量

系统全年二氧化硫减排量 Q_{rso_2} 为

$$Q_{rso_2} = Q_{tr} V_{so_2} \tag{6.29}$$

式中　Q_{rso_2}——太阳能热水系统全年二氧化硫减排量，kg；

　　Q_{tr}——太阳能热水系统全年常规能源替代量，t；

　　V_{so_2}——标准煤的二氧化硫排放因子，取 $V_{so_2} = 0.02 kg/kg$。

经计算，太阳能热水系统全年二氧化硫减排量 $Q_{rso_2} = 38.86t$。

6. 系统全年粉尘减排量

系统全年粉尘减排量 Q_{rfc} 为

$$Q_{rfc} = Q_{tr} V_{fc} \tag{6.30}$$

式中　Q_{rfc}——太阳能热水系统全年粉尘减排量，kg；

　　Q_{tr}——太阳能热水系统全年常规能源替代量，t；

　　V_{fc}——标准煤的粉尘排放因子，取 $V_{fc} = 0.01 kg/kg$。

经计算，太阳能热水系统全年粉尘减排量 Q_{rfc} 为 19.43t。

7. 系统全年费效比

太阳能热水系统全年费效比为

$$CBR_r = \frac{3.6 C_{zr}}{Q_{tr} q N} \tag{6.31}$$

式中　CBR_r——太阳能热水系统全年费效比，元/(kW·h)；

　　C_{zr}——太阳能热水系统的增量成本，元，本项目的增量成本为1808.1万元；

Q_{tr}——太阳能热水系统全年的常规能源替代量，t；

q——标准煤热值，取 $q=29.307\mathrm{MJ/(kg)}$；

N——系统寿命期，N 取 15 年。

经计算，太阳能热水系统全年费效比为 0.20 元/(kW·h)。

8. 系统年节约费用

太阳能热水系统的年节约费用 C_{sr} 为

$$C_{sr}=P\frac{Q_{tr}q}{3.6}-M_r \tag{6.32}$$

式中　C_{sr}——太阳能热水系统的年节约费用，元；

Q_{tr}——太阳能热水系统的常规能源替代量；

q——标准煤热值，取 $q=29.307\mathrm{MJ/kg}$；

P——常规能源的价格，元/(kW·h)，常规能源的价格应与项目立项文件所对比的常规能源类型进行比较，当无明确规定时，由测评单位和项目建设单位根据当地实际用能状况确定常规能源类型选取；

M_r——太阳能热水系统每年运行维护增加的费用，元，由建设单位委托有关部门测算得出，本系统的运行维护费用取 $M_r=0$。

经计算，太阳能热水系统年节约费用为 7909634 元。

9. 静态投资回收年限

太阳能热水系统的静态投资回收年限 N 为

$$N_h=\frac{C_{zr}}{C_{sr}} \tag{6.33}$$

式中　N_h——太阳能热水系统的静态投资回收年限；

C_{zr}——太阳能热水系统的增量成本，元；

C_{sr}——太阳能热水系统的年节约费用，元。

经计算，太阳能热水系统的静态投资回收年限为 2.3 年。

6.3.6　太阳能中央热水工程案例 2

该项目依托于福建省高校服务海西建设重点项目"太阳能转换和存储的关键技术及其产业化"（2008HX10604），与企业进行产学研合作，在福建师范大学旗山校区实验楼搭建太阳能中央热水系统示范项目。

福建师范大学太阳能中央热水工程位于福建师范大学旗山校区实验楼，采用太阳能配空气源热泵热水系统进行集中集热、集中供水到每层楼的每个实验室。本项目于 2011 年 5 月建成并顺利通过竣工验收。

6.3.6.1　系统设计

1. 设计依据

（1）国家、行业相关规定。

（2）国家气象局发布的气象数据。

（3）《太阳能集热器热性能室内试验方法》（GB/T 18974—2003）。

（4）《家用太阳能热水系统热性能试验方法》（GB/T 18708—2002）。

（5）《家用太阳热水系统安装、运行维护技术规范》（NY/T 651—2002）。

（6）《太阳能热水系统设计、安装及工程验收技术规范》（GB/T 18713—2002）。

（7）《钢结构设计规范》（GB 50017—2003）。

（8）《建筑物防雷设计规范》（GB 50057—2010）。

（9）《建筑给水排水设计规范》（GB 50015—2003）。

（10）《建筑结构荷载规范》（GB 50009—2001）。

（11）《工业自动化仪表工程施工及验收规范》（GB 50093—2002）。

（12）《设备及管道绝热技术通则》（GB/T 4272—2008）。

（13）《设备及管道绝热设计导则》（GB/T 8175—2008）。

（14）《太阳能热水系统性能评定规范》（GB/T 20095—2006）。

（15）《给水排水管道工程施工及验收规范》（GB 50268—2008）。

（16）《压缩机、风机、泵安装工程施工及验收规范》（GB 50275—2010）。

（17）《民用建筑太阳能热水系统应用技术规范》（GB 50364—2005）。

2. 设计原则

（1）建筑视觉无污染。让太阳能成为建筑的一个构件，真正达到太阳能与建筑一体化的设计效果，避免因安装太阳能而带来的视觉污染。

（2）节能环保效果好。充分利用太阳能资源、减少运行费用，使太阳能的利用达到最大化，使业主真正用上廉价的绿色能源，真正达到节能环保的效果。

（3）智能化管理。太阳能系统采用先进的控制原理，不仅是运行达到使用要求，同时使系统达到无人管理的状态。

3. 系统优点

本着设计合理、维护方便、充分利用太阳能资源、减少运行费用、节能环保的设计理念，本系统有以下优点：

（1）热水设备集中安装在楼顶楼面，太阳能集热器尽可能与建筑物协调安装，由于采用了集中式太阳能热水系统，故障率低、维修简单。系统设计为定时供水。

（2）不锈钢保温水箱准确放置在承重梁柱上，底座采用专用支架或混凝土处理，充分保证房屋安全。

（3）系统所有保温水箱内外胆均采用 304 不锈钢制作，保温层整体发泡。供热水管道均采用保温管道，外加保温材料包裹。

（4）水泵及所有电器元件均采用进口或国产优质产品。

（5）太阳日照不足时，系统使用热泵加热。

（6）具有系统满水、缺水、漏电保护、超高温保护、避雷、防台风等各项保护措施。

（7）全自动运行，具自检功能，性能可靠、安全等。

4. 使用要求

（1）热水供应方式：采用集中集热分层供热（每两层一个公共淋浴间）。

（2）供水时间：定时供水。

（3）热泵（电）辅助加热：采用集中加热。

（4）安装要求：太阳能不影响建筑的主体与视觉感。

5. 参数确定

太阳能集热器技术参数见表 6.11。

表 6.11　　　　　　　　　　　　　　太阳能集热器技术参数

项　目	参　数	项　目	参　数
型号	PMJ—HC	保温材料	玻璃丝棉＋泡沫板
外形规格	2000mm×1000mm×70mm	边框材料	铝合金
总面积	2.00m²	底板类型	镀锌钢板
采光面积	1.84m²	最高承受温度	200℃
吸热面积	1.73m²	最低承受温度	−30℃
总重量	35kg	密封材料	EPDM
材质	浮法玻璃	最高工作温度	120℃
透光率	＞85%	最大工作压力	0.6MPa
吸收涂层	阳极氧化	测试压力	1.0MPa
结构类型	翅片管超声焊		

（1）负荷计算。对太阳能规模化集中热水供应，热水供应量参照《建筑给水排水设计规范》（GB 50015—2003），每日消耗 40～60℃生活热水约 12t。

（2）冷水温度计算。福州地区冷水计算温度取 15℃（摘自《民用建筑太阳热水系统工程技术手册》）。

（3）采光面积测算。

1）日需热量计算公式为

$$Q_1 = \gamma(t_s - t_b)V \tag{6.34}$$

太阳能采光面积计算见表 6.12。

表 6.12　　　　　　　　　　　　太阳能采光面积计算

楼层	日用水量	$t_s - t_b$	水的比热 γ /(kcal · kg · ℃)	Q_1/kcal
6 层	12t	55 − 15	1	4800000

2）太阳能采光面积确定。福州属于我国太阳能辐照度三类地区，年照时数大多为 2259～3016h；辐射量为 5016～5852MJ/m²。各月的辐照度与太阳能吸收量情况见表 6.13。福州各月的辐照度与太阳能吸收量图如图 6.42 所示。

表 6.13　　　　　　　　各月的辐照度与太阳能吸收量情况　　　　　　　单位：MJ/m²

月份	1	2	3	4	5	6	7	8	9	10	11	12
辐照度	222.7	303.8	463.2	549.3	641.5	596.9	529.7	506.1	467.3	357.6	232.7	196.5
吸收量	110.24	150.38	229.28	271.9	317.54	295.47	262.2	250.52	231.31	177.01	115.19	97.2675

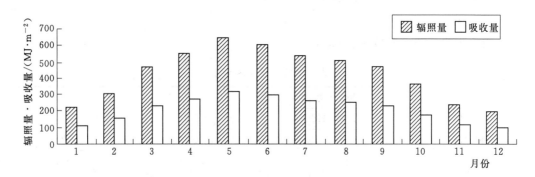

图 6.42　福州各月的辐照度与太阳能吸收量图

根据《太阳热水系统设计、安装及工程验收技术规范》（GB/T 18713—2002）太阳热水系统的集热器采光面积可根据系统的日平均用水量和用水温度确定，计算公式为

$$A_c = \frac{Q_W C_W (t_{end} - t_i) f}{J_T \eta_{cd} (1 - \eta_L)} \tag{6.35}$$

式中　A_c——直接式系统集热器采光面积，m^2；

Q_W——日平均用水量，kg，取 20000kg；

C_W——水的定压比热容，取 $4.18kJ/(kg \cdot ℃)$；

t_{end}——储热水箱内水的终止温度，取 55℃；

t_i——水的初始温度，取 15℃；

J_T——当地春分或秋分所在月集热器受热面上月均日太阳辐照量，取 $12610kJ/m^2$；

f——太阳能保证率，取 1；

η_{cd}——集热器全日集热效率，取 0.55；

η_L——管路及储水箱热损失率，取 0.1。

根据实验室的用水特点、用水量，考虑热泵辅助加热方式，太阳能集热器面积定为 $40m^2$。

（4）用水参数。本项目按照《建筑给水排水设计规范》规定用水量值，根据福建师范大学提供的数据进行设计，每人每天按 40L 配置，共 300 人，日供热水 12t，温度 55℃。

6.3.6.2　系统结构

本太阳能中央热水系统采用利用太阳能辐射量为主与辅助热源加热相结合的热水供应系统，太阳能中央热水系统结构如图 6.38 所示。

在图 6.38 所示的太阳能中央热水系统中，采用双水箱系统，具有强制循环和直流式循环两种循环控制方式，特别是具有水箱最低水位可配置、集热板组数可配置、恒温供水（回水）控制和多形式辅助加热等功能。

1. 水箱结构

系统采用产热水箱和供热水箱两个水箱作为系统的储热水箱，产热水箱用于收集集热器产生的热水，供热水箱的作用是提供满足用户要求的热水。产热水箱、集热器和循环管路共同构成了产热系统；供热水箱、回水管路和用户管路共同构成了供热系统。

2. 循环结构

在双水箱结构基础上，本次设计的系统采用混合式循环方式，综合应用了"直流式循环"和"强制循环"的技术特点，即采用"定温进水"和"温差循环"相结合的循环方式。在储热水箱未满箱时，采用定温进水循环方式获取热水，当储热水箱满箱以后，采用温差循环方式继续获取太阳能的热量。

3. 辅助加热设备

辅助加热设备是太阳能中央热水系统中的重要组成部分，辅助设备的选型直接影响整个系统的节能效果，太阳能中央热水系统的设计应该根据系统所在地的气候、用户的用水需求等选择适合的辅助加热设备。

作为一套研究系统，该系统采用电加热、热泵加热方式作为辅助加热设备，用以研究各种工况下热利用效率问题。

4. 控制方式设计

作为一个太阳能中央热水实验系统，本系统综合实现太阳能中央热水系统的定温进水、温差循环、定时补水、供热补水、产供循环、用户增压、辅助加热、回水循环等控制方式。

6.3.6.3 监控系统

为远程监控太阳能中央热水系统的运行状态和统计系统能耗情况，系统配置了监控系统。监控系统主要包括后台监控软件以及数据采集装置、温度传感器、液位传感器、辐射传感器和智能远传水/电表等硬件设备，通过无线数传和以太网的通信方式将数据上传到后台。以某面向集群应用的太阳能热水工程测控与管理系统为例，系统现场如图 6.43 所示。

图 6.43　项目系统现场

监控系统运行界面如图 6.44 所示。该系统在运行中具有以下特点：

（1）水箱最低水位可配置。太阳能中央热水系统在保证 24h 恒温供水的需求下，家用热水器或者小型太阳能热水系统所设计的按 30%、50%、80%、100% 四种水位控制方式已无法满足太阳能中央热水系统的控制要求。系统水位测量满量程误差为 ±1%，采用水箱最低水位可配置功能实现系统按时段对系统的最低水位进行控制，系统利用 PID 等智能算法来对水位做进一步精确控制。

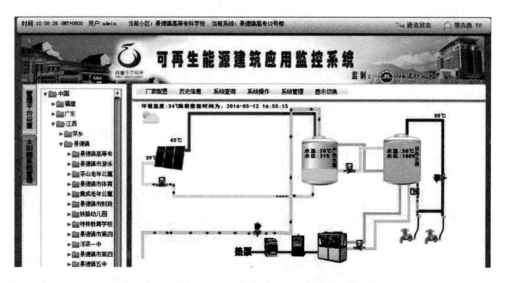

图 6.44　太阳能中央热水系统的监控系统

系统供热水箱各时段最低水位配置参数如图 6.45 所示，产热水箱各时段最低水位配置参数与供热水箱各时段最低水位参数的配置方法相同。

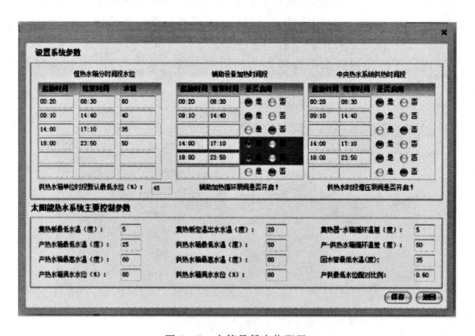

图 6.45　水箱最低水位配置

（2）集热器数量可配置。太阳能中央热水系统中的集热器通常为几块或者几十块集热板通过并联、串联或者混合连接而成一个大型集热器，称为集热器（或者一组集热板）。太阳能中央热水系统设计了集热器数量可配置功能，集热器数量配置如图 6.46 所示，系统提供最多可配置三组集热器的控制器对每个集热器进行独立控制。

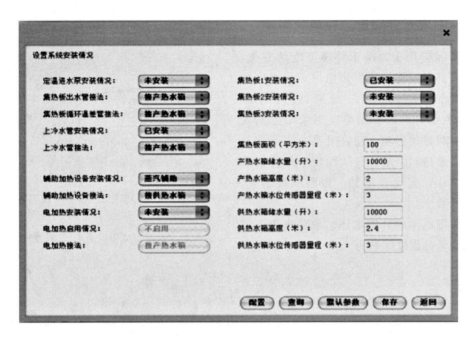

图 6.46 集热器数量配置

其设计优点如下:

1)减少了单个集热器中集热板数量,降低循环泵功率;减少串联集热板的数量,提高集热器一次采集热水的速度,提高集热效率。

2)有利于实现系统与建筑物一体化设计要求,特别是在斜坡屋顶上的系统,能够对斜坡屋顶两边的集热器单独控制,降低了系统设计和施工难度。

(3)自动回水循环控制。当用户端水管温度降低到一定值以后,回水泵开启,通过供热水箱中的热水提高用户水管中的热水水温。该设计使用户能够即时用到热水,提高用户用水质量,用户不必放掉水管中的冷水就能够获得所需热水,可有效降低水资源的浪费。

(4)可控式辅助加热设备。太阳能中央热水系统设计需求为 24h 恒温供水,辅助加热设备是在太阳辐射量无法满足用户用水温度需求时,提供对热水的二次加热,以满足用户的用水需求。如图 6.45 所示,为了满足用户用水需求同时降低能耗,对辅助加热设备进行时段控制,在系统中还可以利用遗传算法等智能算法进行优化控制。

6.4 太阳能光热光电综合利用

太阳能光电/光热综合利用工程是将太阳电池(或组件)与太阳能集热器结合起来制造而成的具有发电以及供热功能的一种装置,也可称之为光伏光热一体化(photovoltaic/thermal,PVT)系统。这种系统的优势在于既能解决因光伏电池板(或组件)温度过高导致发电效率过低的问题,同时又能将电池板的一部分热量加以利用,为用户提供热水或供暖等。

6.4.1　温度对太阳电池性能的影响

在实际应用中，由于环境温度的变化，很多因素都有可能导致太阳电池工作温度的升高。温度对太阳电池 $I\text{-}U$ 特性的影响如图 6.47 所示，可以看出温度对太阳电池的性能具有明显的影响，温度升高，原子的振动剧烈，晶格间距增大，从而使半导体的禁带宽度减小，光吸收增加，短路电流增大，开路电压减小。

硅太阳电池的开路电压、短路电流、最大输出功率的温度系数为

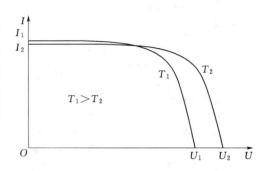

图 6.47　温度对太阳电池 $I\text{-}U$ 特性的影响

$$\frac{\mathrm{d}U_{oc}}{\mathrm{d}T}=-2.25\mathrm{mV/℃} \tag{6.36}$$

$$\frac{\mathrm{d}I_{sc}}{\mathrm{d}T}=0.107\mathrm{mA/℃} \tag{6.37}$$

$$\frac{\mathrm{d}P_{m}}{\mathrm{d}T}=-0.45\%/℃ \tag{6.38}$$

$$\frac{\mathrm{d}\eta}{\mathrm{d}T}=-0.075\%/℃ \tag{6.39}$$

可以看出，温度的升高会导致 I_{sc} 增大，U_{oc}、P_{m}、η 降低，对于同一块电池组件，在其他条件不变的情况下，当组件的工作温度由 25℃ 升高到 55℃ 时，短路电流增大 3.21mA，开路电压降低 67.5mV，功率降幅可达 13.5%，效率降低 2.25%。可见，温度的升高会大大降低太阳电池的性能。研究发现，在 0℃ 时，单晶硅太阳电池的最大理论转换效率只有 30%；标准条件下，硅电池转换效率约为 12%～17%；实际应用中，我国的平均太阳电池效率仅为 10%～14%，在太阳电池的转换效率不高的情况下，温度的升高将严重影响其性能。

太阳电池转换效率 η_{e} 与太阳电池温度 t_{p} 的关系为

$$\eta_{e}=\eta_{r}\left[1-\beta_{r}(t_{p}-25)\right] \tag{6.40}$$

式中　η_{r}——环境温度下的太阳电池效率；

　　　β_{r}——太阳电池的温度系数。

为使太阳电池组件能长久地正常工作，可在框体外加设散热装置（类似于水冷、气冷等散热系统，通过循环水或循环气吸热，达到散热目的）。但热能是太阳电池组件吸收的太阳辐射能源的一部分，若能将该部分能源进行收集并加以利用，而并非将其视为需消散的有害热量，便能达到充分利用能源的目的，且拓宽了太阳电池组件的使用功能。

6.4.2　光伏光热一体化太阳能平板集热器原理

光伏光热一体化太阳能平板集热器是采用层压或胶粘的方式将光伏板与传统的太阳能

平板集热器整合在一起，使两者能够在同一面积单元上实现发电与集热的双重功能，太阳能利用率要高于单一功能的太阳能模块。传统的太阳能平板集热器如图 6.48 所示，光伏光热一体化太阳能平板集热器如图 6.49 所示。一般的光伏光热一体化太阳能平板集热器结构为：铝合金框架是整个集热器的骨架；框架的最上层是高透过率的玻璃盖板，一般是低铁钢化玻璃，能起到隔离外部灰尘和保护集热器内部不受雨雪冰雹损害的作用；盖板下面是吸收板，一般是蓝膜铝板，它能够吸收照射到其上面的 95％以上的太阳辐射能，同时长波发射率可以低至 5％；盖板和吸收板之间有一层空气腔，能够产生温室效应；如果将电池片层压到吸收板上面，则这块含有电池片和吸收板的模块可以称为光伏光热板；吸收板下面焊接有数根排管，吸收板吸收的热量就是通过排管传到循环水中的；排管下面有一层保温棉，用来阻止集热器背部的热量损失；以及用于支撑保温棉的背板。

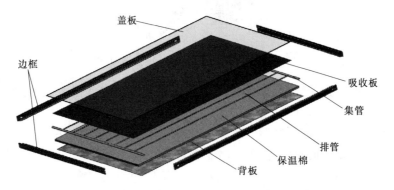

图 6.48 传统的太阳能平板集热器

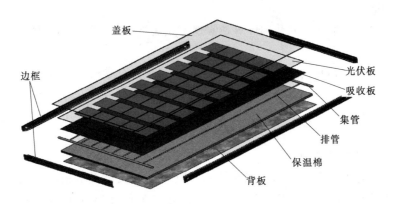

图 6.49 光伏光热一体化太阳能平板集热器

PV/T 平板集热器的基本原理就是利用太阳电池（即半导体材料）与太阳能吸热板对太阳光谱波长吸收范围的不同，采用两者结合的方式使太阳光谱能够在整个波长区实现吸收最大，并且通过能量回收装置有效地利用太阳能。PV/T 平板集热器原理图如图 6.50 所示。当入射光（波长 $0.3\sim3\mu m$）照射到硅太阳电池表面时，其中波长为 $0.3\sim1.1\mu m$ 的入射光一部分被电池表面反射，其余部分被电池吸收。而波长大于 $1.1\mu m$ 的入射光（占太阳光谱能量的 20％）在电池金属背电极发生反射（反射能量约占长波能量的 70％）

或透射，这部分能量不能被太阳电池利用。而位于太阳电池下方的吸热表面可以吸收不能被太阳电池吸收的长波，同时集热器采光面上没有被太阳电池覆盖的吸热表面还可以吸收太阳辐射。因此 PV/T 平板集热器能够将吸收光谱拓展到整个太阳光谱。

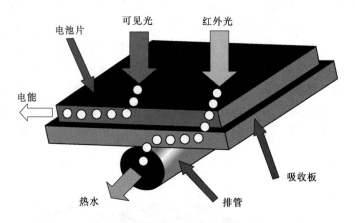

图 6.50　PV/T 平板集热器原理图

与相互独立的光伏系统或太阳能热水系统相比，光伏光热一体化系统具有以下优点：

（1）能够防止光伏电池在高温下运行。理论与实验研究表明，在较高的环境温度下，若不对光伏组件采取冷却措施，其工作温度通常会高达 $60 \sim 80℃$；而在自然循环式 PV/T 热水系统中，光伏电池的工作温度基本上为 $30 \sim 50℃$。

（2）利用同一采光面积可以得到电、热两种能量收益，节省了占地面积，提高了太阳能的综合利用效率。

（3）共用盖板、框架、安装构件等，实现了光伏组件和集热器的一体化，节省了系统的制作和安装成本。

（4）将 PV/T 一体化构件安装在建筑围护结构外表面或取代外围护结构，建成太阳能光伏光热建筑一体化（building integrated photovoltaic/thermal BIPV/T）系统，在应用太阳能发电供热（热水或供暖）的同时，能够提高建筑围护结构的隔热性能，改善室内的热环境。

6.4.3　PV/T 一体化构件的分类

目前，国内外 PV/T 构件产品品种繁多，其分类方式也不尽相同。根据外观可分为平板型 PV/T 构件和聚光型 PV/T 构件；根据导热工作介质的不同，又可分为水冷型 PV/T 构件（如水）、混合型 PV/T 构件（如水和/或空气的混合）和空冷型 PV/T 构件（如空气）三大类。导热工作介质的流动可以凭借外力制动，也可以自然循环。

平板型 PV/T 构件外观酷似太阳能平板集热器，两者唯一显著的差别就是平板型 PV/T 构件上表面用的是太阳电池板。聚光型 PV/T 构件由于比平板型 PV/T 构件的聚光能力强，因而其发电功率也远远高于平板型 PV/T 构件。但是，由于聚光型 PV/T 构件以最大限度利用太阳能为目的，因此通常需要结合跟踪系统一起使用，再加上其抛物槽式的外观以及较高的成本，反而不受到建筑师的青睐，不适于与建筑直接结合。目前，可用于建筑的 PV/T 构件多为平板型 PV/T 构件。

平板型 PV/T 构件根据不同工作流体，可以分为水冷型 PV/T 构件、混合型 PV/T 构件和空冷型 PV/T 构件。对于水冷型 PV/T 构件，可根据不同的冷却液类型（如水、制冷剂、盐水等）和管道的形状（如圆形、矩形或方形等）来区分；对于水冷和/或空冷的混合型 PV/T 构件，根据其不同的冷却方式可分为含两种吸热器的双层吸热式 PV/T 构件，自由流动式 PV/T 构件和流道式 PV/T 构件三大类；对于空冷型 PV/T 构件，可以根据冷却气流的具体位置分布来分类，如气体流经吸热板的上方、下方或同时位于吸热板上、下两侧，或者根据气体的流通方向，即用单通道（气体流动方向一致）和双通道（气体流动方向相反）来分类。此外，平板型 PV/T 构件还可以根据其结构构造来区分，如 PV/T 组件的顶层是否有玻璃盖板，吸热板的下方是否附着翅片，PV/T 组件周围是否设置反射板，光伏电池下面是否固定鳍层等。平板型 PV/T 分类示意如图 6.51 所示。

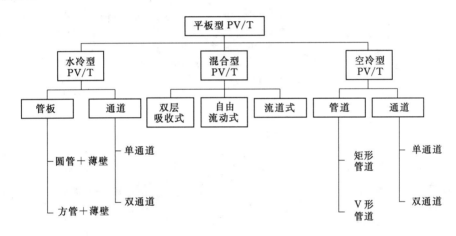

图 6.51 平板型 PV/T 分类示意图

6.4.4 PV/T 构件构造特点

从 PV/T 产品的分类来看，目前可用于建筑的 PV/T 构件或系统多为平板型 PV/T 构件。由于 PV/T 构件中的吸热板通常位于 PV 电池的下方，封装后的 PV/T 构件外观与 PV 组件基本差别不大。除了在厚度上有一定的增加外，PV/T 构件的规格基本与 PV 组件相同，以便于安装和运输为主要原则，同时迎合设计师要求，厂家根据客户需求可以制定不同尺寸大小的 PV/T 产品。

PV/T 构件实质上就是 PV 组件与热吸收器的合成体，因此，其材料组成主要是在 PV 组件的基础上增加了热吸收器的材料。一个完整的平板型 PV/T 构件应该包括玻璃盖板（释釉或无釉）、太阳电池、封装材料以及热吸收器。其中，热吸收器在 PV/T 系统中具有重要作用，它冷却光伏电池或组件，收集热能，并得到热水或热空气。热吸收器的材料通常以高导热率材料为主，常见的为铜和铝等金属材料。几种常见 PV/T 构件示意图和性能特点见表 6.14。

表 6.14　　　　　　　　　　常见 PV/T 构件示意图和性能特点

序号	PV/T 类型	构　造	结构示意图	性能特点
1	气、液混合型 PV/T 构件	1. 3mm 厚回火玻璃盖板。 2. PV 电池。 3. 3mm 厚压缩玻璃。 4. 空气间层。 5. 漆黑铝制吸收板。 6. 铜制导管。 7. 矿渣棉。 8. 铝合金边框		在实验开始时其热效率达到 32.5%，输出的水温也能达到 30.28℃。在实验结束时集热器最高温度达到 52.8℃，热能 117.25W 以及发电效率 18.6%
2	水冷型单通道 PV/T 构件	采用铝合金扁盒形管道作为热吸收器，利用硅胶将其粘于太阳电池板下方	玻璃　　　　EVA胶膜 透明 TPT　　非透明 TPT 太阳能电池　启盒式 硅胶　　　　吸热器 绝热材料　　背板	采用自然水循环冷却方式，在零温降的情况下，混合系统较高的效率将近日节能 65%。当系统内部温度与日平均环境温度相同时，热效率可以达到 40%
3	水冷型单通道 PV/T 构件	将自由流体螺旋导管设置在太阳电池和绝缘层之间，内部通冷却水作为热吸收器的工作介质	太阳电池板 绝缘层 热水出口 电池冷却水入口	单向螺旋管道漉体吸收器的混合 PV/T 系统效率 64%，光电效率 11%，以及最大输出功率 25.35W
4	空冷型单通道 PV/T 构件	单通道矩形管道用于产生热空气和电能，而螺旋管道吸收器用于产生热水和电能。两种吸收器均固定在多晶硅 PV/T 组件的单层玻璃平板下方	热空气出口 太阳能板 冷空气出口　绝热层	单通道矩形管道集热器的混合 PV/T 系统效率 55%，光电效率 10%，以及最大输出功率 22.45W
5	空冷型单通道 PV/T 构件	采用 V 形管道，PV 板下方为 V 形槽，既可以作为空气通道，又具有聚光作用	V 形槽　　　光伏组件 铝盒　　　　绝热层	空气流率（速度）从 $69.6 \pm 2.2 \times 10^{-4}$ kg/s 到 $695.8 \pm 2.2 \times 10^{-4}$ kg/s 流过 V 形槽，PV/T 的效率与其他类型的 PV/T 相比增加了 30%

序号	PV/T 类型	构　造	结构示意图	性能特点
6	空冷型单通道 PV/T 构件	集热器的吸热部分主要由吸热板、复合抛物面聚光器和翅片组成，以空冷的方式降低 PV 板的温度，空气只从吸热板下方单向通过		在 400W/m² 的太阳辐射能下，随着流体流率从 0.0316kg/s 增加到 0.09kg/s 时，PV/T 效率从 26.6% 增加到了 39.13%
7	空冷型单/双通道 PV/T 构件	集热器的吸热部分主要由吸热板和翅片组成，以空冷的方式降低 PV 板的温度，空气从吸热板上方和下方双向通过		由于下方翅片的存在，随着流体流率从 0.0316kg/s 增加到 0.09kg/s，在太阳辐射能 600W/m² 和室内环境 35.8℃ 的情况下，系统效率从 49.135% 增加到 62.823%
8	空冷型双通道 PV/T 构件	作为导热流体的空气从热吸收器与上层玻璃之间的通道流向热吸收器与下层玻璃之间的通道。适用于太阳能干燥应用的双通道空气集热器		在流体流率 0.036kg/s，太阳辐射能 800W/m² 和温度 18℃ 的条件下，热效率达到 60%

6.4.5　PV/T 构件的性能评价及选择

PV/T 系统的收益有电能和热能两种，国内外对 PV/T 系统的评价有不同的方法，早期对 PV/T 系统性能的评价是从能量效率角度出发，对系统的光电光热综合效率进行评价，也称为热力学第一定律综合效率，表达式为

$$\eta_{T} = \eta_{e} + \eta_{th} \tag{6.41}$$

式中　η_{T}——PV/T 系统综合效率；

η_{e}——PV/T 系统电效率；

η_{th}——热效率。

热效率指单位集热器面积上输出的热量与入射太阳能的比值，表示为

$$\eta_{th} = \frac{Q_{t}}{AH_{t}} = \frac{mc_{w}\Delta T}{AH_{t}} \tag{6.42}$$

式中　Q_{t}——输出的热量；

A——集热器面积；

m——水箱水量；

ΔT——Δt 时间内水箱内水的温升；

H_t——Δt 时间内的累计辐射量；

C_w——水的比热容（$4.2 \times 10^3 \text{J/kg}$）。

电效率是指单位电池面积上输出的电能与入射太阳能的比值，表示为

$$\eta_e = \frac{Q_c}{A_c G} = \frac{P_m}{A_c G} = \frac{I_m U_m}{A_c G} \tag{6.43}$$

式中　Q_c——输出的电能；

A_c——电池面积；

P_m——电池组件最大输出功率；

I_m——最大输出功率点电流；

U_m——最大输出功率点电压；

G——电池表面接受的瞬时辐射量。

对于热能来说，电能是一种高品位的能量。光电光热综合性能效率 E_f 作为 PV/T 效率的综合性能效率评价指标，可以表示为

$$E_f = \eta_e / \eta_{power} + \eta_{th} \tag{6.44}$$

式中　η_{power}——常规火力发电厂的发电效率，一般取 $\eta_{power} = 0.38$。

这种表示兼顾了电能与热能的数量和品位，反映 PV/T 系统将吸收到的太阳能转化为电能和热能的能力。

如果说 PV/T 的综合效率等于光电效率与光热效率之和，那么光热效率往往远大于光电效率，评价 PV/T 系统的综合效率就往往取决于光热效率。而在实际情况中，PV/T 的使用效率往往取决于用户，用户通常根据 PV/T 提供的热能和电能是否满足自身使用的需求来评价 PV/T 性能的好坏。因此，并不是说综合效率越高，PV/T 性能越好。如表 6.14 所示，不同构造的 PV/T 构件，其综合效率也不同。在评价 PV/T 性能时最好分别描述光热和光电效率，以便用户选择合适的产品。

对 PV/T 性能研究形成的结论有：

（1）晶体硅的光电性能比非晶硅好，而光热性能次之。

（2）水冷型综合效率比空冷型高。

（3）无盖板的 P 型构件光电效率比有盖板的高，而光热效率则低一些。

（4）聚光型 PV/T 构件能大幅度增强太阳辐射能，从而提高太阳电池的输出功率。

（5）翅片有助于更充分地吸收热能，提高热效率和发电效率。

（6）通道型光热效率比管板式光热效率高 $2\% \sim 10\%$，而光电效率低 5%。

（7）双通道比单通道综合效率高。

根据以上结论得出光热光电性能较好的 PV/T 特点：以晶体硅作为 PV 电池的材料，选择液冷方式，加玻璃盖板（光热性能优先）或不加玻璃盖板（光电性能优先），增加 CPC 聚光板，吸热板下方附着翅片，设计成双通道型。

但是性能最高并不代表其效益最好，市场前景最广，最适合于建筑集成。如表 5.9 所示，通道型 PV/T 组件的热效率虽然略高于管板型，但由于管板型更容易制造，并且管板型的光电效率并不比通道型低，甚至还略高于通道型，因此，很多情况下我们要结合实

际来选择 PV/T 类型。

6.4.6 应用举例

太阳能光伏光热建筑一体化是一种利用太阳能同时发电供热的新技术，在建筑围护结构外表面铺设光伏光热一体化构件或用构件取代外围护结构，使系统能够利用有限的面积同时提供电力及热水或采暖，提高太阳能的综合利用效率；由于光伏光热建筑一体化构件的存在，提高了围护结构的隔热性能，很好地改善了室内的热环境；此外，由于光伏电池以太阳能热水集热器为底板，并与集热器共用玻璃盖板和边框，可以节省材料，降低制作和安装成本。随着太阳能系统越来越普及，城市可供利用的屋顶和竖直垂面越来越有限，这种 BIPV/T 系统的市场潜力十分巨大。

2013 年国内首个光伏/光热一体化系统在上海练塘陈云纪念馆投入使用，光热光伏一体化屋顶和系统电气控制柜如图 6.52 和图 6.53 所示。该光伏光热一体化系统采用祯阳集团 PS－P660240（240W）光伏光热 PV/T 组件，总系统容量 12kW。光伏转换由三晶电气 Sununo－TL5K 和 Suntrio－TL8K 两台光伏并网逆变器完成。以前，光伏、光热两项技术通常都是在实际中单独应用，太阳能资源并没有得到很好的利用。光伏光热一体化系统的使用，不仅能够保障太阳电池板温度和发电效率的基本稳定，而且能够产生热能，给

图 6.52　光热光伏一体化屋顶

图 6.53　光热光伏一体化系统电气控制柜

用户提供热水，从而大幅度提高了电池效率和低温热量的利用率，实现了更高的综合效率。

思　考　题

1. 热发电站选址应该考虑哪些因素？

2. 碟式聚光器有哪些类型？

3. 在追踪系统中太阳高度角和太阳方位角是怎么调节的，方案是什么？

4. 请简述光伏系统的设计步骤。

5. 光伏发电系统的发电量如何计算？

6. 请简述光伏发电系统的施工工艺流程。

7. 太阳能热水系统按系统循环方式分类有哪些形式？

8. 太阳能中央热水系统的控制方式有哪些？

9. 举例说明太阳能中央热水系统的热水系统负荷计算。

10. 简述为什么需要将太阳能光电/光热实现综合利用。

参　考　文　献

［1］ 罗运俊，何梓年，王长贵，等. 太阳能发电技术与应用［M］. 台北：新文京开发出版股份有限公司，2007.

［2］ 王东. 太阳能光伏发电技术与系统集成［M］. 北京：化学工业出版社，2011.

［3］ Stephen J. Fonash. 太阳能电池器件物理（原著第 2 版）［M］. 王鹏，译. 北京：科学出版社，2011.

［4］ Jensen C，Price H，Kearney D. The SEGS power plants：1988 performance［C］. 1989 ASME international solar energy conference，San Diego，CA，1989.

［5］ Price H. Executive summary：assessment of parabolic trough and power tower solar technology cost and performance forecasts［J］. Sargent & Lundy LLC Consulting Group，NREL/SR - 550 - 35060，Chicago，Illinois，2003.

［6］ 孙鑫. 10 MW 塔式太阳能热发电系统动态仿真模型研究［D］. 北京：华北电力大学，2013.

［7］ 刘化果. 高性能塔式太阳能定日镜控制系统研究［D］. 济南：济南大学，2010.

［8］ 安翠翠，张耀明，王军，等. 太阳能热发电系列文章（13）——国际主要槽式太阳能热发电站介绍［J］. 太阳能，2007，7：11.

［9］ 田素乐. 槽式太阳能热发电系统性能分析［D］. 济南：山东大学，2012.

［10］ 吴光波，宋亚男. 太阳能热发电发展现状及关键技术战略研究［J］. 电工研究，2012，（3）：54 - 57.

［11］ 管勋. 槽式太阳能热发电系统中聚光装置的结构分析与优化［D］. 广州：华南理工大学，2012.

［12］ 许辉，张红，等. 碟式太阳能热发电技术综述（一）［J］. 热力发电，2009，（5）：5 - 9.

［13］ 许辉，张红，等. 碟式太阳能热发电技术综述（二）［J］. 热力发电，2009，（6）：6 - 9.

［14］ 高敏. 5kW 碟式太阳能斯特林发电系统的设计和研制［D］. 包头：内蒙古科技大学，2010.

［15］ 金东寒. 斯特林发动机技术［M］. 哈尔滨：哈尔滨工程大学出版社，2009，3：17 - 22.

［16］ 金东寒. 绿色动力——斯特林发动机［J］. 世界科学，1997，14（6）：17 - 22.

［17］ 李海伟，石林锁，李亚奇. 斯特林发动机的发展与应用［J］. 能源技术，2010，12（8）：35 - 38.

［18］ 周金生. 太阳能双轴跟踪碟式热发电控制系统的研究［D］. 包头：内蒙古科技大学，2011.

［19］ Roth P，Georgiev A，Boudinov H. Design and construction of a system for sun‐tracking ［J］. In：Renewable Energy，2004，29（3）：393‐402.

［20］ 王尚文. 双轴跟踪碟式太阳能集热器的研究 ［D］. 武汉：华中科技大学，2007.

［21］ 李启明，郑建涛，等. 线性菲涅尔式太阳能热发电技术发展概况 ［J］. 太阳能，2012（7）：41‐45.

［22］ 张丽丽，杨启岳. 线性菲涅尔反射式太阳能热发电系统研究进展及应用 ［J］. 能源与环境，2013（6）：44‐46.

［23］ 朱艳青，等. 线性菲涅尔反射式太阳能集热系统的设计与试验研究 ［J］. 新能源进展，2014（4）：117‐121.

［24］ 林蒙. 基于腔体吸收器的菲涅尔反射式聚焦型太阳能集热器 ［D］. 上海：上海交通大学，2013.

［25］ 宋固. 线性菲涅尔反射式太阳能集热系统研究 ［D］. 济南：山东大学，2011.

［26］ 黄莹. 太阳能光电光热住宅建筑一体化（BIPV/T）方案设计与研究 ［D］. 南京：东南大学，2013.

［27］ 王帅. 自然循环式光伏光热一体化太阳能平板集热器结构设计与数值分析 ［D］. 广州：华南理工大学，2012.

［28］ 荆树春，朱群志，王文婷，等. 采用铝方管结构的光伏光热一体化系统研究 ［J］. 太阳能学报，2014，35（9）：1639‐1645.

［29］ 吴露露. 影响光伏系统高效利用太阳能的因素实验研究 ［D］. 包头：内蒙古工业大学，2014.